高等职业教育
自动化类专业
"智改数转"系列
新形态教材

PLC与工业网络技术

张文明　主编

常州市高等职业教育园区管理委员会
山东莱茵科斯特智能科技有限公司　组编

王晓勇　主审

付华良　姜奕雯　赵文兵
黄晓伟　刘军良　刘冬明
储　琴　王伟波　王克平
罗火光　参编

中国教育出版传媒集团
高等教育出版社·北京

内容提要

本书是高等职业教育自动化类专业"智改数转"系列新形态教材之一。

本书是根据基于PLC的工业网络现场工程师、数字化解决方案设计师等新职业的岗位要求，结合高等职业院校装备制造大类专业转型升级需求编写的理实一体化教材。本书按照深入浅出的原则，将课程内容细化为工业控制网络概述、基础工业控制网络、经典工业控制网络、云平台工业控制网络、现代工业控制网络及综合工业控制网络六个模块，与生产实践紧密结合，引入工业控制网络典型项目，有助于学生深入掌握各类工业控制网络相关技术，进行工业控制网络的设计规划、改造转型与系统集成。

本书配套提供教学课件、微课、演示视频、项目资料、源代码等数字化教学资源，读者可发送电子邮件至 gzdz@pub.hep.cn 获取部分资源。

本书可作为高等职业院校工业机器人技术、机电一体化技术、工业互联网技术、工业互联网应用、智能制造装备技术、智能控制技术、复合材料智能制造技术、数字化设计与制造技术、电气自动化技术、机械制造及自动化等相关专业的课程教材，也可作为智能制造领域相关企业工程技术人员的培训教材和工具书。

图书在版编目（ＣＩＰ）数据

PLC与工业网络技术 / 张文明主编 ； 常州市高等职业教育园区管理委员会，山东莱茵科斯特智能科技有限公司组编. -- 北京 ： 高等教育出版社，2024.2
ISBN 978-7-04-061150-2

Ⅰ. ①P… Ⅱ. ①张… ②常… ③山… Ⅲ. ①PLC技术－高等职业教育－教材 Ⅳ. ①TM571.61

中国国家版本馆CIP数据核字（2023）第174426号

PLC与工业网络技术
PLC YU GONGYE WANGLUO JISHU

策划编辑	郑期彤	责任编辑	郑期彤	封面设计	贺雅馨	版式设计 杨 树	
责任绘图	李沛蓉	责任校对	胡美萍	责任印制	赵义民		

出版发行	高等教育出版社	网 址	http://www.hep.edu.cn
社 址	北京市西城区德外大街4号		http://www.hep.com.cn
邮政编码	100120	网上订购	http://www.hepmall.com.cn
印 刷	北京中科印刷有限公司		http://www.hepmall.com
开 本	787mm×1092mm 1/16		http://www.hepmall.cn
印 张	17.75		
字 数	400 千字	版 次	2024 年 2 月第 1 版
购书热线	010-58581118	印 次	2024 年 2 月第 1 次印刷
咨询电话	400-810-0598	定 价	49.80元

"智慧职教"服务指南

　　"智慧职教"（www.icve.com.cn）是由高等教育出版社建设和运营的职业教育数字教学资源共建共享平台和在线课程教学服务平台，与教材配套课程相关的部分包括资源库平台、职教云平台和App等。用户通过平台注册，登录即可使用该平台。

　　● **资源库平台：为学习者提供本教材配套课程及资源的浏览服务。**

　　登录"智慧职教"平台，在首页搜索框中搜索"PLC与工业网络技术"，找到对应作者主持的课程，加入课程参加学习，即可浏览课程资源。

　　● **职教云平台：帮助任课教师对本教材配套课程进行引用、修改，再发布为个性化课程（SPOC）。**

　　1. 登录职教云平台，在首页单击"新增课程"按钮，根据提示设置要构建的个性化课程的基本信息。

　　2. 进入课程编辑页面设置教学班级后，在"教学管理"的"教学设计"中"导入"教材配套课程，可根据教学需要进行修改，再发布为个性化课程。

　　● **App：帮助任课教师和学生基于新构建的个性化课程开展线上线下混合式、智能化教与学。**

　　1. 在应用市场搜索"智慧职教icve"App，下载安装。

　　2. 登录App，任课教师指导学生加入个性化课程，并利用App提供的各类功能，开展课前、课中、课后的教学互动，构建智慧课堂。

　　"智慧职教"使用帮助及常见问题解答请访问help.icve.com.cn。

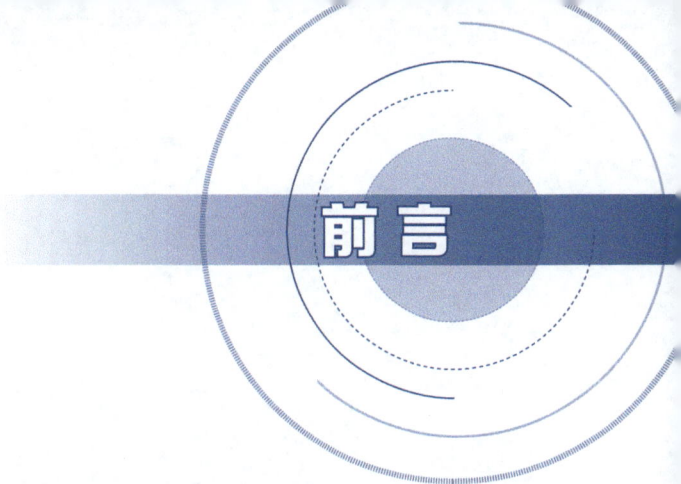

  党的二十大报告强调，坚持把发展经济的着力点放在实体经济上，推进新型工业化，加快建设制造强国、质量强国。智能制造是建设制造强国、质量强国的主攻方向，其发展程度直接关乎我国的制造业竞争力水平。发展智能制造对于巩固实体经济根基、建成现代化产业体系、实现新型工业化具有重要作用。随着全球新一轮科技革命和产业变革的突飞猛进，新一代信息、生物、新材料、新能源等技术不断突破，并与先进制造技术加速融合，为制造业高端化、智能化、绿色化发展提供了相关技术支持。为了支撑智能制造企业高质量发展，培养大批满足企业需求的高素质技术技能人才，职业院校的实训条件、课程建设、教学资源开发需要及时与产业对接，进行数字化、智能化升级。在此背景下，由常州市高等职业教育园区管理委员会统筹规划，组织常州科教城现代工业中心、相关智能制造企业与职业院校深度合作，联合开发高等职业教育自动化类专业"智改数转"系列新形态教材。

  基于PLC的工业控制网络引领自动化领域的发展，是智能制造领域中主流的控制技术和网络平台，覆盖了现场总线、工业以太网、物联网触摸屏、云平台等技术，通过组合即可适用于不同的工业现场环境，为自动化设备、智能工厂、智能车间、智能产线等提供工业网络解决方案。本书围绕典型的解决方案，强调理论与实际相结合，旨在培养学生运用工业控制网络知识和技术解决自动化工程问题的能力，以及进行系统设计、产品选型、组态编程、智改数转、上云赋能和系统集成的能力，为中国现代化建设提供高素质现场工程师。

  本书由常州纺织服装职业技术学院、常州机电职业技术学院、常州信息职业技术学院、常州工程职业技术学院、常州工业职业技术学院、常州科教城现代工业中心、山东莱茵科斯特智能科技有限公司等单位联合开发。

  本书由常州纺织服装职业技术学院张文明担任主编，由常州纺织服装职业技术学院黄晓伟和付华良、常州信息职业技术学院姜奕雯、常州机电职业技术学院赵文兵、常州工业职业技术学院刘军良和刘冬明、常州工程职业技术学院储琴和王伟波、山东莱茵科斯特智能科技有限公司王克平和罗火光共同编写。全书由南京工业职业技术大学王晓勇教授担任主审。在编写过程中，参阅了相关的教材及技术文献，在此对各位专家、工程师和文献作者一并表示衷心的感谢。

  本书配有丰富的数字化教学资源，包括教学课件、微课、演示视频、项目资料、源代码等，并在书中相应位置放置了二维码资源标记，读者可以通过手机等移动终端扫码学习。

  受编者水平所限，书中难免存在不足之处，恳请广大读者批评指正。

编 者

2023年11月

目录

模块六 综合工业控制网络

模块一
工业控制网络概述

项目
认识工业控制网络

👍 项目引入

工业数据通信与控制网络（简称工业控制网络）是近年来发展形成的工业控制领域的网络技术，是计算机网络、通信技术与自动控制技术相结合的产物，通过对人、机、物、系统等的全面连接，为工业乃至产业的数字化、网络化、智能化发展提供了实现途径，是第四次工业革命的重要基石。我国紧随国际新技术发展的脚步，推进现代工厂向智能化、数字化转型。

PLC（可编程逻辑控制器）现已成为工业自动化领域三大支柱之一，其设备控制、信息采集和数据通信是工业控制系统的核心，是智能制造的核心技术。基于PLC的工业控制网络是工业控制的发展趋势，是智能制造领域的主流控制技术，引领着自动化行业的"智改数转"。

工业控制系统经过集中式控制系统、集散式控制系统，走向现场总线、工业以太网控制系统，能够提供更加集成的工业自动化和信息化解决方案。

📋 项目描述

企业需要对工厂进行智能化改造、数字化转型，急需采用工业控制网络在自动化控制系统与设备之间建立联系，利用云平台进行控制与管理，构建人、物料、设备、信息系统的互联互通，实现管理、生产运营和过程控制的集成，提升生产效率，落实降本增效。为此，需要掌握工业控制网络领域的典型解决方案，服务企业的"智改数转"。

🔗 项目目标

➤ **知识目标**

1. 了解工业控制网络的拓扑结构。
2. 掌握工业控制网络设备组网通信方案。
3. 掌握工业控制网络协议。

➤ **能力目标**

1. 能完成工业控制数据采集与传输。
2. 能设计工业控制网络云平台。
3. 能选择工业控制网络解决方案。

➤ **素养目标**

1. 培养良好的安全、质量、时间意识。
2. 增强民族品牌意识。
3. 增强提供多种解决方案的创新意识。

工业控制网络构成了全分散、全数字化、智能化、双向、互联、多变量、多接点的通信与控制系统。要了解工业控制网络的典型结构，了解工业现场PLC、触摸屏、伺服驱动器、变频器、机器人等执行器和各类传感器设备的功能，了解现场总线、以太网组网通信技术和数据云平台等网络组态方法，才能创新和优化更加高效、可靠的工业控制网络解决方案，满足企业的"智改数转"需求。

一、工业控制网络

工业控制网络工作的大致流程为：现场设备将生产过程中的实时数据传递给PLC，PLC根据预先设定好的程序对数据进行采集处理，然后对设备进行控制或将数据上传到管理层；管理层对这些数据进行存储，便于工作人员对数据进行汇总和分析，并根据实时显示的数据来监控设备的状况或对设备进行操作。

工业控制网络一般采用3个层级的拓扑结构，分为管理层、控制层和现场层，如图1-1所示。

图1-1 工业控制网络的拓扑结构

各部分的功能如下。

① 管理层。管理层位于整个工业控制网络的顶层，以云平台、控制软件和服务器为核心，通过软件实时收集来自众多传感器、执行器、远程终端单元和实时的控制信息等，对数据进行汇总和分析，并通过数据分析和可视化显示结果，实时监控现场设备，进行整个网络的管理。管理层主要负责向下对各设备下达工作命令，监控整个工业控制网络中各设备的运行情况、生产过程、生产质量等信息，及时发现生产过程中的问题并报警显示。

② 控制层。控制层位于整个工业控制网络的中间层，由PLC及现场的触摸屏构成。PLC

通过现场总线、以太网或无线网连接到传感器和执行器来收集实时信息，并操作和控制设备，将采集的数据向上传至控制软件。工业现场要求对大量数据进行处理，多采用现场总线或以太网协议。PLC是设备控制、信息采集和数据通信的主要技术手段，是工业控制系统的核心。PLC可通过自带的通信接口，或者借助通信模块、协议转换器等方式与其他智能设备和系统通信，完成高速的数据交换，还可通过互联网或智能网关与云服务器连接，实现信息共享和交互，获取故障信息和报警通知，实现远程运维。

③ 现场层。现场层位于整个工业控制网络的最底层，是工业控制网络的数据来源，由变频器、伺服驱动器等执行器及各种传感器组成，完成对现场设备的控制。

二、常见现场总线

现场总线、工业以太网、工业无线网均归属为工业网络控制体系，凸显出集成化、网络化、分布化以及智能化的趋向发展。这里主要介绍现场总线。根据国际电工委员会IEC 61158标准定义，现场总线是指安装在制造或过程区域的现场装置与控制室内的自动控制装置之间数字式、串行、多点通信的数据总线。

现场总线技术是当今自动化领域技术发展的热点之一，现场总线使自动控制系统与设备加入信息网络的行列，将企业信息沟通的范围一直延伸至生产现场，被誉为自动化领域的现场局域网。各个公司都具备自己的现场总线协议，均被广泛应用于各种现场总线工业网络技术的控制工作中，其原因是此项技术更符合时代特征，也更加人性化。

1. 现场总线的主要特点

① 全数字化通信。采用一条通信电缆将控制器以及现场设备连接起来，能够更进一步地提高信号的传输性。

② 系统具有很强的开放性。开放性指的是与相关标准的一致性或公开性。通过现场总线，用户可以按照自身的实际需求把来自不同供应商的产品进行随意组合。

③ 设备具有很强的互操作性与互用性。互操作性是指通过现场总线，可以实现不同设备之间的信息传送及信息沟通；而互用性则是指不同供应商的性能类似的设备可实现相互替换。

④ 现场设备具有智能化与功能自治性。通过现场总线，传感测量、补偿计算、工程量处理与控制等功能被充分地分散于各现场设备中来具体完成，仅依靠现场设备即可完成自动化控制。

⑤ 系统结构的高度分散性。现场总线能够构成一种全新的分布式控制系统结构，其系统结构得以简化，同时提高了可靠性。

⑥ 对现场环境的适应性。作为网络底层的现场总线，其支持各种各样的传输介质，具备较强的抗干扰能力，可以进一步满足安全防爆的具体要求等。

2. 几种主要的现场总线协议

① PROFIBUS：用于工厂生产自动化的现场总线标准。例如，ABB机器人支持PROIFBUS

总线通信的DSQC667模块安装在IRC5主机上，最多支持512个数字输入和512个数字输出。S7-1200 PLC支持PROFIBUS-DP通信。

② DeviceNet：可以充分地连接自动化生产线中各种比较广泛的工业设备。

③ Foundation Fieldbus：高级过程控制现场总线。

④ LonWorks：采用ISO/OSI模型所具备的7层通信协议。

⑤ CAN：被应用于汽车内部测量和执行部件间的数据通信。

⑥ HART：全球智能仪表的工业标准。

工业现场总线满足了现阶段工业领域对工业底层控制的网络技术需求。

三、工业以太网

工业以太网是应用于工业控制领域的以太网技术，在技术上与商用以太网（IEEE 802.3标准）兼容，但是实际产品和应用又完全不同，这主要是因为普通商用以太网产品在材质、强度、适用性以及实时性、可互操作性、可靠性、抗干扰性、本质安全性等方面不能满足工业现场的需要。

"工业4.0"（第四次工业革命）的主旨是将互联网融入生产制造，实现开放兼容、多元协同、分布互联的现代化工业控制网络。在"工业4.0"和工业互联网的推动下，工业通信技术正从现场层和控制层网络向管理层网络延伸发展，以实现整个工厂网络垂直方向的互联互通。目前，工厂中新增的自动化控制系统主要基于工业以太网，工业现场总线市场占有率增长缓慢，未来工业以太网会逐渐替代工业现场总线。

工业以太网是全开放、全数字化的网络，技术简单、开放性好、价格低廉，可满足控制系统各个层次的要求，便于实现工业控制网络与企业信息网络的无缝连接，形成企业级管控一体化的全开放网络，实现企业信息网络和控制网络的统一。另外，其软硬件成本低廉，网络集成相对容易且快速，开发技术广泛，速率比现场总线更快。

Modbus-TCP、EtherNet/IP、POWERLINK、PROFINET、EtherCAT是当前国际市场上5种主流的工业以太网协议。其中，PROFINET的实时性更加突出。PROFINET的实时通信发生在PLC和分布式I/O之间以及PLC之间，触摸屏和PLC的通信依然采用传统的工业以太网的方式进行，能满足工业制造的需求，实现生产与管理的高水平协同。

四、典型的工业控制网络解决方案

1. "PLC+网关+浏览器"的工业控制网络方案

该方案采用B/S（浏览器/服务器）模式，客户端采用浏览器技术，并将核心部分集中到服务器上。图1-2所示为"PLC+网关+浏览器"系统结构。所谓的自主研发网关的作用，就是将不同协议的现场设备与服务器数据信息进行通信交互。

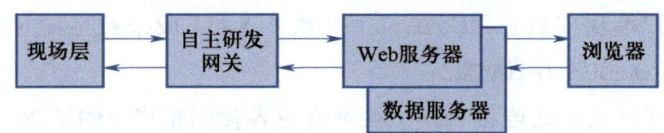

图1-2 "PLC+网关+浏览器"系统结构

目前常用的B/S模式的PLC远程监控系统可以采用组态软件、具有Web功能的服务器及云服务器等方法实现。这种方案简单，需要自主研发网关，Web浏览器开发周期长。

2."PLC+现场总线（以太网）+组态软件"的工业控制网络方案

组态软件的英文简称有3种，分别为HMI、MMI、SCADA，对应的全称分别为Human and Machine Interface（人机界面）、Man and Machine Interface（人机界面）、Supervisory Control and Data Acquisition（监视控制和数据采集）。组态软件是指进行数据采集与过程控制的专用软件，是在管理层的软件平台和开发环境中使用灵活的组态方式，为用户提供快速构建工业自动控制系统监控功能的、通用层次的软件工具。

组态软件能支持各种工业控制设备和常见的通信协议，并且通常应提供分布式数据管理和网络功能。在组态软件出现之前，用户通过手工或委托第三方编写HMI应用，开发时间长，效率低，可靠性差，通常是封闭的系统，选择余地小，往往不能满足需求，很难与外界进行数据交互，升级和增加功能都受到严重的限制。组态软件的出现，把用户从这些困境中解脱出来，用户可以利用组态软件的功能，构建一套最适合自己的应用系统。随着组态软件的快速发展，实时数据库、实时控制、SCADA、通信及联网、开放数据接口、对I/O设备的广泛支持已经成为它的主要内容。随着技术的发展，组态软件将会不断被赋予新的内容。

组态软件用于数据采集、分析与监控，具有Web网页功能，支持点对点接口（PPI）、多点接口（MPI）、现场总线、工业以太网和自由口协议等多种协议，方便PLC和上位机实现与控制设备的通信。"PLC+现场总线（以太网）+组态软件"系统结构如图1-3所示。

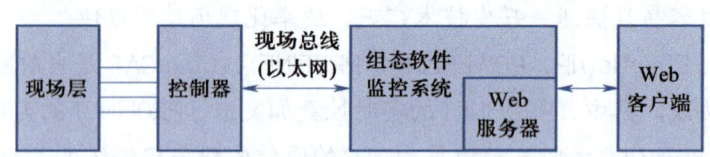

图1-3 "PLC+现场总线（以太网）+组态软件"系统结构

Web服务器通过通信驱动程序与现场设备通信，获取运行数据，进行Web页面发布，实现系统的远程运维等功能。该方案的系统软件集成度高，界面友好，实现方法简单。

3."PLC内置Web服务器"的工业控制网络方案

随着控制系统联网需求和软硬件标准化的发展，新一代PLC带有明显的IT特征和系统开放的特点，不仅PLC通信功能增强，而且本体内直接植入Web服务器、OPC UA（开放平台通信统一架构）服务器等功能。这一技术将信息技术领域的B/S模式引入自动化系统，通过浏览器可实现远程配置、远程程序下载、远程监控、远程故障诊断，支持多种浏览器，并可通过PC、手机等访问PLC数据。"PLC内置Web服务器"系统结构如图1-4所示。

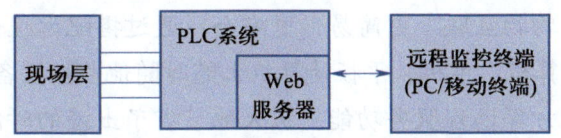

图1-4 "PLC内置Web服务器"系统结构

4. "PLC+现场总线（以太网）+智能网关+云服务器"的工业控制网络方案

数字化服务、远程诊断、大规模定制化生产等理念和经营模式正逐渐渗透到制造业的各个环节，许多公司自主研发智能网关，并提供配套的云平台服务。"PLC+现场总线（以太网）+智能网关+云服务器"系统结构如图1-5所示。

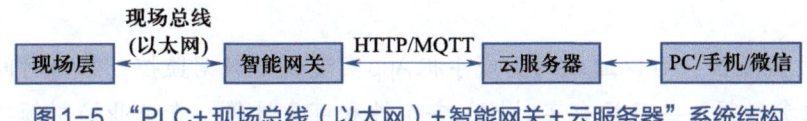

图1-5 "PLC+现场总线（以太网）+智能网关+云服务器"系统结构

智能网关是现场设备及控制系统与云服务器通信的桥梁，支持多种工业协议，可连接多台现场设备或控制器进行数据采集，并通过Wi-Fi、GPRS等无线传输技术将信息传送至云服务器。云服务器在Web应用系统基础上为用户提供各种定制和二次开发需求，用户可根据需求采购数据网关和云平台服务。

5. "PLC+物联网触摸屏+云服务器"的工业控制网络方案

在工业物联网的大背景下，制造企业更多地融合了OT（操作技术）和IT（信息技术），以实现自身数字化、智能化转型升级，提升效率。触摸屏作为关键媒介，被赋予了一项全新的使命——触摸屏内置物联网网关（简称物联网触摸屏），将设备数据向云端传输，助力实现"物物互联"。

已有国内少数领先的物联网触摸屏兼备向下连接各类PLC、传感器，向上连接物联网的强大能力，自带物联网功能，云边协同，智能交互，内置5G/Wi-Fi物联网网关模块，通过5G/以太网等方式接入网络，将设备数据传递到云服务器中，可远程操作，查看设备运行状态，实施远程运维。"PLC+物联网触摸屏+云服务器"系统结构及应用案例如图1-6所示。

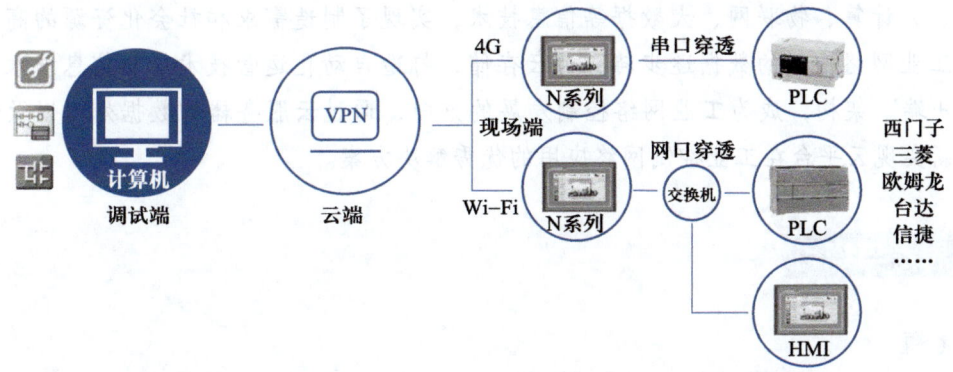

图1-6 "PLC+物联网触摸屏+云服务器"系统结构及应用案例

物联网触摸屏让"物物互联"更简易、更安全：通过搭配远程云平台，可以全面对接第三方阿里生态，在计算机、手机、平板计算机上随时随地监控设备，实现远程桌面、PLC透传，以及在线升级配方等远程服务功能，极大地节省了出差的时间与成本；通过搭配使用云平台，可以实现设备数据的边缘计算、分析与存储，实现设备维护和保养、配件管理等功能。

基于云服务器的远程监控系统无须购置IT硬件，具有多样化的数据统计、数据分析、运行决策等功能，可为企业或行业提供"积累和共享"的专家知识库，且数据在云端，使用方便，无须备份，同时具备如下优势。

① 远程透传PLC程序：可以实现远程PLC程序下载、上传和监控，足不出户便可解决现场问题。

② 数据远程监控：可以通过网页或手机App实现设备数据监控，第一时间了解设备运行状态、修改参数等，并且具有实时性、安全性和可靠性等，在工业控制领域具有较高的推广价值。

③ 设备报警推送：可以通过短信、微信、语音等多种方式，第一时间推送设备故障状态，及时掌握设备运行状态。

④ 历史数据查询：可以保存和查询设备的历史数据，数据可以通过曲线或表格形式展示，并且可以导出至本地。

⑤ 数据统计和分析：可以统计设备的能耗数据、故障率等，对设备进行有效的考核和统计，便于研发、售后、销售等不同部门进行分析。

⑥ 提升售后服务效率：可以通过物联网平台进行远程服务，提升售后服务效率，降低人力物力成本，精准应对每台设备，对故障设备的运行和维护进行针对性的记录，提高设备的使用寿命。

📝 项目小结

传统的工业控制和管理都是在本地进行的，近年来工业网络融合了先进制造技术以及互联网、云计算、物联网、大数据等信息技术，实现了制造需求和社会化资源的高质高效对接，工业网络控制的数据逐步转变为云存储，打造自动化运营技术层与信息技术层融合的"云＋端"架构，成为工业网络控制发展的方向，通过云服务器的数据处理以及远程监控，创新实现云平台在工业控制网络应用的优秀解决方案。

☁ 思考与练习

思考题

（1）分析常见工业控制网络解决方案的特点。

（2）列举常用的PLC通信协议。

（3）分析现场总线和工业以太网的优缺点。

（4）列举国产物联网触摸屏的品牌、优势和发展趋势。

（5）作为现场工程师，应该如何选择自动化项目解决方案？

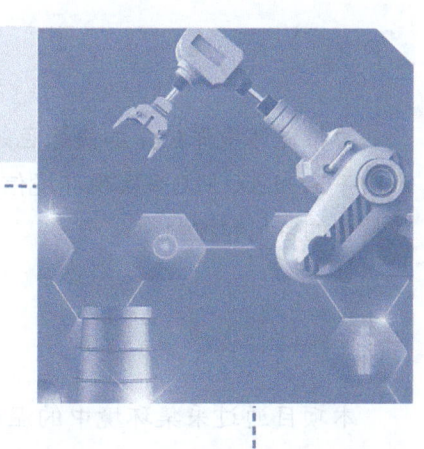

模块二
基础工业控制网络

项目一

Modbus 协议环境信息采集控制工程

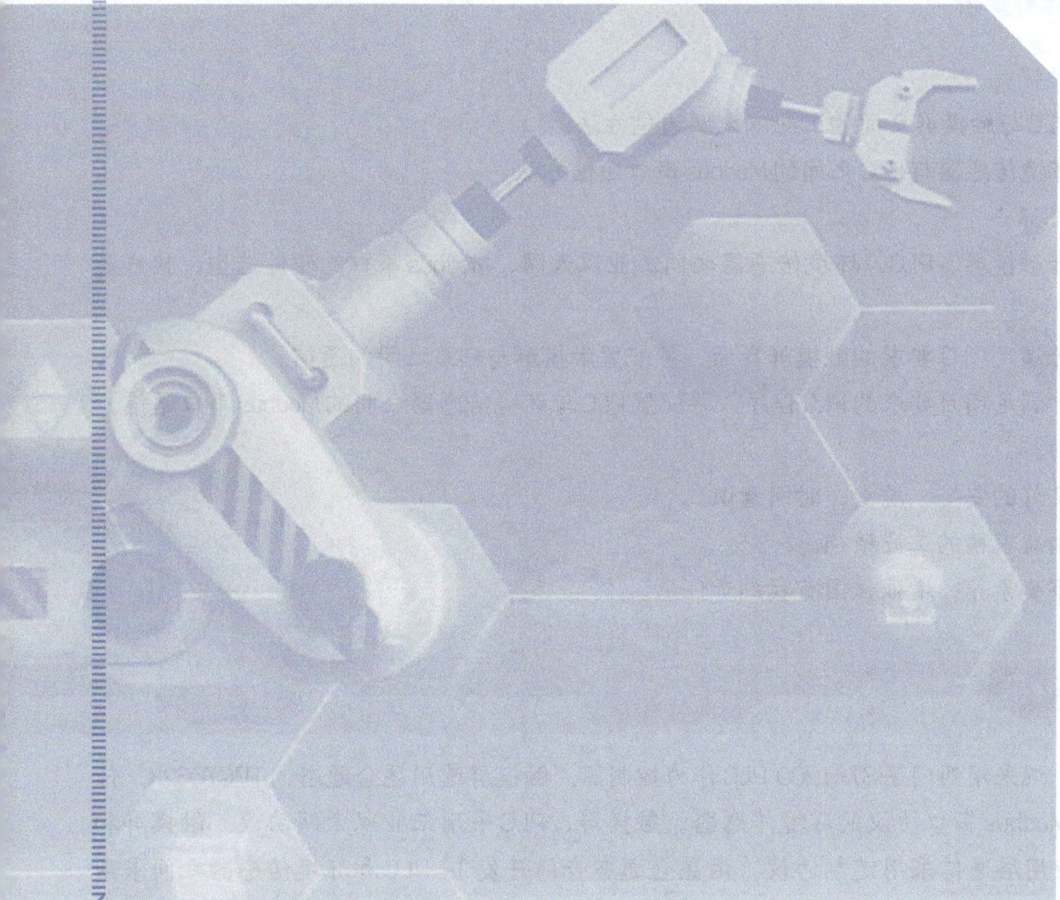

👍 项目引入

为推进环境保护，加快绿色经济转型，本项目采用昆仑通态的最新软件和触摸屏以及西门子S7-1200 PLC来实现环境信息采集的联机运行。通过采集环境中的关键信息，进行空气质量的监视和控制。

📋 项目描述

本项目通过采集环境中的温度、湿度、PM10浓度、PM2.5浓度的值，实现对环境的监视和保护工作。项目中采用温度、湿度、PM10浓度、PM2.5浓度四合一环境传感器以Modbus串口通信的方式将采集数据传递给S7-1200 PLC，再由PLC把数据传递给MCGS触摸屏进行显示。需要完成硬件连接、PLC程序编写和触摸屏人机界面设计任务。

🔗 项目目标

➤ 知识目标
1. 掌握PLC与触摸屏之间的工业以太网通信方法。
2. 掌握环境传感器与PLC之间的Modbus串口通信方法。

➤ 能力目标
1. 能设计触摸屏、PLC、环境传感器之间工业以太网、Modbus串口的硬件选型、接线及通信配置。
2. 能设计满足项目要求的触摸屏界面，并配置触摸屏与PLC之间的通信。
3. 能设计满足项目要求的PLC程序，并配置PLC与环境传感器之间的Modbus串口通信。

➤ 素养目标
1. 培养良好的安全、质量、时间意识。
2. 培养精益求精的工匠精神。
3. 提升审美素养，增强强国有我的责任感。

🔍 项目分析

本项目系统采用西门子S7-1200 PLC作为控制器，触摸屏选用昆仑通态的TPC7062K，传感器为支持Modbus串口协议的环境传感器。触摸屏、PLC采用工业以太网协议，触摸屏和PLC之间的应用层通信采用定制协议（由昆仑通态专门开发），PLC和环境传感器之间采用Modbus协议通信。

本项目分3个任务实施：任务一为硬件连接，任务二为PLC程序编写，任务三为触摸屏人机界面设计。根据本项目的要求，给出基于Modbus-RTU协议的RS485串口网络解决方案。

硬 件 连 接

任务描述

根据环境采集的要求，设计硬件通信系统，触摸屏和PLC之间采用工业以太网通信，PLC和环境传感器之间采用Modbus串口通信。

任务分析

1. 网络方案规划

网络方案规划如图2-1所示，主要设备包括触摸屏、PLC和环境传感器，触摸屏和PLC之间采用工业以太网通信，PLC和环境传感器之间采用Modbus串口通信。

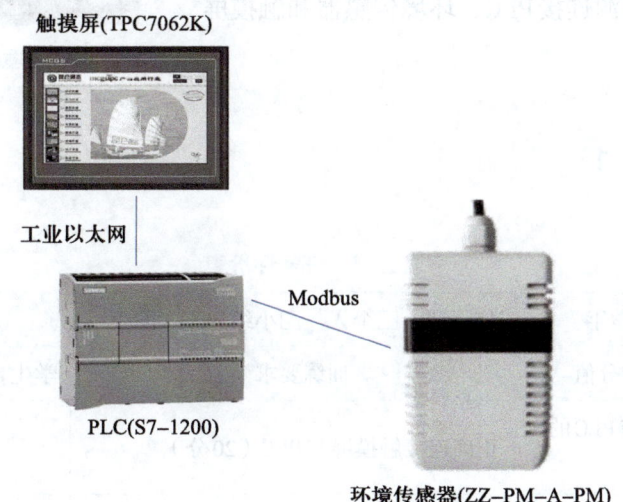

触摸屏(TPC7062K)

工业以太网

Modbus

PLC(S7-1200)

环境传感器(ZZ-PM-A-PM)

图2-1 网络方案规划

2. 环境传感器的选型

环境传感器选择ZZ-PM-A-PM多合一传感器（智泽贸易），可同时采集温度、湿度、PM10浓度、PM2.5浓度4个环境信号。环境传感器实物如图2-2所示。

该传感器共有4根线。其中，棕色线为电源正线（DC 12~24 V）；黑色线为电源负线（DC -24~-12 V）；黄色线为通信的485-A线；蓝色线为通信的485-B线。电源接口为宽电压电源输入（12~24 V）。485信号线接线时需注意：A、B两条线不能接反；总线上多台设备间的地址不能冲突。

出线防水头

颗粒物探头(内置)

图2-2 环境传感器实物

3. PLC模块CB 1241（RS485）的选型

西门子CB 1241（RS485）通信板可以直接插入S7-1200 PLC的CPU中，通过点到点连接，可进行快速、高性能的串行数据交换。该模块执行的协议有ASCII协议、USS驱动协议、Modbus-RTU协议等。485半双工（两线连接）的连接方式是：T/RA接485-B、T/RB接485-A。

任务实施

1. RS485连线

环境传感器与PLC的CB 1241（RS485）模块连接时，蓝色线接T/RA，黄色线接T/RB，如图2-3所示。

2. 网线连接

用网线连接S7-1200 PLC的网口及触摸屏的网口。

3. 电源连接

采用24 V直流电源连接PLC、环境传感器和触摸屏的电源端。

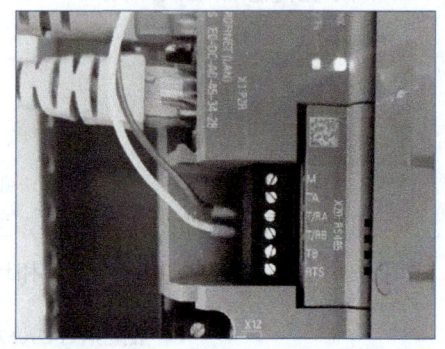

图2-3　环境传感器与PLC的连接

任务评价（表2-1）

表2-1　任务评价表

评分表　　　　　　学年		工作形式：□个人　□小组分工　□小组		评分		工作时间
任务	训练内容与分值	训练要求		学生自评	教师评分	
硬件连接	1. 触摸屏与PLC的连接（20分）	正确连接触摸屏与PLC（20分）				
	2. PLC与环境传感器的连接（30分）	正确连接PLC与环境传感器（30分）				
	3. 通信连接测试（40分）	正确完成PLC与环境传感器的通信（40分）				
	4. 职业素养与安全意识（10分）	现场安全保护；工具、器材、导线等处理操作符合职业要求（5分）　分工合作，配合紧密；遵守纪律，保持工位整洁（5分）				
	总分：100分	学生：　　　　　教师：　　　　　日期：				

任务二
PLC程序编写

任务描述

完成PLC程序编写，实现环境参数采集。主要分两个步骤：一是通过Modbus通信将环境传感器的数据传递给PLC；二是把Word数据类型转化为Real数据类型。

任务分析

在参数定义中，由于环境传感器的数据为10个，因此需要将其定义为DB（数据块）。S7-1200 PLC中使用Modbus_Master指令实现主站对从站的数据采集。

任务实施

1. 新建项目

在博途软件中新建名为"环境信息采集"的项目，CPU的类型选择"CPU 1215C DC/DC/Rly"，订货号为"6ES7 215-1HG40-0XB0"，版本为"V4.0"，如图2-4所示。

演示视频
PLC程序编写

图2-4　PLC中CPU模块的选型

2.硬件组态

（1）设置IP地址

在CPU的属性设置中设置IP地址，如图2-5所示。

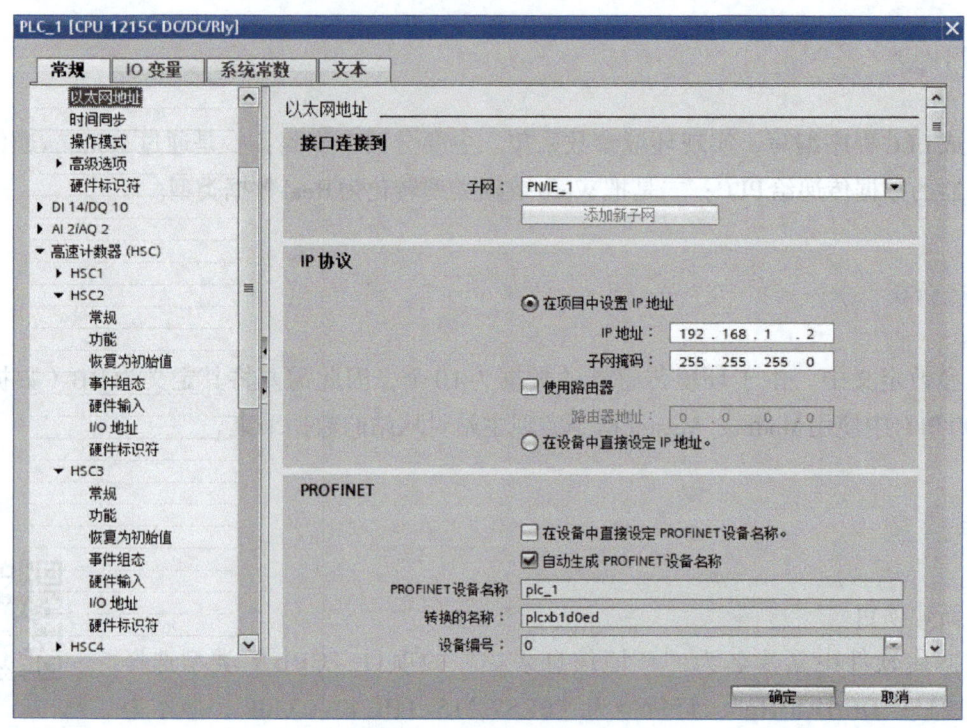

图2-5 设置IP地址

（2）添加485通信模块

添加CB 1241（RS485）模块的组态，如图2-6所示。通信模块安装在S7-1200 PLC的面板上，安装好后其参数保持默认设置。

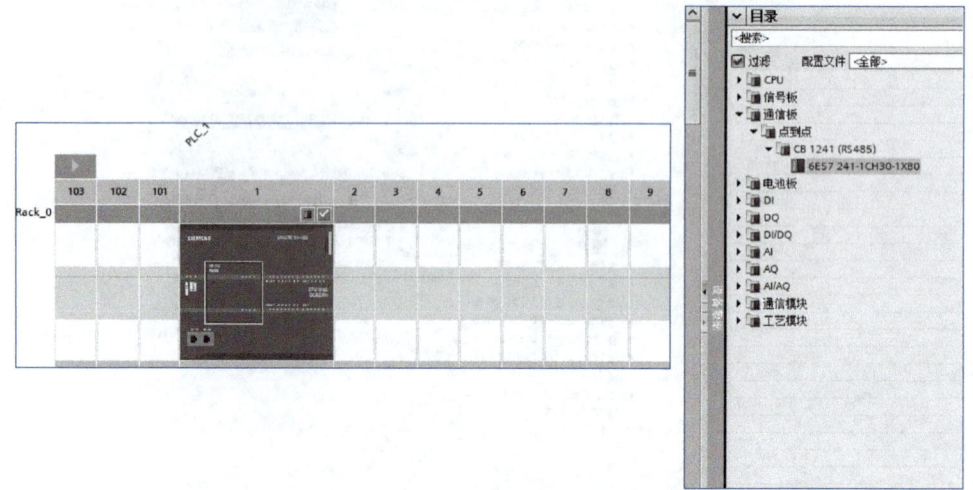

图2-6 CB 1241（RS485）模块组态

3. 数据定义

① 定义DB1模块，用于保存从环境传感器中传送来的值，在属性设置中取消选中"优化的块访问"复选框，如图2-7所示。

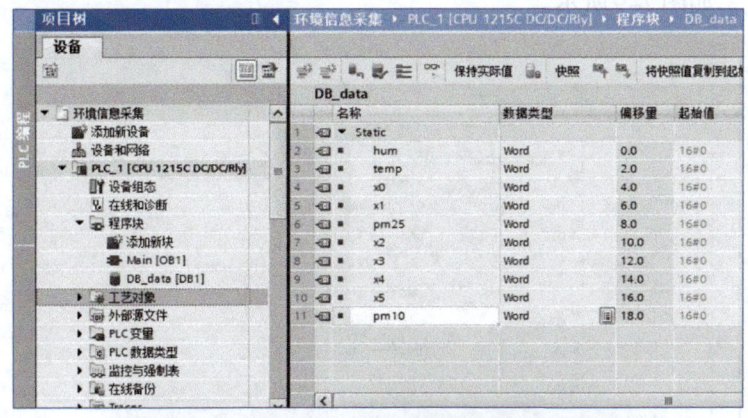

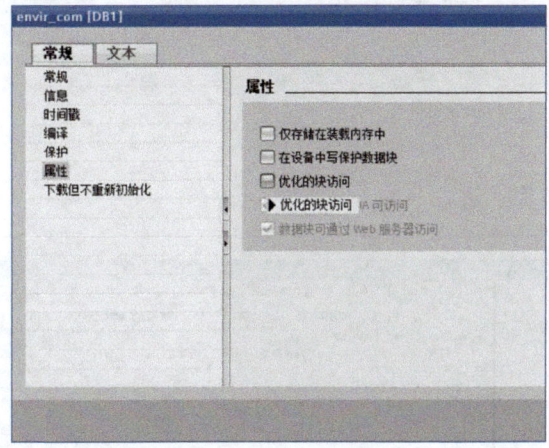

图2-7　定义DB1模块

② 定义DB3模块，用于保存换算后的环境参数值，在属性设置中把优化模块去除，如图2-8所示。

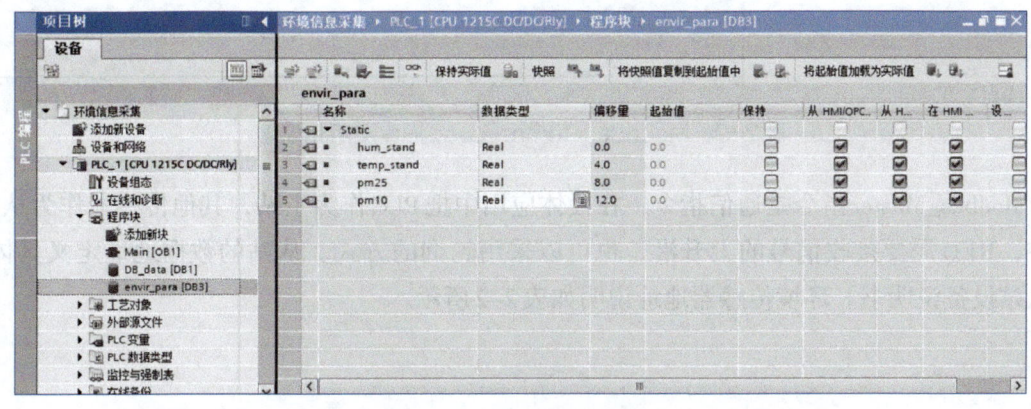

图2-8　定义DB3模块

4.通信程序编写

Modbus_Comm_Load指令是通信配置指令，只需要运行一次，因此将REQ参数设置为在第一次循环周期运行。关键点：在本程序自动产生的背景数据中，MODE值要设置为4，为半双工通信方式，如图2-9所示。

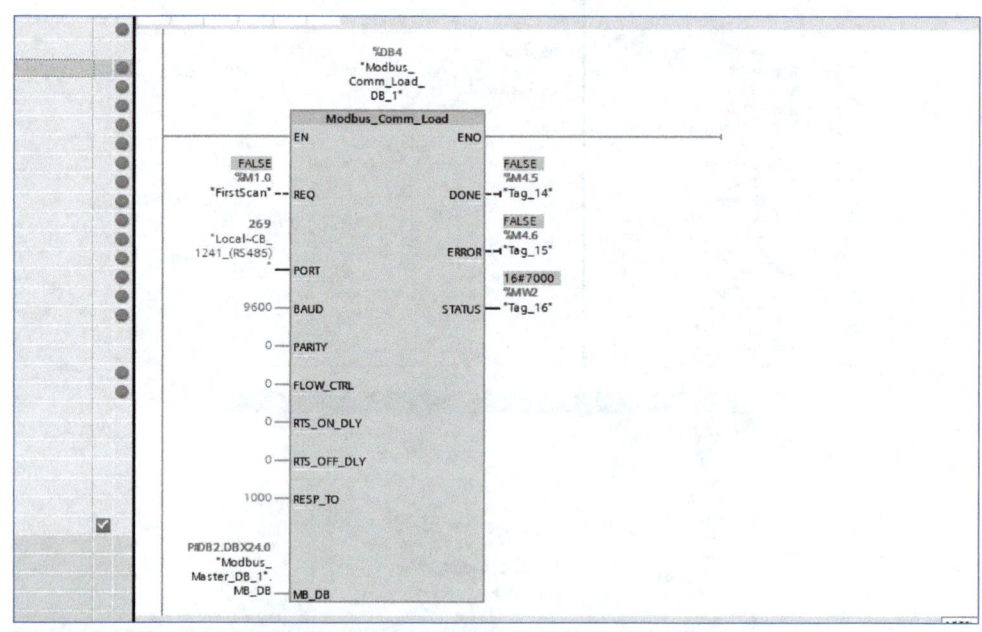

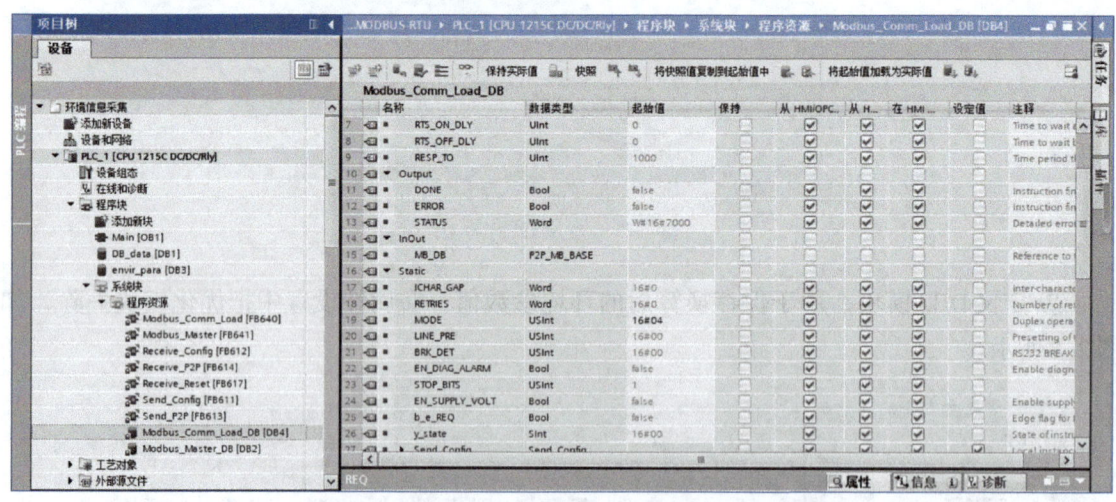

图2-9 Modbus_Comm_Load指令应用和配置

Modbus_Master指令是通信指令，在具体应用中把PLC作为主站，其他传感器作为从站。其中，REQ需要接收信号的上升沿，也可以采用轮询的方式。从站的数据地址定义具体参见从站设备说明书。环境传感器地址说明如表2-2所示。

表 2-2 环境传感器地址说明

寄存器地址	PLC组态地址	内容	操作
0000H	40001	湿度（0.1%RH）	只读
0001H	40002	温度（0.1 ℃）	只读
0004H	40005	PM2.5浓度（1 μg/m³）	只读
0009H	40010	PM10浓度（1 μg/m³）	只读
0100H	40101	设备地址（0~252）	读写
0101H	40102	波特率（2 400 bit/s、4 800 bit/s、9 600 bit/s）	读写

Modbus_Master指令应用如图2-10所示。在表2-2中，40001代表PLC对应的初始地址，所以在Modbus_Master指令中，DATA_ADDR的地址为40001。在表2-2中，一个地址代表一个字（16位二进制数），第1个字是湿度，第2个字是温度，第5个字是PM2.5浓度，第10个字是PM10浓度，因此DATA_LEN的数据长度为10，表示只需要10个字，其他字的数据不需要。DB1的数据按表2-2进行安排。DB1.DBW0第1个字代表温度，DB1.DBW2第2个字代表湿度，DB1.DBW8第5个字代表PM2.5浓度，DB1.DBW18第10个字代表PM10浓度。

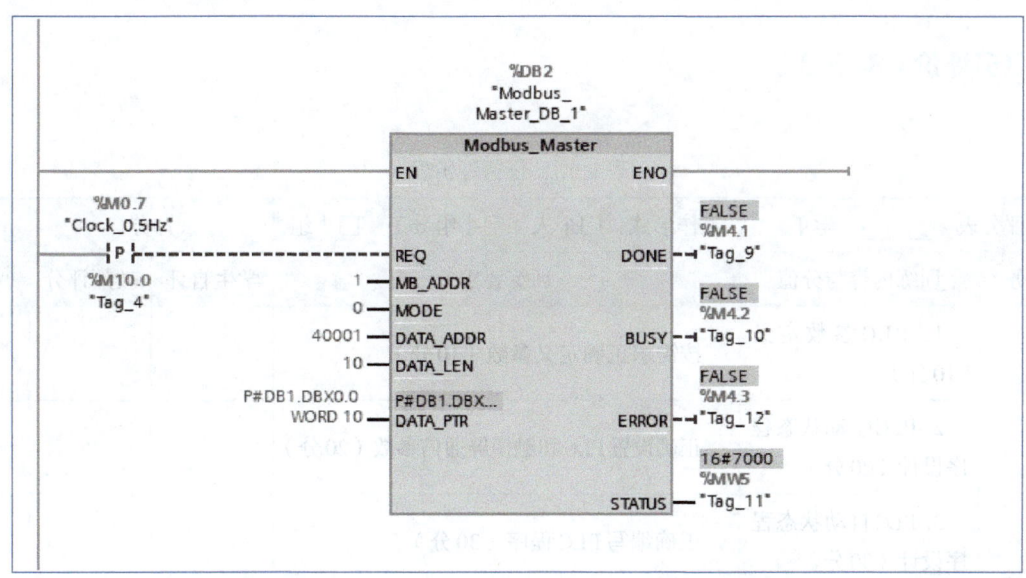

图2-10 Modbus_Master指令应用

5. 数据转化程序编写

数据转化程序如图2-11所示。将温度值和湿度值除以10，便得到原来的值；PM2.5浓度值和PM10浓度值为原值，不需要换算，只需把原来的Word数据类型转换为Real数据类型。

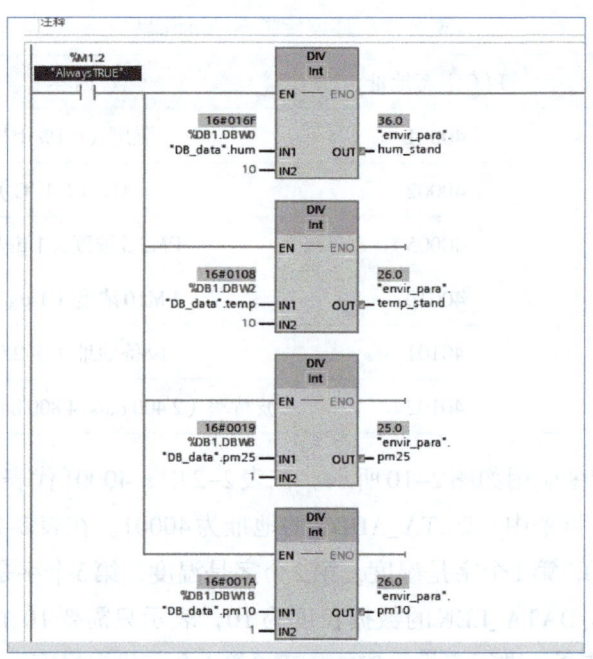

图2-11 数据转化程序

任务评价（表2-3）

表2-3 任务评价表

评分表 _____学年		工作形式：□个人 □小组分工 □小组			评分		工作时间
任务	训练内容与分值	训练要求			学生自评	教师评分	
PLC程序编写	1. PLC参数定义（10分）	按需求正确定义参数（10分）					
	2. PLC手动状态程序设计（20分）	正确设置PLC和触摸屏通信参数（20分）					
	3. PLC自动状态程序设计（30分）	正确编写PLC程序（30分）					
	4. PLC程序调试（30分）	下载程序到PLC中，参数显示正确（30分）					
	5. 职业素养与安全意识（10分）	现场安全保护；工具、器材、导线等处理操作符合职业要求（5分） 分工合作，配合紧密；遵守纪律，保持工位整洁（5分）					
	总分：100分	学生：	教师：		日期：		

任务三
触摸屏人机界面设计

📁 任务描述

设计人机界面，完成温度、湿度、PM10浓度、PM2.5浓度的参数采集。

📋 任务分析

在软件的实时数据库中定义温度、湿度、PM10浓度、PM2.5浓度对应的4个参数，数据类型为数值型，在界面上使用"标签"工具实现4个参数的输出显示。

🖥 任务实施

演示视频
触摸屏人机
界面设计

1. 新建人机界面项目

打开MCGS嵌入版软件，单击"文件"菜单，选择"新建工程"选项，弹出"新建工程设置"对话框，在"TPC"选项区域的"类型"下拉列表框中选择"TPC7062K"选项，单击"确定"按钮，如图2-12（a）所示。单击"文件"菜单，选择"工程另存为"选项，弹出"Save As"对话框，在"文件名"文本框中输入"环境参数显示.MCE"，单击"保存"按钮，保存新建项目，如图2-12（b）所示。

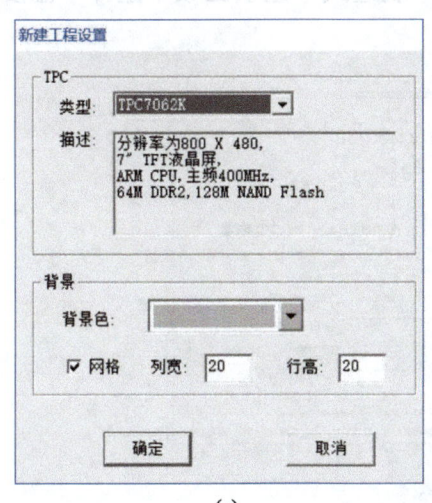

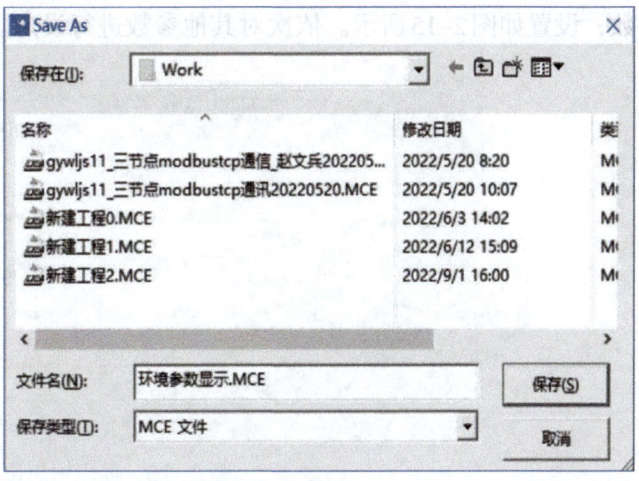

（a）   （b）

图2-12　新建人机界面项目

2. 定义参数

单击"实时数据库"，进入数据定义界面，定义"温度""PM10值""湿度""PM25值"4

个类型为数值型的数据，如图2-13所示。

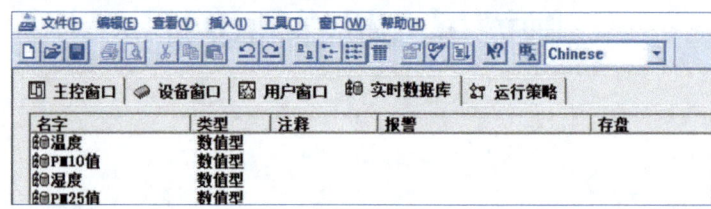

图2-13 定义参数

3. 界面布置

使用"标签"工具进行图2-14所示环境监控界面的布置。

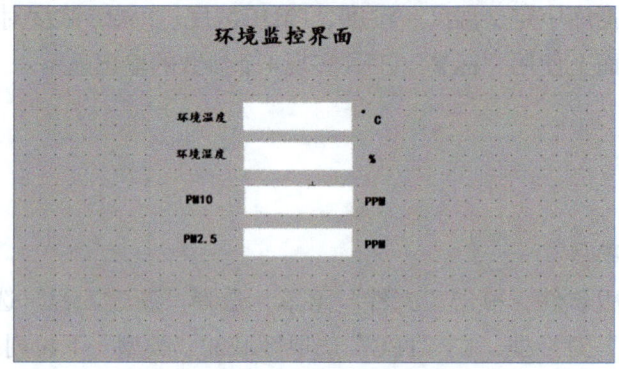

图2-14 环境监控界面布置

4. 显示输出设置

使用"标签"工具，添加"显示输出"属性，在"表达式"选项区域中选择"温度"参数，设置如图2-15所示。依次对其他参数进行设定。

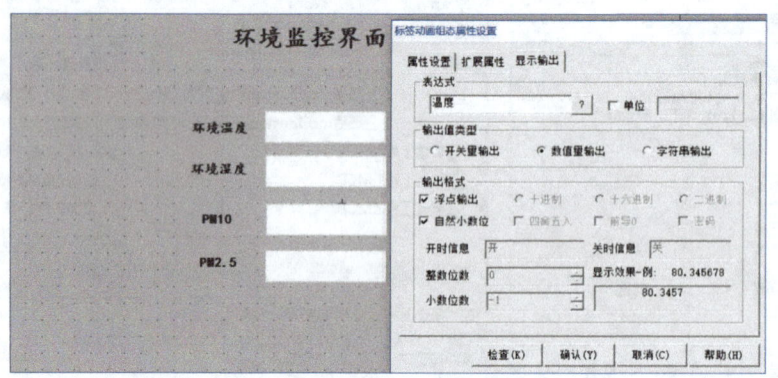

图2-15 显示输出设置

5. 通信设置

如图2-16所示，选择使用"Siemens_1200"的驱动程序，设置通信参数，包括远端IP地址（PLC的地址）、本地IP地址（触摸屏的地址），定义与PLC对应的通道，并和触摸屏参数进行连接。

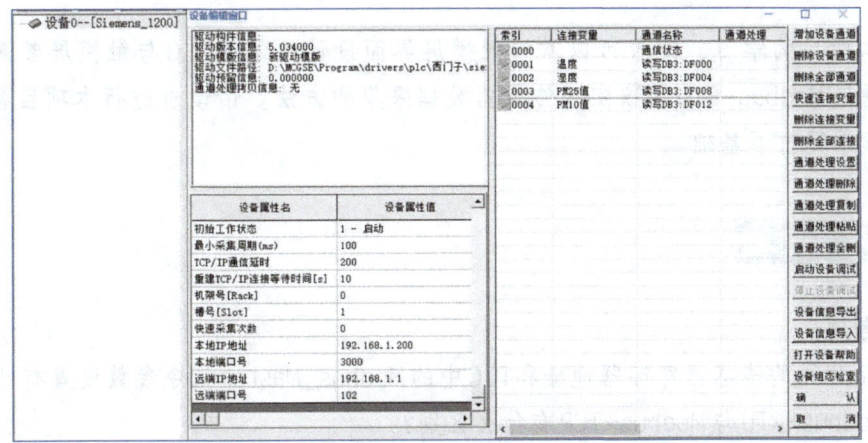

图2-16 通信设置

6. 系统调试

把PLC和触摸屏通过网线连接后，在线查看环境参数的显示情况。

📝 **任务评价（表2-4）**

表2-4 任务评价表

评分表 _____ 学年		工作形式：□个人　□小组分工　□小组		评分		工作时间
任务	训练内容与分值	训练要求		学生自评	教师评分	
触摸屏人机界面设计	1. 触摸屏参数的定义（10分）	正确定义规定的参数（10分）				
	2. 触摸屏界面的规划设计（20分）	按要求规划界面（20分）				
	3. 显示输出的设置（20分）	正确完成参数显示的设置（20分）				
	4. 触摸屏与PLC的通信设置（20分）	正确设置触摸屏与PLC的通信（20分）				
	5. 在线调试（20分）	实现在线的控制要求（20分）				
	6. 职业素养与安全意识（10分）	现场安全保护；工具、器材、导线等处理操作符合职业要求（5分） 分工合作，配合紧密；遵守纪律，保持工位整洁（5分）				
	总分：100分	学生：	教师：		日期：	

📝 项目小结

通过本项目的学习，读者可以掌握触摸屏界面设计，掌握PLC与触摸屏参数的连接方法，掌握通过Modbus-RTU协议实现传感器数据采集的方法。请读者进行本项目各任务的操作，为后续学习打下基础。

☁ 思考与练习

1. 思考题

（1）Modbus的传感器寄存器地址和PLC中的Modbus_Master指令参数设置有什么关联？

（2）Modbus-RTU与Modbus-TCP有什么区别？

（3）当PLC作为主站时，两个Modbus-RTU从站之间是如何进行通信的？

2. 操作题

使用S7-1200 PLC中的M寄存器实现环境参数的采集与显示。

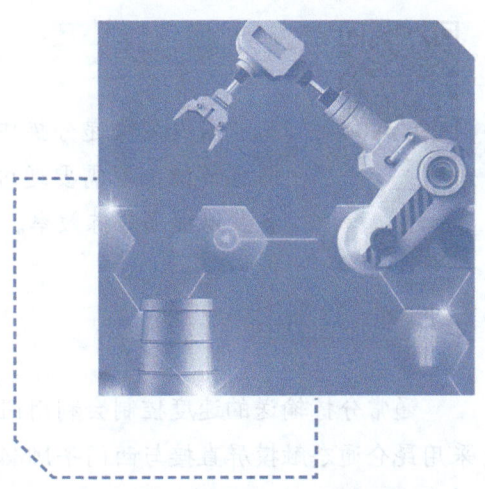

项目二

USS 协议下变频器监控系统

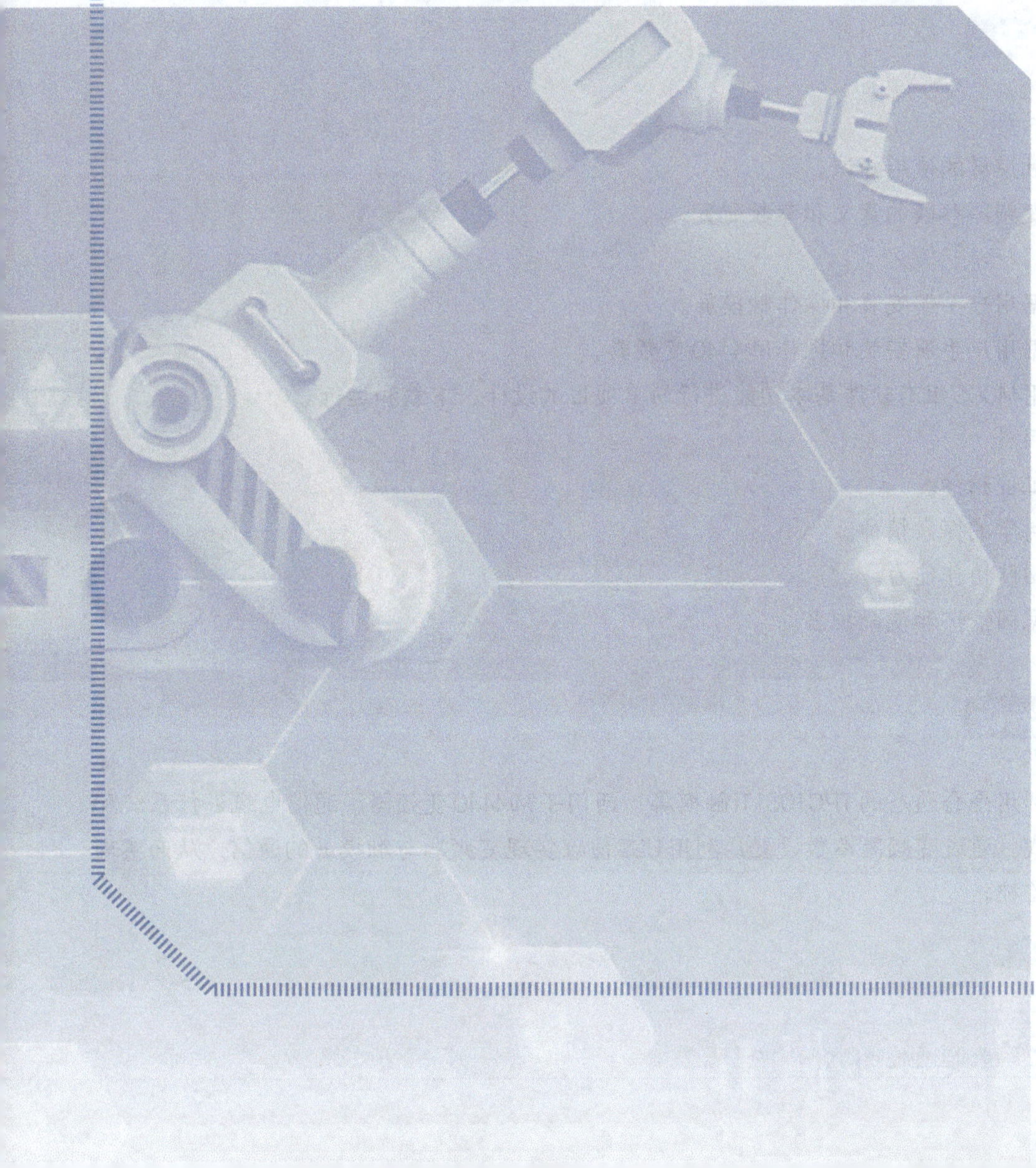

👍 项目引入

国内某快递分拣中心要通过皮带输送设备进行快件的分拣。为了实现绿色节能，现需要通过变频器控制异步交流电动机，进而控制皮带输送设备，以提高分拣效率。

📋 项目描述

通常分拣输送的速度控制会利用PLC作为控制器，间接控制变频器，成本较高。本项目采用昆仑通态触摸屏直接与西门子MM440变频器通信，使用USS（通用串行接口）协议实现对多个MM440变频器的控制，从而可在触摸屏上直接对各个变频器进行启停控制、方向控制、频率控制，以及对变频器实际转速、电压和电流等进行显示。本项目提供一种通过USS协议实现触摸屏与变频器直接监控的简易方案。

🔗 项目目标

➤ 知识目标

1. 了解触摸屏的使用知识。
2. 掌握变频器参数的意义和参数配置。

➤ 能力目标

1. 会根据用户手册安装和操作触摸屏。
2. 会根据用户手册安装和操作MM440变频器。
3. 能使用MCGS组态软件基本功能进行简单项目的设计、下载和运行。

➤ 素养目标

1. 培养工匠精神。
2. 培养科学的探索精神。
3. 提升团队协作能力。
4. 增强家国情怀和使命担当。

🔍 项目分析

本项目利用昆仑通态的TPC1061Ti触摸屏、西门子MM440变频器、通信电缆进行系统配置与硬件接线。通过变频器参数设置，利用USS协议实现变频器与触摸屏的通信，从而实现对变频器的监控。

任务

变频器监控系统设计

📋 任务描述

本任务要利用USS协议实现变频器的正转、反转、停止，以及对变频器加速时间、减速时间、运行频率的设置，监控实际电压、实际电流、实际频率。

触摸屏界面设计除了要满足基本控制要求外，还可以增加企业Logo、企业文化、二维码操作说明书及用户界面转换按钮等，提高系统的操作便利性，奠定智能制造数字化的竞争优势。

📐 任务分析

本系统采用触摸屏实时监控多台变频器，采用USS协议通信灵活地实现多台变频器的参数设定与参数采集。根据系统控制要求，触摸屏界面上主要实现以下功能。

① 能在触摸屏上分别对两个变频器的加速时间、减速时间、运行频率进行设置与修改。

② 能对两个变频器进行正反转启动、停止等控制。

③ 能在触摸屏上显示与两个变频器通信是否成功的状态指示。

④ 能在触摸屏上实时显示两个异步电动机的实际运行频率、转速、电压与电流等参数。

根据控制要求，电气系统控制图如图2-17所示，RS485通信连接图如图2-18所示。

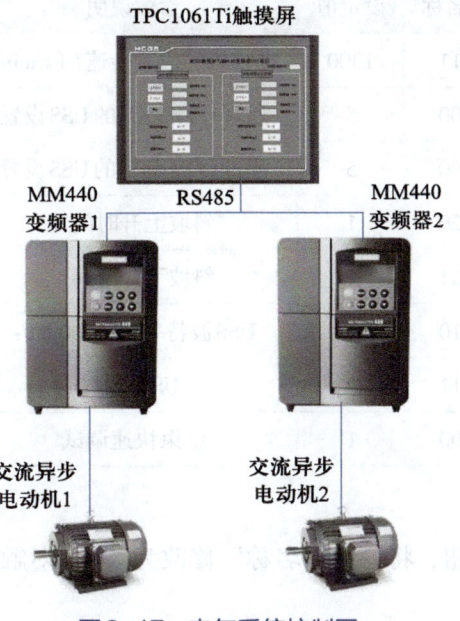

图2-17 电气系统控制图

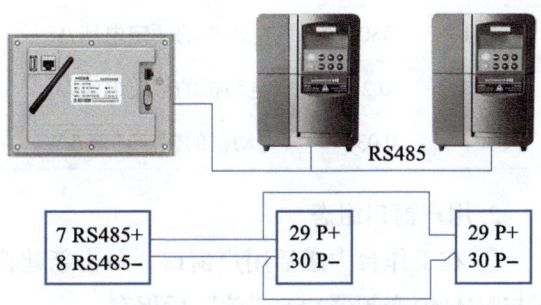

图2-18 RS485通信连接图

任务实施

1. 变频器参数设置

当两个MM440变频器与TPC1061Ti触摸屏进行串口通信时，要使用RS485协议的通信电缆进行硬件连接，然后要对两个变频器的相关通信参数进行设置，这样触摸屏才能使用USS协议进行数据传输，并对变频器进行实时监控。

利用基本操作面板（BOP）实现变频器参数设置，如表2-5和表2-6所示。

表2-5　MM440变频器1的通信参数设置表

参数名称	设定值	参数说明	参数名称	设定值	参数说明
P0010	30	工厂的默认设定值	P0311	1300	电动机的额定转速/（r/min）
P0970	1	执行变频器参数复位	P0700	5	通过COM链路的USS设置
P0003	3	使用专家权限	P1000	5	通过COM链路的USS设置
P0004	0	显示全部参数	P1120	1	斜坡上升时间/s
P0010	1	进行快速调试模式	P1121	1	斜坡下降时间/s
P0304	380	电动机的额定电压/V	P2010	6	USS波特率为9 600 bit/s
P0305	0.2	电动机的额定电流/A	P2011	10	USS地址
P0307	0.03	电动机的额定功率/kW	P3900	1	结束快速调试

表2-6　MM440变频器2的通信参数设置表

参数名称	设定值	参数说明	参数名称	设定值	参数说明
P0010	30	工厂的默认设定值	P0311	1300	电动机的额定转速/（r/min）
P0970	1	执行变频器参数复位	P0700	5	通过COM链路的USS设置
P0003	3	使用专家权限	P1000	5	通过COM链路的USS设置
P0004	0	显示全部参数	P1120	1	斜坡上升时间/s
P0010	1	进行快速调试模式	P1121	1	斜坡下降时间/s
P0304	380	电动机的额定电压/V	P2010	6	USS波特率为9 600 bit/s
P0305	0.2	电动机的额定电流/A	P2011	11	USS地址
P0307	0.03	电动机的额定功率/kW	P3900	1	结束快速调试

2. 用户窗口组态

① 在工作台中激活用户窗口，单击新建窗口按钮，将"窗口名称"修改为"MCGS触摸屏与MM440变频器USS通信"后保存。

② 从用户窗口进入"MCGS触摸屏与MM440变频器USS通信"动画组态，打开绘图工

具箱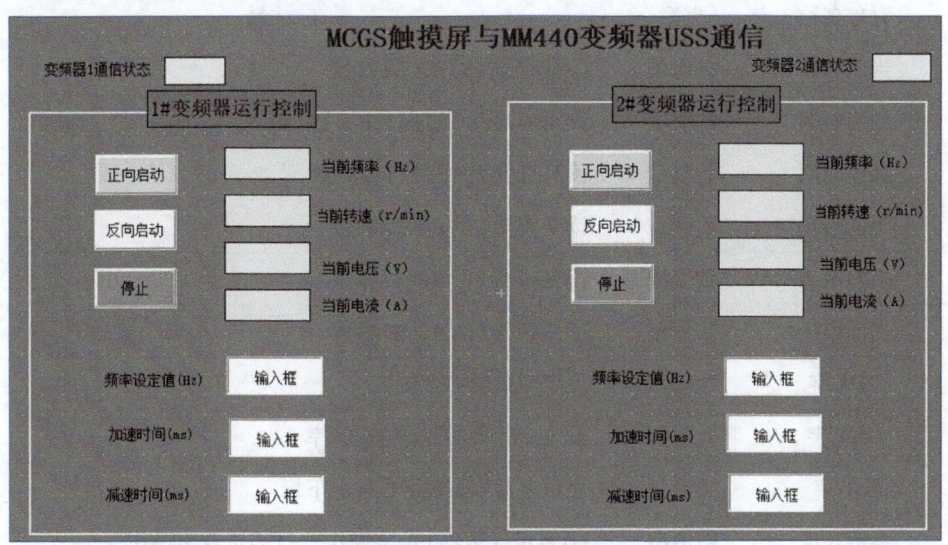，组态画面如图2-19所示。

图2-19　用户窗口组态画面

确定监控界面的整体布局。以"1#变频器运行控制"部分为例，画面上有3个按钮、3个输入框、9个标签，5个矩形框。

a. 按钮：单击工具箱中的"常用图符"按钮，打开常用图符工具箱，单击"凹槽平面"按钮，拖动鼠标绘制1个凹槽平面。在凹槽平面上添加3个按钮，即"正向启动"按钮、"反向启动"按钮、"停止"按钮。

b. 输入框：单击工具箱中的"输入框"按钮，拖动鼠标绘制大小合适的输入框。

c. 标签：单击工具箱中的"标签"按钮，制作工程标题，即"MCGS触摸屏与MM440变频器USS通信"，设置为：无填充、无边线、蓝色、宋体、粗体、小二号字。

再单击"标签"按钮，制作其他标题，包括"变频器1通信状态""1#变频器运行控制""当前频率（Hz）""当前转速（r/min）""当前电压（V）""当前电流（A）""频率设定值（Hz）""加速时间（ms）""减速时间（ms）"。

d. 矩形框：单击工具箱中的"矩形"按钮，拖动鼠标绘制大小合适的5个矩形框，放在相应的标签旁。

3. 实时数据库组态

在工作台中单击"实时数据库"，再单击"新增变量"，增加30个新变量，如表2-7所示。

表2-7　实时数据库变量表

序号	对象名称	类型	注释
1	通信状态	数值型	显示变频器1的USS通信状态
2	频率设定	数值型	设定变频器1的频率值

序号	对象名称	类型	注释
3	当前频率	数值型	读变频器1的R0024参数
4	加速时间	数值型	读写变频器1的P1120参数
5	减速时间	数值型	读写变频器1的P1121参数
6	当前转速	数值型	读变频器1的R0022参数
7	当前电流	数值型	读变频器1的R0027参数
8	当前电压	数值型	读变频器1的R0025参数
9	STW字	数值型	设定变频器1状态字
10	HSW字	数值型	设定变频器1当前输出频率
11	IND字	数值型	表示变频器1数组参数的下标
12	参数长度	数值型	=0表示变频器1单字操作，=1表示双字操作
13	小数点位数	数值型	保留，0即可
14	浮点数处理标志	数值型	如果要读/写的参数为浮点数格式，将此标志置1；否则置0
15	寄存器号	字符型	表示变频器1的参数地址和类型，类型分为P（可读写）和R（只读）
16	通信状态1	数值型	显示变频器2的USS通信状态
17	频率设定1	数值型	设定变频器2的频率值
18	当前频率1	数值型	读变频器2的R0024参数
19	加速时间1	数值型	读写变频器2的P1120参数
20	减速时间1	数值型	读写变频器2的P1121参数
21	当前转速1	数值型	读变频器2的R0022参数
22	当前电流1	数值型	读变频器2的R0027参数
23	当前电压1	数值型	读变频器2的R0025参数
24	STW字1	数值型	设定变频器2状态字
25	HSW字1	数值型	设定变频器2当前输出频率
26	IND字1	数值型	表示变频器2数组参数的下标
27	参数长度1	数值型	=0表示变频器2单字操作，=1表示双字操作
28	小数点位数1	数值型	保留，0即可
29	浮点数处理标志1	数值型	如果要读/写的参数为浮点数格式，将此标志置1；否则置0
30	寄存器号1	字符型	表示变频器2的参数地址和类型，类型分为P（可读写）和R（只读）

4.动画连接

对图2-19所示用户窗口组态画面中的标签、输入框、按钮新增动画效果，以"1#变频器运行控制"部分为例进行说明。

（1）"变频器1通信状态"标签

双击"变频器1通信状态"标签，打开"标签动画组态属性设置"对话框，在"属性设置"选项卡中，选中"显示输出"复选框，如图2-20所示。切换到"显示输出"选项卡，在"表达式"选项区域中单击 ? 按钮，进行数据变量连接，选择"通信状态"变量，其他设置如图2-21所示。

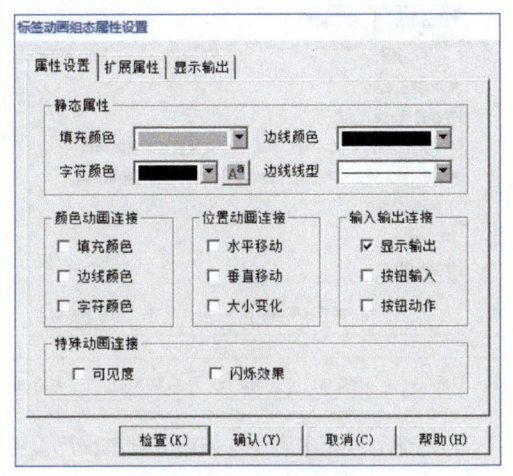

图2-20 标签的属性设置

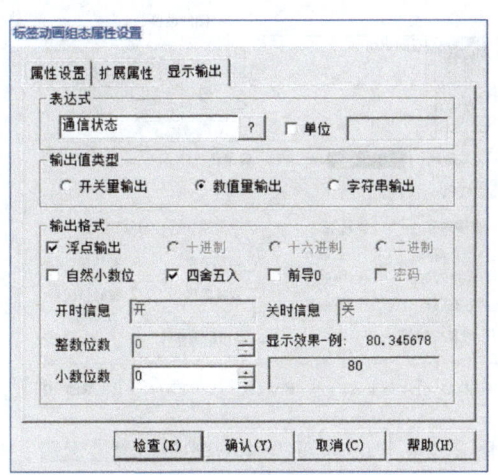

图2-21 标签的显示输出设置

（2）"频率设定值"输入框、"加速时间"输入框、"减速时间"输入框

双击"频率设定值"输入框，打开"输入框构件属性设置"对话框，切换到"操作属性"选项卡，在"对应数据对象的名称"选项区域中单击 ? 按钮，弹出"变量选择"对话框，选择"频率设定"变量，单击"确认"按钮，返回"输入框构件属性设置"对话框，进行输入框最小值和最大值的设定，分别如图2-22和图2-23所示。

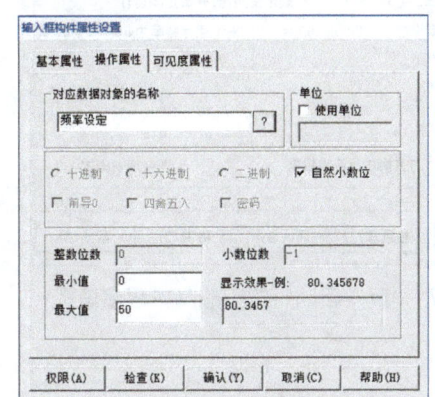

图2-22 输入框的操作属性设置

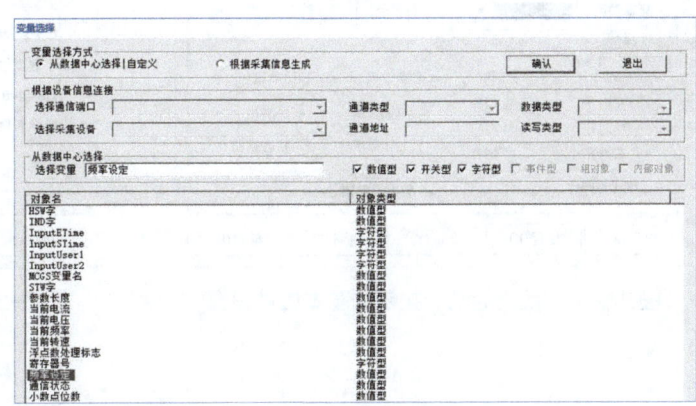

图2-23 变量选择

"加速时间"输入框、"减速时间"输入框按同样方法进行设置。

（3）"正向启动"按钮、"反向启动"按钮、"停止"按钮

双击"正向启动"按钮，打开"标准按钮构件属性设置"对话框，在"基本属性"选项卡下，在"文本"文本框中输入"正向启动"，如图2-24所示；切换到"脚本程序"选项卡，在"抬起脚本"选项区域中单击"打开脚本程序编辑器"按钮，进行脚本输入，如图2-25所示。

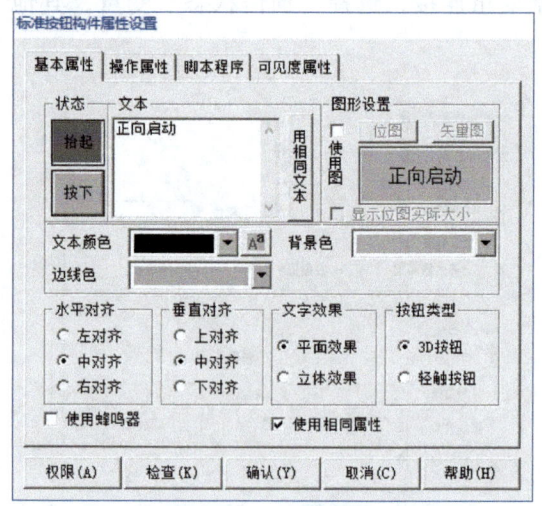

图2-24 "正向启动"按钮的基本属性设置

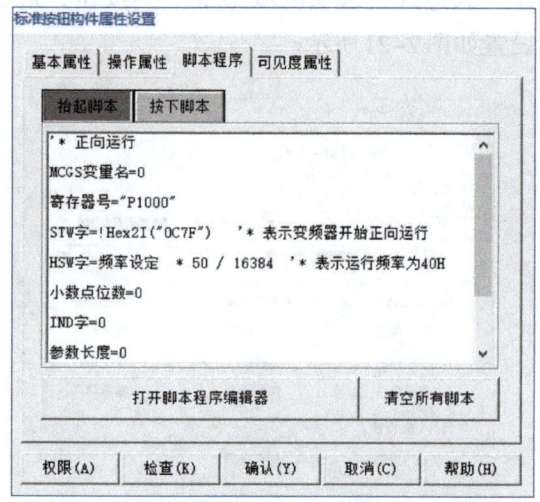

图2-25 "正向启动"按钮的脚本程序设置

"反向启动"按钮、"停止"按钮按同样方法进行设置，分别如图2-26~图2-29所示。

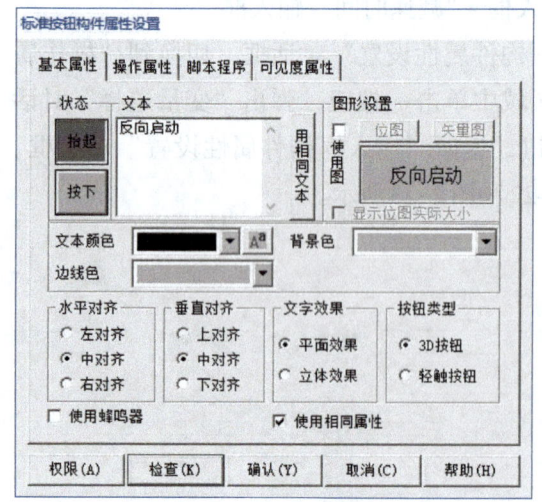

图2-26 "反向启动"按钮的基本属性设置

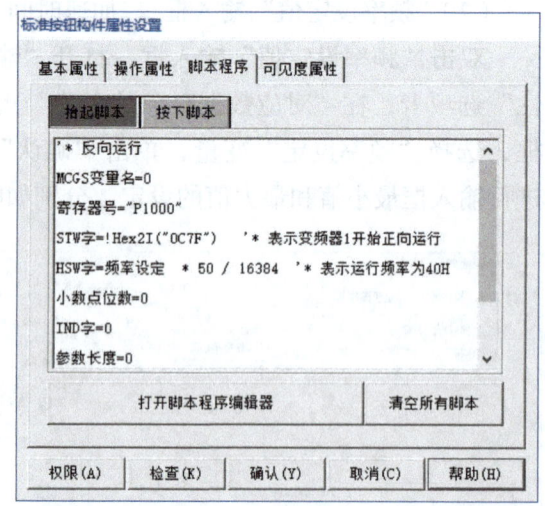

图2-27 "反向启动"按钮的脚本程序设置

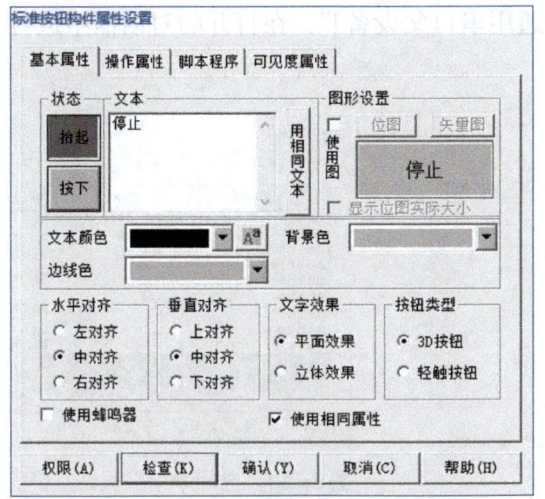

图2-28 "停止"按钮的基本属性设置

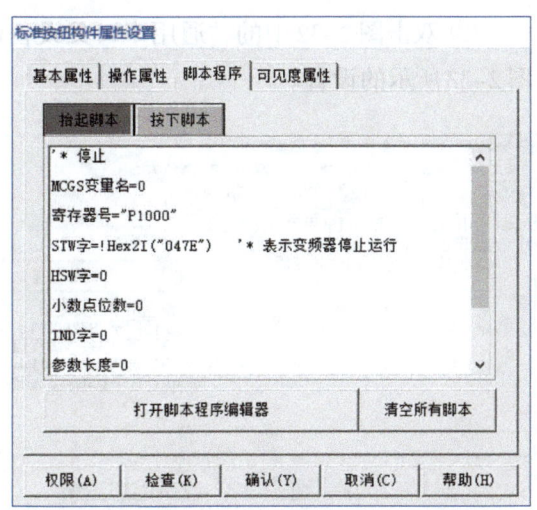

图2-29 "停止"按钮的脚本程序设置

（4）"当前频率"标签、"当前转速"标签、"当前电压"标签、"当前电流"标签

双击"当前频率"标签，打开"标签动画组态属性设置"对话框，在"属性设置"选项卡中选中"显示输出"复选框，如图2-30所示。切换到"显示输出"选项卡，在"表达式"选项区域中单击 ? 按钮，进行数据变量连接，选择"当前频率"变量，其他设置如图2-31所示。

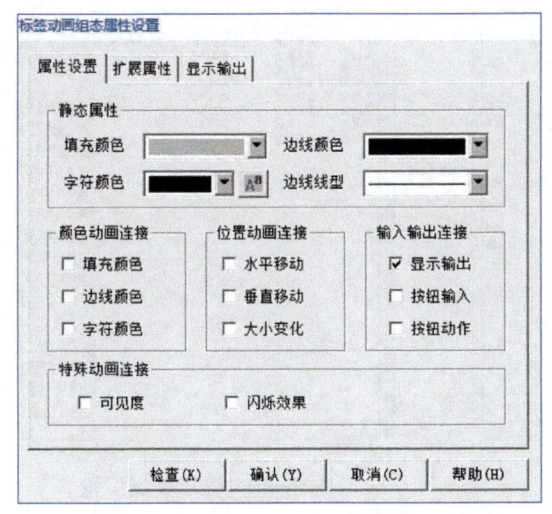

图2-30 "当前频率"标签的属性设置

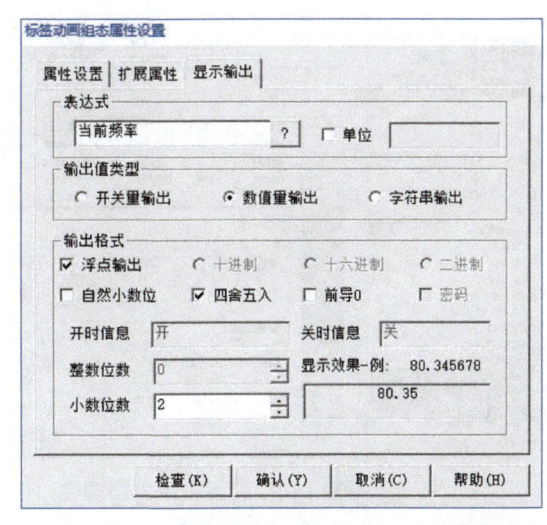

图2-31 "当前频率"标签的显示输出设置

"当前转速"标签、"当前电压"标签、"当前电流"标签按同样方法进行设置。

5.设备组态

① 在工作台中激活设备窗口，双击 设备窗口 按钮进入设备组态界面。单击工具条中的 ≥ 按钮，打开"设备工具箱"对话框。双击"通用串口父设备"，然后单击"设备管理"按钮，依次找到"变频器→西门子→西门子USS协议驱动"选项，单击"增加"按钮，再单击"确定"按钮，返回"设备工具箱"对话框，双击"西门子USS协议驱动"，如图2-32所示。

② 双击图2-32中的"通用串口父设备0--[通用串口父设备]",在打开的对话框中进行图2-33所示的设置。

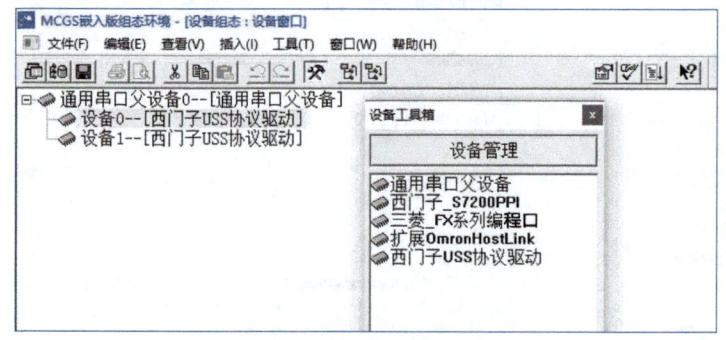

图2-32 设备组态设置　　　　　　　　　　　　图2-33 通用串口父设备0设置

③ 双击图2-32中的"设备0--[西门子USS协议驱动]",将"设备地址"设置为10,单击"设置设备内部属性"按钮,再单击"增加通道"按钮,增加R0022、R0024、R0025、R0027、P1120、P1121六个通道,注意设置参数字长,如图2-34所示。单击"确认"按钮,返回设备编辑窗口,右上角会出现新增的通道名称"读R0022""读R0024""读R0025""读R0027""读写P1120""读写P1121",在"连接变量"列下,依次单击下面7个变量,进行变量连接,选择相应的变量名称,单击"确认"按钮,完成设置,如图2-35所示。

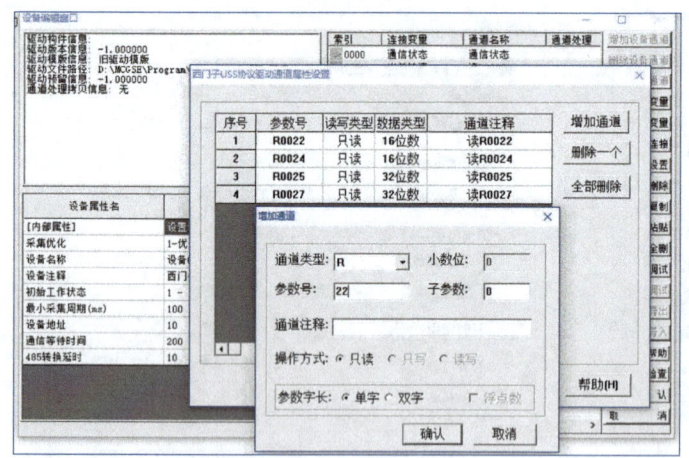
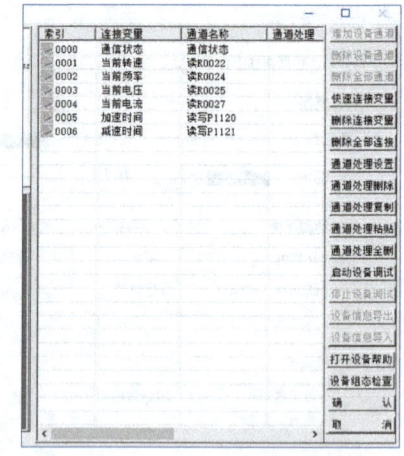

图2-34 设置设备内部属性　　　　　　　　　　图2-35 连接变量设置

④ 双击图2-32中的"设备1--[西门子USS协议驱动]",将"设备地址"设置为11,参考步骤③进行设置,如图2-36和图2-37所示。

6. 调试与运行

① MCGS组态软件模拟运行完成后,通过USB下载本工程到TPC1061Ti触摸屏。

② 用通信线连接TPC1061Ti触摸屏和MM440变频器。

③ 查看系统的电气连接,给整个系统上电。

④ 联机操作,填写功能测试表。

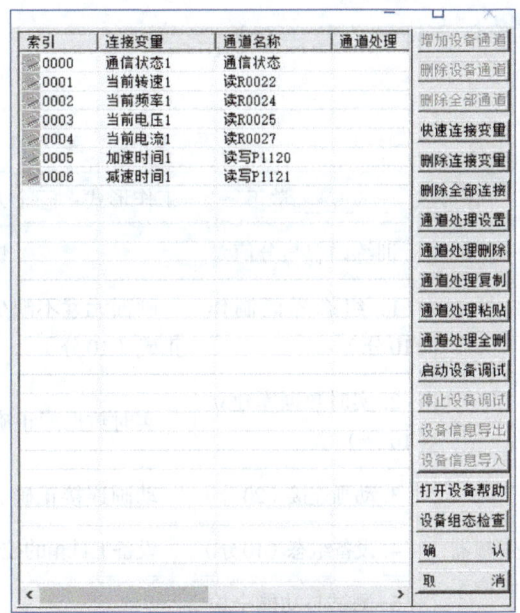

图2-36 设置设备内部属性　　　　　　　　图2-37 连接变量设置

下面以变频器1的调试为例进行说明。

a. 点击"频率设定值"输入框,设定频率为20 Hz。

b. 点击"正向启动"按钮,查看电动机是否正转运行,当前频率是否为20 Hz;若现象不正确,检查并排除故障。

c. 点击"停止"按钮,查看电动机是否停止;若现象不正确,检查并排除故障。

d. 点击"反向启动"按钮,查看电动机是否反转运行,当前频率是否为20 Hz;若现象不正确,检查并排除故障。

e. 改变频率设定值,重复以上步骤,根据调试现象,完成功能测试表(表2-8)。

表2-8 功能测试表

操作步骤	频率设定值/Hz	通信状态	当前频率	当前转速	当前电压	当前电流
点击"正向启动"按钮	20					
	30					
	40					
点击"反向启动"按钮	20					
	30					
	40					
点击"停止"按钮	20					
	30					
	40					

任务评价（表2-9）

表2-9　任务评价表

评分表	_____学年	工作形式：□个人　□小组分工　□小组		评分		工作时间
任务	训练内容与分值	训练要求		学生自评	教师评分	
变频器监控系统设计	1. 组态界面制作（10分）	画面元素不缺少，画面美观，控件选择正确（10分）				
	2. 实时数据库建立（10分）	实时数据库正确、完整（10分）				
	3. 动画连接（20分）	动画连接正确、无遗漏（20分）				
	4. 设备组态（10分）	设备工具箱的控件选择及设置正确（10分）				
	5. 测试与功能全检测（40分）	正确实现控制要求（40分）				
	6. 职业素养与安全意识（10分）	现场安全保护；工具、器材、导线等处理操作符合职业要求（5分）分工合作，配合紧密；遵守纪律，保持工位整洁（5分）				
	总分：100分	学生：　　　　　教师：　　　　　日期：				

项目小结

通过本项目的学习，读者可以了解USS通信协议的基本原理，能按照要求对变频器进行通信参数配置，掌握变频器监控触摸屏人机界面的设计，掌握触摸屏通信变量设置方法，实现对变频器的监控。请读者进行本项目下任务的操作，为后续学习打下基础。

思考与练习

1. 思考题

（1）MM440变频器能否用380 V电源进行供电？

（2）触摸屏供电后若不能正常启动，则可能存在哪些故障？

（3）交流电动机选择星形接法或三角形接法，对变频器有哪些影响？

（4）如果选用三菱公司的变频器，应如何使用Modbus通信协议实现本项目的功能？

（5）在基本操作面板（BOP）初始状态下，能否进行变频器的启动和停止？如果要进行相关操作，应该要对哪个参数进行修改？

（6）在修改变频器参数时，如果参数号前面冠以一个小写字母"r"，那么是否可以修改该参数的数值？

（7）参数P0004（参数过滤）的主要作用是什么？如果要访问所有参数，应如何对它进行修改？

（8）在频率设定中，如果设定频率为60 Hz，变频器的运行频率能否达到60 Hz？另外，设置输入框的最大值和最小值有什么作用？

（9）在操作过程中，在电动机正向启动后，能否马上点击"反向启动"按钮？有什么危害？

（10）在脚本程序中，TPC1061Ti触摸屏和MM440变频器之间的USS通信协议指令有哪些？试解释相关参数的作用。

2. 操作题

（1）使用MCGS组态软件完成变频器监控系统界面仿真。

（2）使用MM440变频器手册完成对MM440变频器的参数设置。

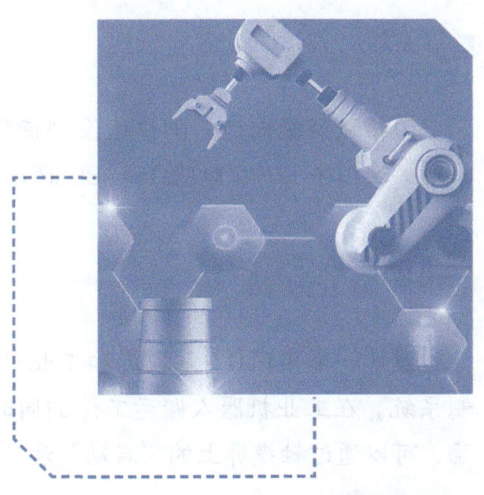

项目三
工业机器人随动控制工程

项目引入

为推进智能制造，加快建设制造强国、数字中国，本项目采用昆仑通态最新软件和触摸屏、西门子S7-1200 PLC和ABB IRB 120工业机器人，提供以太网解决方案。

项目描述

设计一个用PLC、触摸屏和工业机器人完成工件从A点搬运到B点的工业机器人随动控制系统。在工业机器人搬运工件的同时，触摸屏上用动画的形式表示工业机器人的运行动画，可以通过触摸屏上的"启动"和"停止"按钮控制工业机器人的启动和停止。

项目目标

➤ 知识目标

1. 掌握PLC与触摸屏之间的以太网通信方法。
2. 掌握PLC与工业机器人之间的Socket通信方法。

➤ 能力目标

1. 能设计触摸屏、PLC、工业机器人之间的工业以太网硬件选型、接线及通信配置。
2. 能设计满足项目要求的触摸屏界面，并配置触摸屏与PLC之间的通信。
3. 能设计满足项目要求的PLC程序，并配置PLC与工业机器人之间的Socket通信。
4. 能设计满足项目要求的工业机器人程序，并配置PLC之间的Socket通信。

➤ 素养目标

1. 培养良好的安全、质量、时间意识。
2. 培养精益求精的工匠精神。
3. 提升审美素养，增强强国有我的责任感。

项目分析

该系统采用西门子S7-1200 PLC作为控制器，触摸屏选用昆仑通态的TPC7062K触摸屏，工业机器人选用ABB IRB 120工业机器人，如图2-38所示。触摸屏、PLC、工业机器人之间通信的物理层和链路层采用工业以太网协议，触摸屏和PLC之间的应用层通信采用定制协议（由昆仑通态专门开发），PLC和工业机器人之间的应用层通信采用基于TCP/IP协议的通用Socket通信。该系统实现触摸屏仿真和工业机器人实操把工件从工作台1（A点）搬运到工作台2（B点）的工作过程，实现触摸屏动画效果和工业机器人实际操作的同时随动工作。本项目关注物理层和链路层采用工业以太网协议、应用层采用Socket协议的网络解决方案。

本项目分3个任务实施：任务一为机械手触摸屏设计与仿真，任务二为PLC程序编写，任务三为工业机器人程序编写及通信设置。

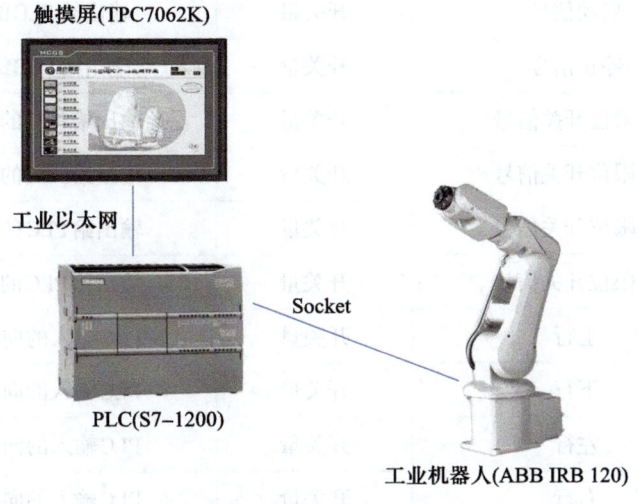

触摸屏(TPC7062K)

工业以太网

Socket

PLC(S7-1200)

工业机器人(ABB IRB 120)

图2-38　系统结构

任务一
机械手触摸屏设计与仿真

📖 任务描述

触摸屏界面设计的主要要求如下：首先产生控制信号，用触摸屏产生按钮和限位开关信号作为PLC的输入控制信号，按钮包括"启动"按钮和"停止"按钮，限位开关包括上限位开关、下限位开关、左限位开关和右限位开关；然后用动画的方法实现对机械手运行状态的监控，显示机械手的上行、下行、左行、右行等状态；最后设置触摸屏与S7-1200 PLC的通信参数，实现其与PLC的以太网在线通信。

📘 任务分析

1. 数据的定义与规划

如表2-10所示，需要定义3种类型的数据，即输出给PLC的控制数据、PLC输入的监控数据、中间数据（自身动画的参考值）。

演示视频
机械手触摸屏
设计与仿真

表 2-10　触摸屏参数规划表

序号	参数名称	数据类型	用途
1	启动信号	开关量	输出给PLC的启动控制信号
2	停止信号	开关量	输出给PLC的停止控制信号
3	上限位开关信号	开关量	输出给PLC的上限位开关信号
4	下限位开关信号	开关量	输出给PLC的下限位开关信号
5	左限位开关信号	开关量	输出给PLC的左限位开关信号
6	右限位开关信号	开关量	输出给PLC的右限位开关信号
7	上行	开关量	PLC输入的向上移动监视信号
8	下行	开关量	PLC输入的向下移动监视信号
9	左行	开关量	PLC输入的向左移动监视信号
10	右行	开关量	PLC输入的向右移动监视信号
11	夹紧	开关量	PLC输入的夹紧操作监视信号
12	放松	开关量	PLC输入的放松操作监视信号
13	横向移动距离	数值量	动画水平移动参考值
14	纵向移动距离	数值量	动画竖直移动参考值
15	机械手夹紧和放松状态	开关量	工件可见度动画的参考值

2. 动画的规划

① 机械手的运行动画，用位移动画及缩放动画来模拟机械手的位置和运行状态。

② 各电动机及系统的状态用指示灯的变化来表示。

3. 数据的模拟

① 横向移动距离、纵向移动距离等数值用循环脚本程序累加或累减进行模拟仿真。

② 机械手夹紧和放松状态根据夹紧和放松指令进行模拟仿真。

任务实施

1. 建立工程

在"D:\MCGS\WORK\"文件夹下建立名为"机械手控制系统"的工程。

2. 实时数据库定义

在"实时数据库"选项卡下定义参数（图2-39），包括输出给PLC的控制参数、PLC输入的监控参数、仿真参数三类。

名字	类型	注释	报警
status_clap	开关型	夹紧和放松状态（仿真）	
sq4_right	开关型	机械手右限位开关（输出给PLC）	
sq3_left	开关型	机械手左限位开关（输出给PLC）	
sq2_down	开关型	机械手下限位开关（输出给PLC）	
sq1_up	开关型	机械手上限位开关（输出给PLC）	
sb2_stop_out	开关型	机械手停止信号（输出给PLC）	
sb1_start_out	开关型	机械手启动信号（输出给PLC）	
km4_open_in	开关型	机械手放松信号（来自PLC输入）	
km3_close_in	开关型	机械手夹紧信号（来自PLC输入）	
km2_up_in	开关型	机械手上行信号（来自PLC输入）	
km2_down_in	开关型	机械手下行信号（来自PLC输入）	
km1_right_in	开关型	机械手右行信号（来自PLC输入）	
km1_left_in	开关型	机械手左行信号（来自PLC输入）	
InputUser2	字符型	系统内建数据对象	
InputUser1	字符型	系统内建数据对象	
InputSTime	字符型	系统内建数据对象	
InputETime	字符型	系统内建数据对象	
distance_trans	数值型	纵向移动距离（仿真）	
distance_cross	数值型	横向移动距离（仿真）	

图2-39　实时数据库定义

3. 用户窗口的制作

（1）界面布置

监控界面布置如图2-40所示。使用"标签"工具进行标题和各元件的标识。使用"矩形"工具绘制机械手支架、工件和限位开关。机械手由三部分组成，包括"元件库"下"其他"中的"机械手"、"元件库"下"管道"中的"管道95"（竖管道）和"管道96"（横管道）。指示灯选用"元件库"下"指示灯"中的"指示灯1"，监视"上行""下行""左行""右行""夹紧""放松"等信号。使用工具箱中的标准按钮定义"启动"按钮和"停止"按钮。

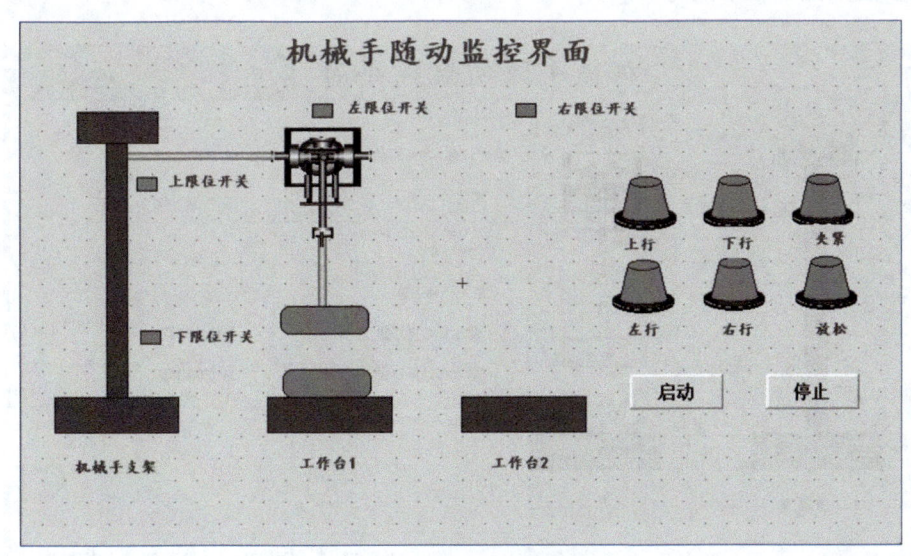

图2-40　监控界面布置

（2）移动动画的定义

移动动画包括机械手部件（机械手横管、元件、竖管）和工件（上工件、下工件）的动画。

① 机械手横管动画的设置。机械手横管的动画属性选择"大小变化"属性。当机械手

向右移动时，横管需要进行伸缩的动作。向右移动距离为180（画线法确定；单位为像素，下同），横管本身的长度为120，横管伸长到右边后总的长度为300，大约为120的2.5倍，所以设置图2-41所示的动画参数。

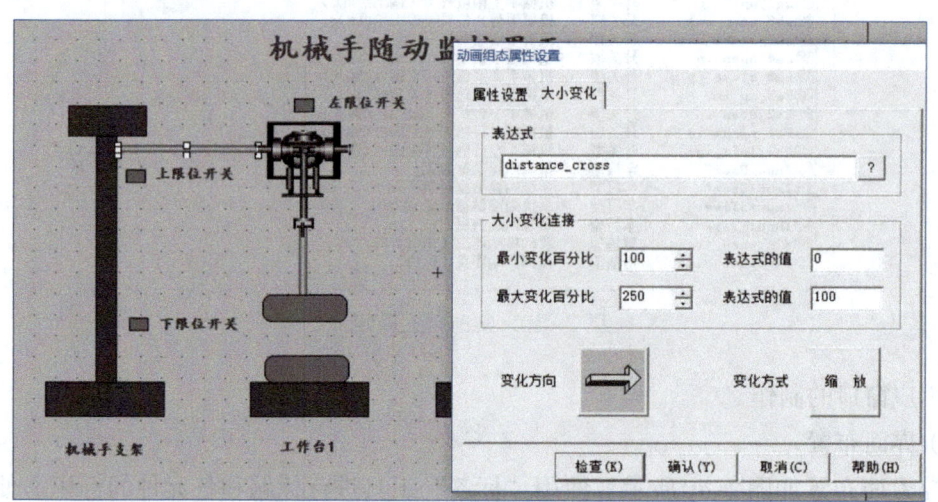

图2-41 机械手横管动画的设置

② 机械手元件动画的设置。机械手元件的动画属性选择"水平移动"属性。当机械手元件移动到工作台2时，移动距离为180（画线法确定）。以"distance_cross"参数为参考，设置动画参数如图2-42所示。

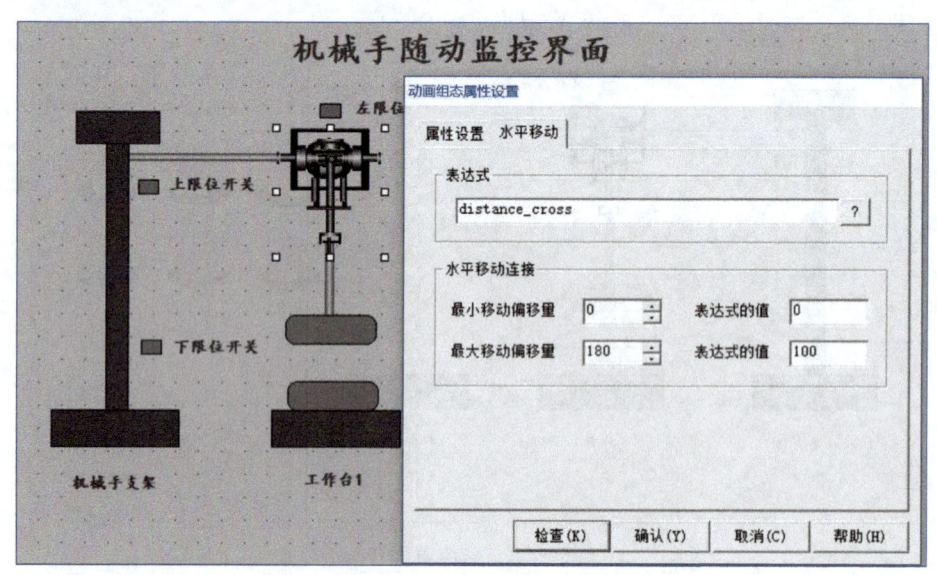

图2-42 机械手元件动画的设置

③ 机械手竖管动画的设置。机械手竖管的动画属性选择"大小变化""水平移动"两个属性。当机械手向下移动时，竖管需要进行伸缩的动作。向下移动距离为58（画线法确定），竖管本身的长度为67，伸长到下边后总的长度为125，大约为67的1.9倍。以

"distance_trans"参数为参考，设置图2-43（a）所示的"大小变化"参数。当机械手向右移动时，移动距离为180。以"distance_cross"参数为参考，设置图2-43（b）所示的"水平移动"参数。

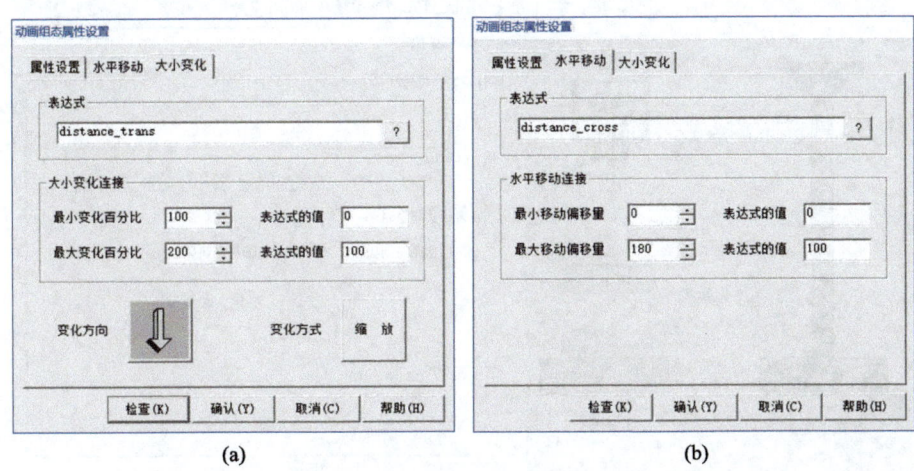

图2-43　机械手竖管动画的设置

④ 上工件动画的设置。上工件的动画属性选择"水平移动""垂直移动""可见度"3个属性。"水平移动"参考"distance_cross"参数，"垂直移动"参考"distance_trans"参数，"可见度"参考"status_clap"参数，如图2-44所示。

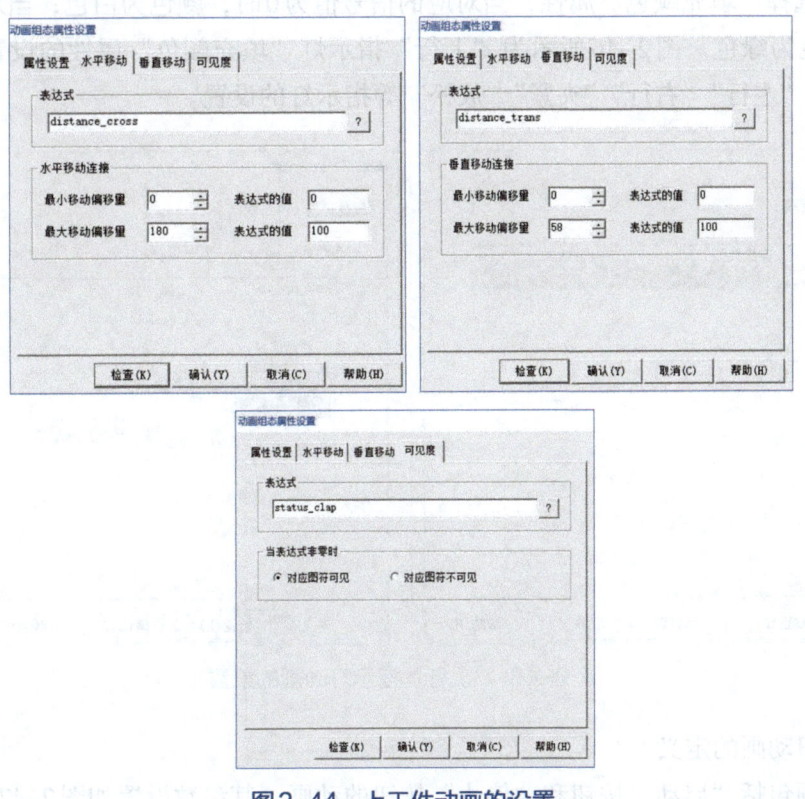

图2-44　上工件动画的设置

⑤ 下工件动画的设置。下工件的动画属性选择"可见度"属性。参考"status_clap"参数，如图2-45所示。其可见度的设置与上工件相反。

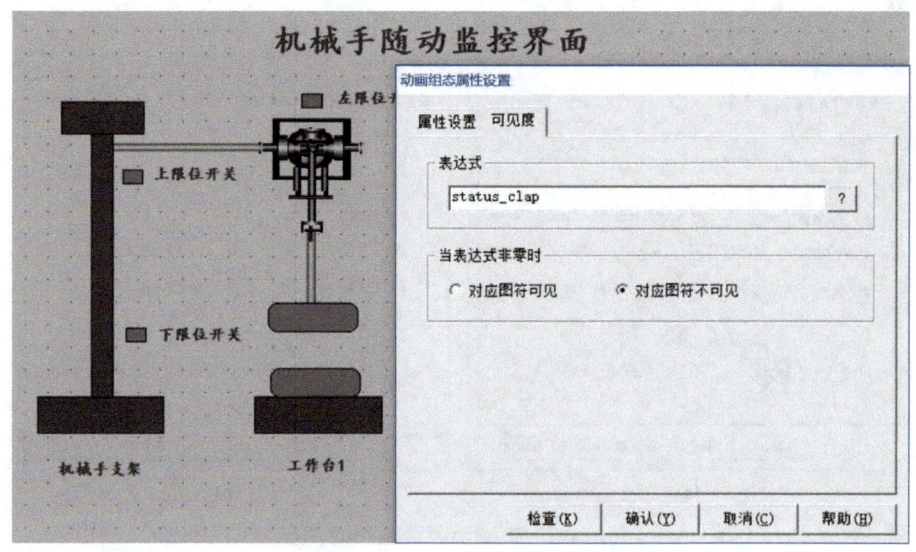

图2-45　下工件动画的设置

（3）指示灯动画的定义

指示灯动画用来监视"上行""下行""左行""右行""夹紧""放松"等信号的状态。其动画属性选择"填充颜色"属性，当对应的信号值为0时，颜色为白色；当对应的信号值为1时，颜色为绿色。图2-46所示为"上行"指示灯"填充颜色"属性的设置，然后依次完成"下行""左行""右行""夹紧""放松"等指示灯的设置。

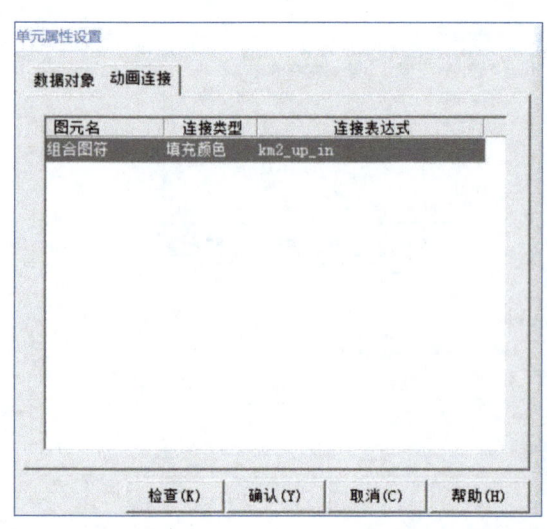
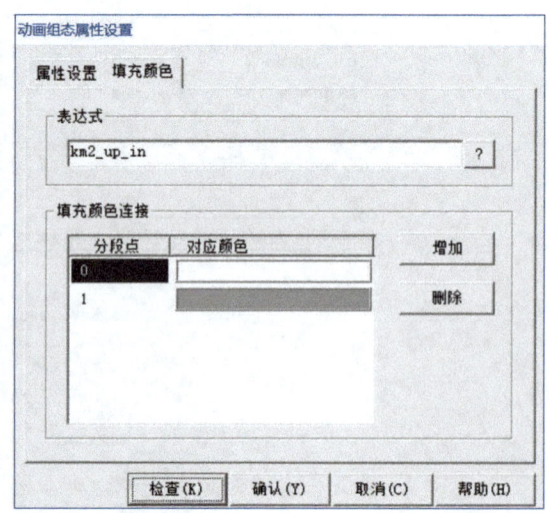

图2-46　"上行"指示灯动画的设置

（4）按钮动画的定义

按钮动画包括"启动"按钮和"停止"按钮的动画，其参数设置如图2-47所示。"数据对象值操作"的模式选择"按1松0"选项，和真实的点动按钮的赋值相同。

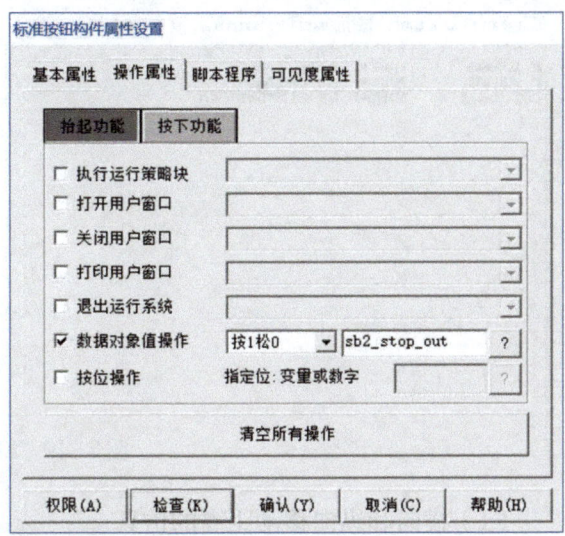

图2-47　按钮动画的设置

（5）限位开关动画的设置

限位开关用"矩形"工具绘制，需要设置其"填充颜色"属性。以上限位开关为例，其动画属性设置如图2-48所示。当"sq1_up"参数值为0时，限位开关为白色；当该参数值为1时，限位开关为绿色。依次完成下限位开关、左限位开关、右限位开关的设置。

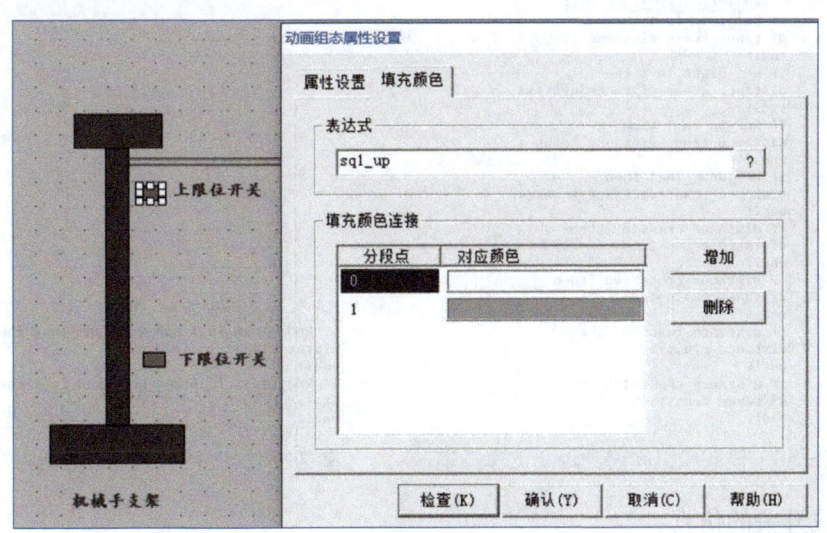

图2-48　上限位开关动画的设置

4. 仿真值的脚本程序产生

根据设计要求，需要产生上、下、左、右限位开关的仿真值，其值的产生需要使用软件的"脚本程序"功能。在"运行策略"选项卡下，选择"循环策略"，并使用"脚本程序"工具，把循环策略设置为"按照设定的时间（200 ms）循环运行"，如图2-49所示。

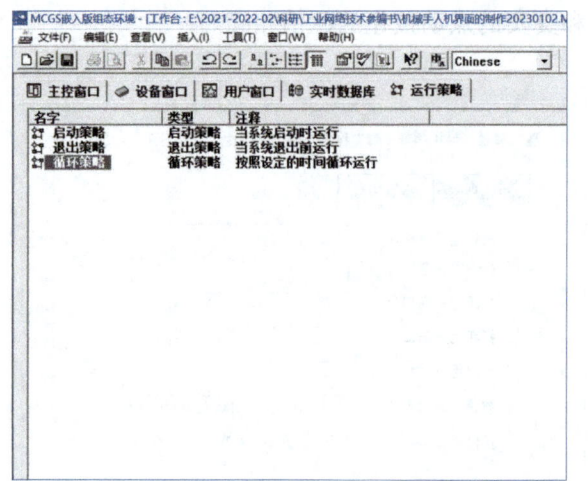
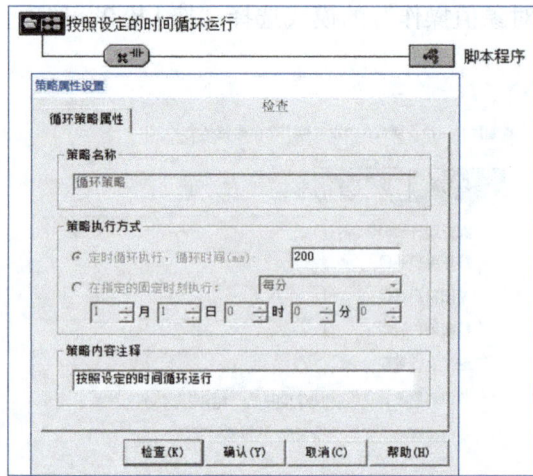

图2-49 循环策略设置

（1）横向和纵向移动距离的仿真

首先需要仿真机械手的横向和纵向移动距离，通过以机械手控制的上行、下行、左行、右行信号为条件，以周期累积的形式产生距离值，每个周期值的变化步长为1，如图2-50所示。

（2）工件松紧状态的仿真

夹紧和放松状态值主要用于上工件和下工件可见度动画的设置，如图2-51所示。

```
'横向和纵向移动距离的仿真
if km1_left_in=1 then
distance_cross=distance_cross-1
endif
if km1_right_in=1 then
distance_cross=distance_cross+1
endif
if km2_up_in=1 then
distance_trans=distance_trans-1
endif
if km2_down_in=1 then
distance_trans=distance_trans+1
endif
if distance_cross<0 then
distance_cross=0
endif
if distance_cross>100 then
distance_cross=100
endif
if distance_trans<0 then
distance_cross=0
endif
if distance_cross>100 then
distance_cross=100
endif
```

```
'工件松紧状态的仿真
if km3_close_in=1 and km4_open_in=0 then
status_clap=1
endif
if km3_close_in=0 and km4_open_in=1 then
status_clap=0
endif
```

图2-50 横向和纵向移动距离仿真脚本   图2-51 工件松紧状态仿真脚本

（3）限位开关的仿真

以横向和纵向移动距离为参考，产生限位开关信号，如图2-52所示。

5. 设备通信的配置

触摸屏与S7-1200 PLC通信的设置在设备编辑窗口中进行，选择"Siemens_1200"通信设备，进行参数通道的添加和IP地址的设置，如图2-53所示。

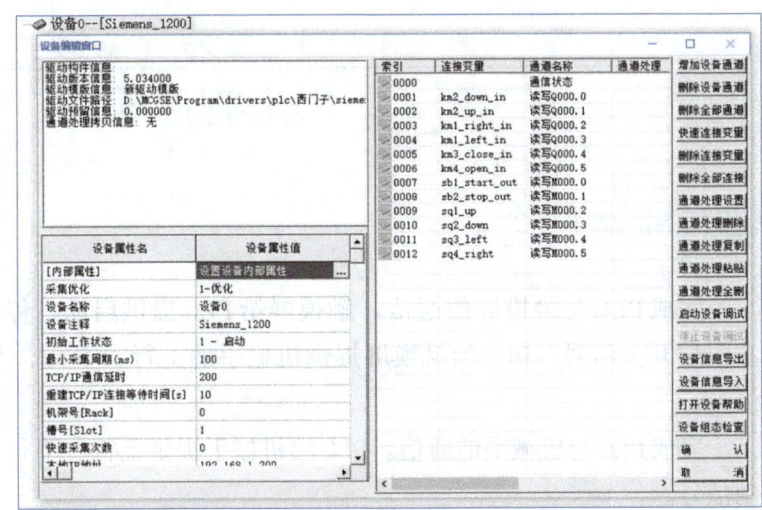

```
'限位开关的仿真
 if distance_cross<=3  then
sq3_left=1
else
sq3_left=0
endif
if distance_cross>=97  then
sq4_right=1
else
sq4_right=0
endif
if distance_trans<=3  then
sq1_up=1
else
sq1_up=0
endif
if distance_trans>=97  then
sq2_down=1
else
sq2_down=0
endif
```

图2-52　限位开关仿真脚本　　　　　　　　　　　　　　图2-53　通道配置

任务评价（表2-11）

表2-11　任务评价表

评分表　　　　学年		工作形式：□个人　　□小组分工　　□小组	评分		工作时间
任务	训练内容与分值	训练要求	学生自评	教师评分	
机械手触摸屏设计与仿真	1. 组态界面制作（30分）	界面组态布局合理，色彩搭配合理，内容正确，包含任务要求中的所有元素（10分）静态及动画组态属性设置正确（10分）与实时数据库数据连接设置正确（10分）			
	2. 实时数据库变量建立（10分）	变量名称和类型设置正确（10分）			
	3. 脚本程序设计与修改（30分）	脚本程序编写正确，书写规范（10分）动画模拟功能正确（20分）			
	4. 与PLC通信在线运行（20分）	机械手控制和监视功能正确（20分）			
	5. 职业素养与安全意识（10分）	现场安全保护；工具、器材、导线等处理操作符合职业要求（5分）分工合作，配合紧密；遵守纪律，保持工位整洁（5分）			
	总分：100分	学生：　　　　　教师：　　　　　日期：			

PLC程序编写

📖 任务描述

完成PLC与触摸屏的通信。触摸屏给PLC提供启动、停止控制信号以及上、下、左、右限位开关信号。PLC给触摸屏提供机械手的上行、下行、左行、右行、夹紧、放松控制信号。

完成PLC与机械手的通信。PLC给机械手提供上行、下行、左行、右行、夹紧、放松控制信号。

完成机械手的运行控制。完成机械手从工作台1抓取工件放置到工作台2的操作过程控制，编写相应的PLC程序。

📖 任务分析

1. 参数定义

PLC的参数规划包括PLC与触摸屏的通信参数、PLC与机械手的通信参数以及实现控制要求的中间变量参数，如表2-12所示。

表2-12　PLC参数规划表

序号	参数名称	数据类型	用途
1	启动信号	布尔量	触摸屏输入的启动控制信号
2	停止信号	布尔量	触摸屏输入的停止控制信号
3	上限位开关信号	布尔量	触摸屏输入的上限位开关信号
4	下限位开关信号	布尔量	触摸屏输入的下限位开关信号
5	左限位开关信号	布尔量	触摸屏输入的左限位开关信号
6	右限位开关信号	布尔量	触摸屏输入的右限位开关信号
7	上行	布尔量	输出给触摸屏的向上移动控制信号
8	下行	布尔量	输出给触摸屏的向下移动控制信号
9	左行	布尔量	输出给触摸屏的向左移动控制信号
10	右行	布尔量	输出给触摸屏的向右移动控制信号
11	夹紧	布尔量	输出给触摸屏的夹紧控制信号
12	放松	布尔量	输出给触摸屏的放松控制信号

序号	参数名称	数据类型	用途
13	状态	整数	系统的控制状态（中间变量）
14	运行	布尔量	系统的运行状态（中间变量）

2. 控制要求分析

该系统的控制要求是实现机械手将工件从工作台1抓取到工作台2的工作过程。采用顺序控制方法进行流程设计，如图2-54所示。该系统共有9个运行状态（包含初始状态）。每个状态完成一个具体的操作任务，状态之间的切换有3种触发方式，即运行触发、限位触发、定时触发。运行触发是指系统启动运行后进入运行状态，由初始状态进入左边下行状态；限位触发是指各限位开关的触发状态切换；定时触发是指通过定时器的触发。

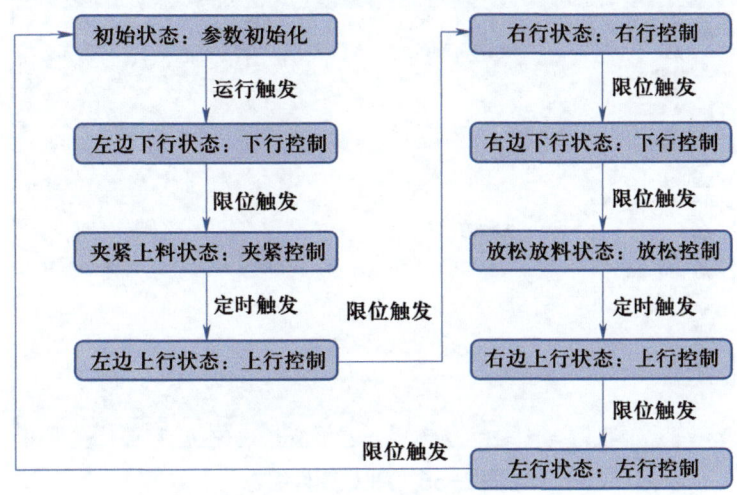

图2-54　程序控制流程

3. 与工业机器人的随动通信

把PLC产生的状态信号通过通信的方式传递给工业机器人，工业机器人按照PLC的状态完成机械手的同步运行。

任务实施

1. 新建项目与硬件配置

在博途软件中新建名为"机械手随动系统"的项目，CPU的类型选择"CPU 1215C DC/DC/Rly"。以太网的IP地址设置为"192.168.1.1"，在"保护"选项中选中"允许从远程伙伴（PLC、HMI、OPC、…）使用PUT/GET通信"复选框，如图2-55所示。

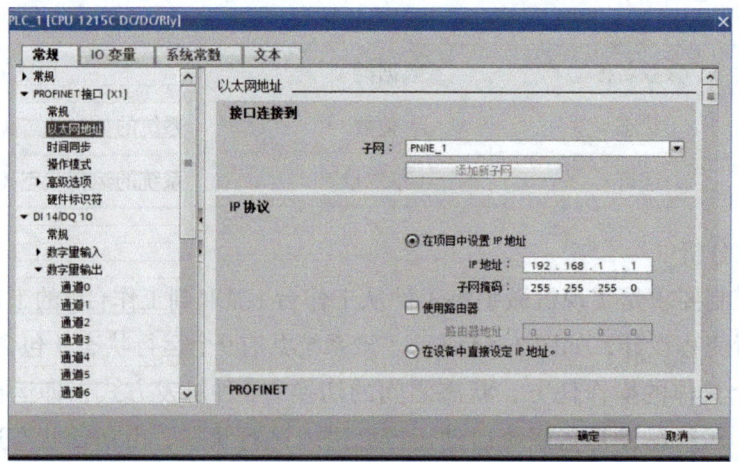

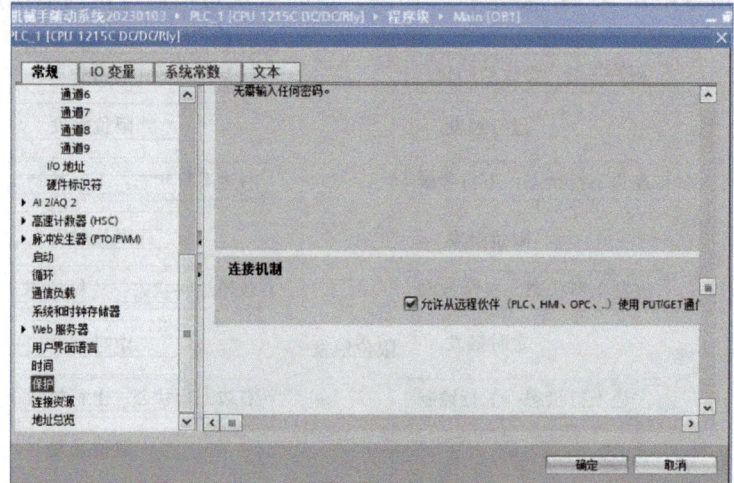

图2-55　PLC硬件组态

2. 参数定义

① 输入/输出参数的定义。在"PLC变量"中新建"输入输出参数表",定义与触摸屏和机械手的通信数据,如图2-56所示。

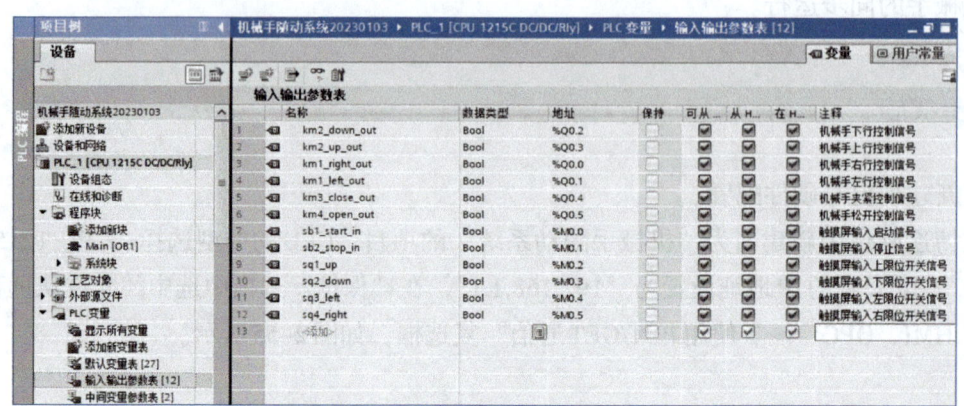

图2-56　输入/输出参数的定义

② 中间变量参数的定义。在"PLC变量"中新建"中间变量参数表"，定义PLC控制过程中所需的中间变量，如图2-57所示。

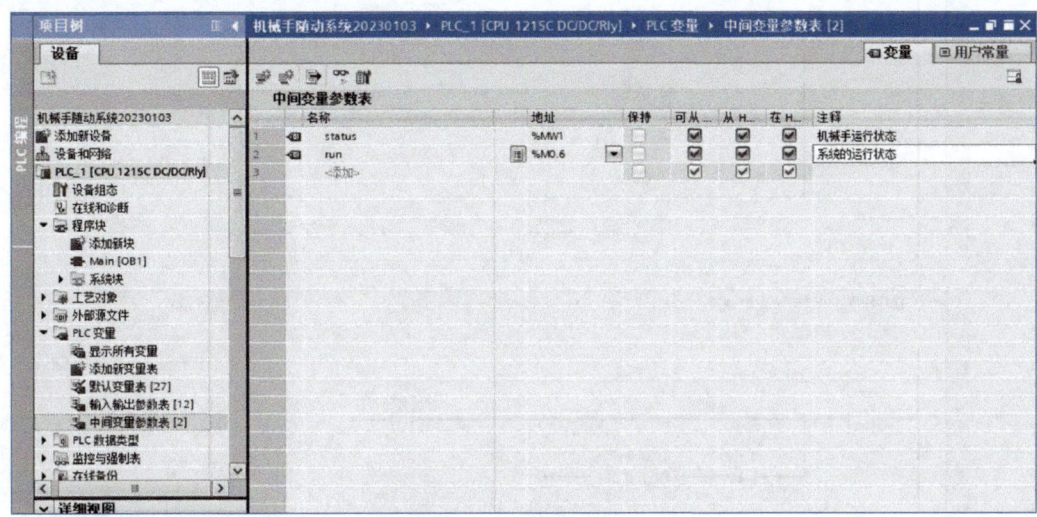

图2-57　中间变量定义

3. 梯形图输入

（1）状态控制程序

程序中共有9个控制状态，根据控制的需要编制梯形图，如图2-58所示。

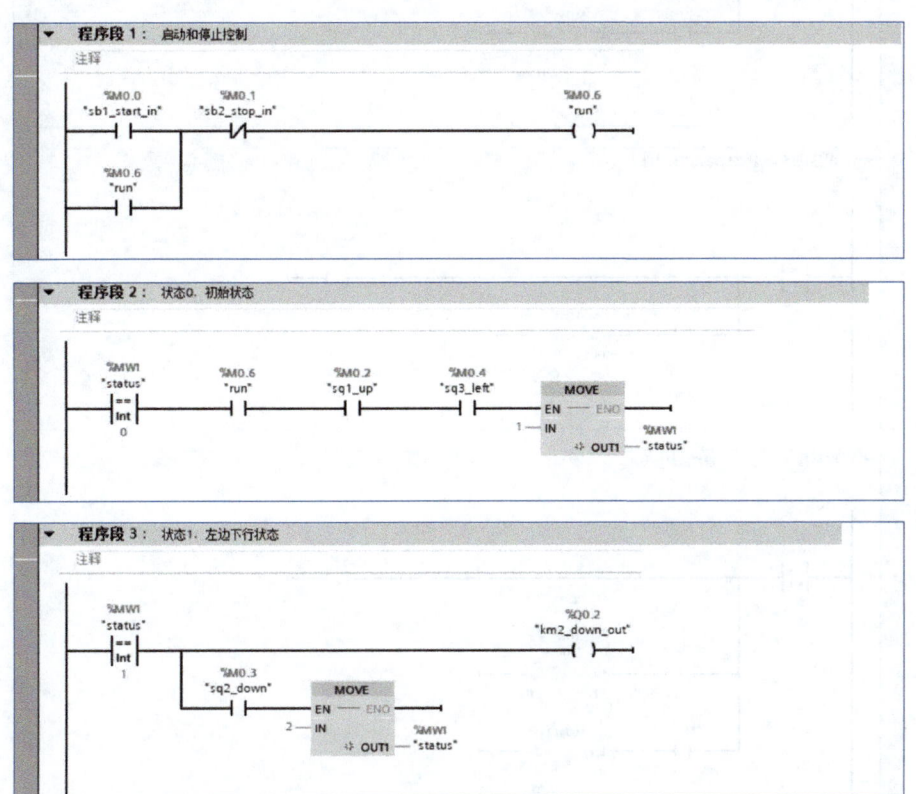

程序段 4: 状态2.夹紧上料状态

注释

%MW1
"status"
== Int
2

%Q0.4
"km3_close_out"

%DB1
"t0"
TON
Time
IN   Q
T#3S — PT   ET …

"t0".Q
MOVE
EN — ENO
3 — IN
OUT1 — %MW1 "status"

程序段 5: 状态3. 左边上行状态

注释

%MW1
"status"
== Int
3

%Q0.3
"km2_up_out"

%M0.2
"sq1_up"
MOVE
EN — ENO
4 — IN
OUT1 — %MW1 "status"

程序段 6: 状态4. 右行状态

注释

%MW1
"status"
== Int
4

%Q0.0
"km1_right_out"

%M0.5
"sq4_right"
MOVE
EN — ENO
5 — IN
OUT1 — %MW1 "status"

程序段 7: 状态5. 右边下行状态

注释

%MW1
"status"
== Int
5

%Q0.2
"km2_down_out"

%M0.3
"sq2_down"
MOVE
EN — ENO
6 — IN
OUT1 — %MW1 "status"

程序段 8: 状态6. 放松放料状态

注释

%MW1
"status"
== Int
6

%Q0.5
"km4_open_out"

%DB2
"t1"
TON
Time
IN   Q
T#3S — PT   ET …

"t1".Q
MOVE
EN — ENO
7 — IN
OUT1 — %MW1 "status"

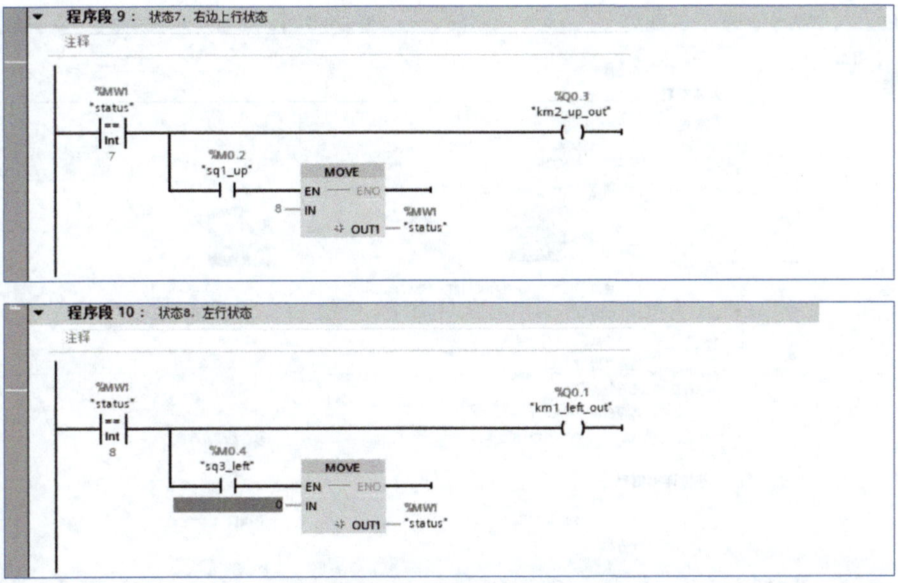

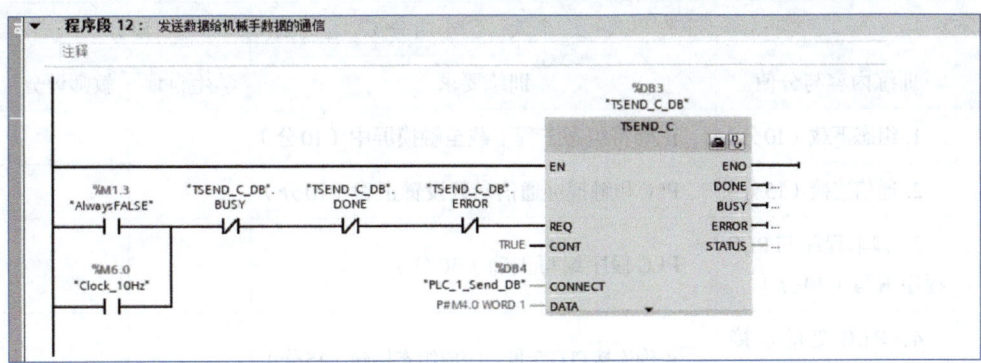

图2-58 状态控制程序梯形图

（2）通信程序

采用TSEND_C指令，把PLC中的status状态信号发送给工业机器人，如图2-59所示。TSEND_C指令的组态（单击指令中的组态图标进行组态）如图2-60所示。其中，"伙伴"选择"未指定"，"伙伴"侧的IP地址为工业机器人的IP地址，即"192.168.1.2"，"连接数据"选择"PLC_1_Send_DB"，并选中"伙伴"侧的"主动建立连接"单选按钮。

图2-59 通信程序

4. 和触摸屏连接调试

连接上触摸屏后，点击触摸屏上的"启动"按钮进行连接调试。

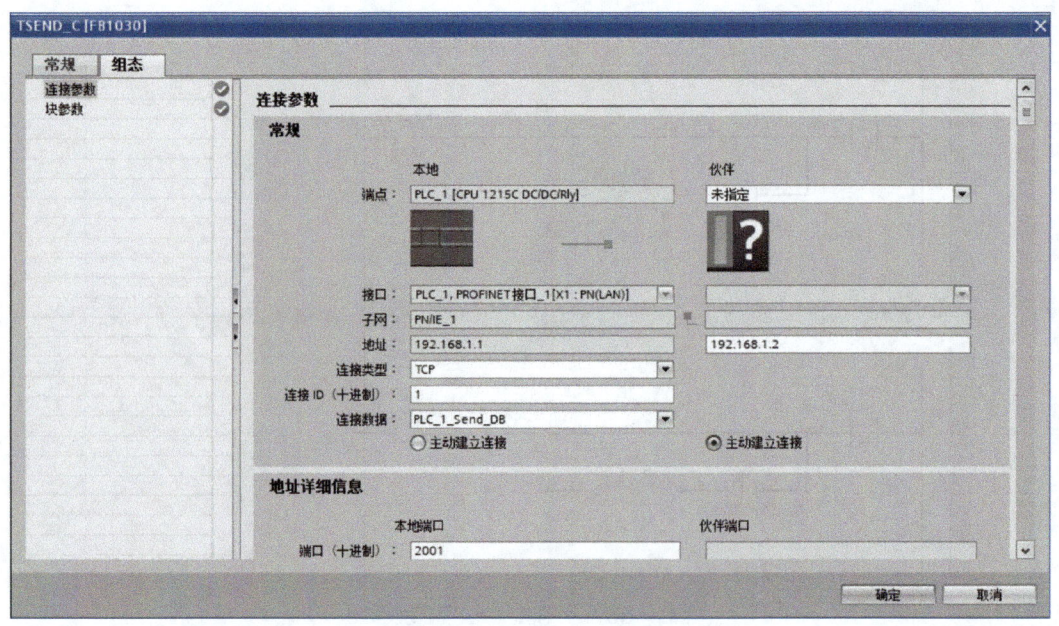

图2-60　通信指令的组态

任务评价（表2-13）

表2-13　任务评价表

评分表 _____学年		工作形式：□个人 □小组分工 □小组	评分		工作时间
任务	训练内容与分值	训练要求	学生自评	教师评分	
PLC程序编写	1.组态下载（10分）	正确将组态工程下载至触摸屏中（10分）			
	2.通信连接（15分）	PLC和触摸屏通信参数设置正确（10分）			
	3.脚本程序与PLC程序编写（30分）	PLC程序编写正确（30分）			
	4.PLC变量连接（15分）	正确连接PLC变量，完成组态构建（15分）			
	5.功能测试（20分）	机械手控制功能正确实现（20分）			
	6.职业素养与安全意识（10分）	现场安全保护；工具、器材、导线等处理操作符合职业要求（5分） 分工合作，配合紧密；遵守纪律，保持工位整洁（5分）			
	总分：100分	学生： 教师： 日期：			

工业机器人程序编写及通信设置

任务描述

完成机械手通信参数的设置。通过编程器进行工业机器人的通信设置，物理层和链路层采用工业以太网协议配置，应用层通信协议配置采用Socket通信方式。

完成工业机器人操作程序的编写。通过编程器操作工业机器人把工件从工作台1搬运到工作台2。

完成工业机器人Socket通信程序的编写。

任务分析

实现工业机器人与PLC随动控制的主要方法是通过Socket通信方式把PLC中的状态参数传递给工业机器人，工业机器人按照具体的状态实现机械手的动作。

任务实施

1.通信设置

① 硬件连接。S7-1200 PLC和工业机器人之间采用网线连接，PLC端连接至"LAN"口，工业机器人端连接至"X5（LAN3）"口。

② 参数配置。在工业机器人示教器中配置工业机器人的IP地址为"192.168.1.2"。

2.工业机器人操作程序的编写

① 在示教器中定义INT数据类型的status变量为全局变量，代表机械手的运行状态。定义P0、P1、P2、P3四个机械手的位置点，其中，P0为左上方，P1为左下方，P2为右上方，P3为右下方。定义YV1为对应的I/O变量，控制夹紧和放松的气动阀。

② 编写机械手移动控制程序。在编程器中的"T_ROB1"任务中编写主程序，如表2-14所示。

表2-14 机械手移动控制程序

程序行号	程序	程序说明
1	PROC main（）	主程序开始
2	IF（status=0）THEN	当状态为0时，机械手位于初始位置
3	MoveABsJ P0, fine, too10;	
4	ENDIF	

程序行号	程序	程序说明
5	IF（status=1）THEN	当状态为1时，机械手下行
6	MoveJ p1, v150, fine, too10;	
7	ENDIF	
8	IF（status=2）THEN	当状态为2时，机械手夹紧
9	SetDo, YV1, 1;	
10	ENDIF	
11	IF（status=3）THEN	当状态为3时，机械手上行
12	MoveJ p0, v150, fine, too10;	
13	ENDIF	
14	IF（status=4）THEN	当状态为4时，机械手右行
15	MoveJ p2, v150, fine, too10;	
16	ENDIF	
17	IF（status=5）THEN	当状态为5时，机械手下行
18	MoveJ p6, v150, fine, too10;	
19	ENDIF	
20	IF（status=6）THEN	当状态为6时，机械手放松
21	SetDo, YV1, 0;	
22	ENDIF	
23	IF（status=7）THEN	当状态为7时，机械手上行
24	MoveJ p2, v150, fine, too10;	
25	ENDIF	
26	IF（status=8）THEN	当状态为8时，机械手左行回到初始位置
27	MoveJ p0, v150, fine, too10;	
28	ENDIF	

3. 工业机器人Socket通信程序的编写

① 在示教器中添加"Com"新任务，然后进入该任务编写通信程序。

② 编写工业机器人Socket通信程序，如表2-15所示。其中，status为从PLC中接收的数据。

表2-15　工业机器人 Socket 通信程序

程序行号	程序	程序说明
1	PROC main（）	主程序开始
2	Initial;	初始化
3	SocketClose socket1;	关闭Socket通信
4	WaitTime 1;	等待1 s
5	SocketCreate socket1;	创建Socket字
6	SocketConnect socket1, "192, 168, 1, 1", 2001;	连接PLC

程序行号	程序	程序说明
7	WHILE TRUE DO	循环接收通信数据，保存到status变量中
8	SocketReceive socket1\RawData：=status；	
9	WaitTime 0.25；	
10	ENDWHILE	
11	ERROR	
12	RETURN；	保存则返回
13	END PROC	主程序结束

4. 系统调试

在触摸屏上点击"启动"按钮，观察触摸屏动画和工业机器人的动作轨迹是否同步运行。

任务评价（表2-16）

表2-16 任务评价表

评分表	＿＿＿＿学年	工作形式：□个人 □小组分工 □小组	评分		工作时间
任务	训练内容与分值	训练要求	学生自评	教师评分	
工业机器人程序编写及通信设置	1. 工业机器人与PLC的通信设置（20分）	正确配置工业机器人与PLC之间的硬件通信（20分）			
	2. 工业机器人操作程序编写（30分）	工业机器人操作程序编写正确（30分）			
	3. 工业机器人Socket通信程序编写（20分）	工业机器人Socket通信程序编写正确（20分）			
	4. 工业机器人通信调试（20分）	工业机器人满足随动要求（20分）			
	5. 职业素养与安全意识（10分）	现场安全保护；工具、器材、导线等处理操作符合职业要求（5分） 分工合作，配合紧密；遵守纪律，保持工位整洁（5分）			
	总分：100分	学生：	教师：	日期：	

项目小结

通过本项目的学习，读者可以了解工业机器人机械手控制的流程，掌握触摸屏界面的设计方法，掌握PLC与触摸屏变量的连接方法，掌握基于TCP/IP协议的通用Socket通信方法。请读者进行本项目各任务的操作，为后续学习打下基础。

思考与练习

1. 思考题

（1）昆仑通态触摸屏和S7-1200 PLC进行工业以太网通信时的专业通信程序是什么？如何配置？

（2）S7-1200 PLC实现基于TCP/IP协议基础的Socket通信的指令是什么？如何使用？

（3）工业机器人中与Socket通信相关的指令有哪些？

（4）如果工业机器人的动作速度比触摸屏中的动作要慢，应该如何调整？

（5）如何进行PLC与触摸屏通信连接的参数设置？

2. 操作题

（1）完成带有工件感应器的随动控制系统的设计，工件感应器可在触摸屏上用仿真实现。

（2）如果规定PLC给工业机器人的信号是限位开关信号，试实现随动控制系统的设计。

模块三
经典工业控制网络

项目一
水塔水位控制系统

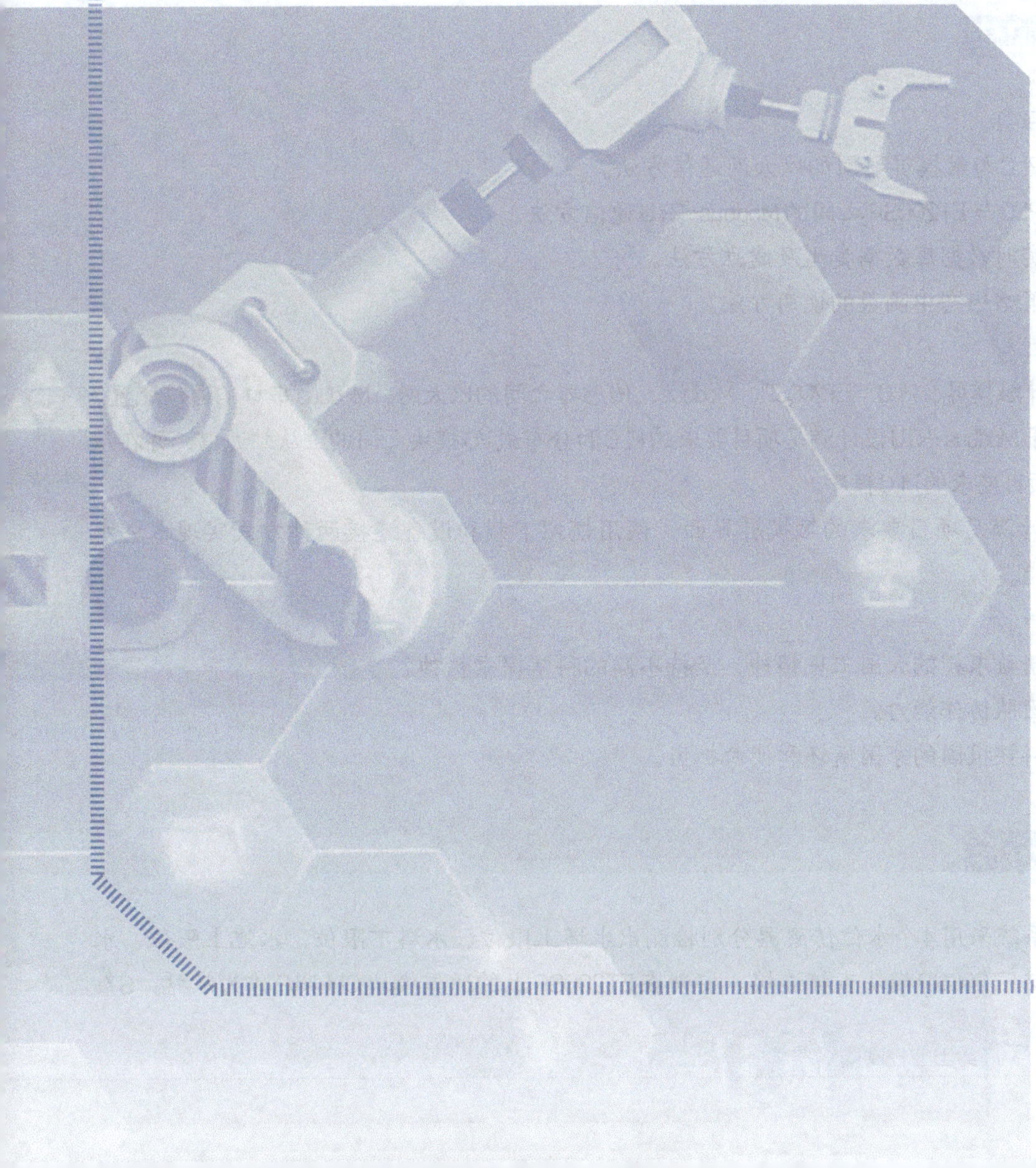

📌 项目引入

水塔水位控制系统是我国住宅小区广泛应用的供水系统，本项目采用西门子S7-1500 PLC、ET200SP模块、昆仑通态MCGS7.7组态软件和MCGS触摸屏，实现水塔水位的自动控制，并能进行远程监控。

📋 项目描述

本项目通过4个开关型传感器检测水塔、水池的水位是否位于液位控制的上下限范围内，实现对进水阀Y和电机M（本书中所称电机一般指电动机）的控制。系统中采用4个传感器与ET200SP直接连接，ET200SP作为从站，S7-1500 PLC作为主站，采用Modbus-RTU通信方式实现设备之间的控制和数据交换，S7-1500 PLC和MCGS触摸屏采用以太网通信方式进行工作。

🔗 项目目标

➢ **知识目标**

1. 掌握PLC与触摸屏之间的以太网通信方法。
2. 掌握PLC与ET200SP之间的Modbus-RTU通信方法。
3. 掌握实时数据库数据类型及建立方法。
4. 掌握策略组态中函数的使用方法。

➢ **能力目标**

1. 能设计触摸屏、PLC、ET200SP、Modbus、传感器之间的以太网、Modbus串口的通信配置。
2. 能基于Modbus-RTU设计满足项目要求的PLC和分布式I/O模块之间的主从站通信，并在从站编写符合项目要求的PLC程序。
3. 能设计满足项目要求的触摸屏界面，使用模拟下载和设备连接两种方式实现水塔水位的监控功能。

➢ **素养目标**

1. 培养精益求精的大国工匠精神、坚持不懈的科学探索精神。
2. 培养团队协作能力。
3. 激发科技报国的家国情怀和使命担当。

🔍 项目分析

本项目系统采用4个水位传感器分别检测出水塔上限位、水塔下限位、水池上限位、水池下限位，与ET200SP模块直接连接。安装在ET200SP上的通信模块CM PtP作为从站，S7-

1500 PLC和主机架上的CM PtP HF作为主站，通过Modbus-RTU通信方式进行工作，触摸屏和S7-1500 PLC采用工业以太网模式进行通信。通过触摸屏可以根据传感器的检测结果远程控制进水阀及从水池抽水电机的运行。整个项目系统的构成如图3-1所示。

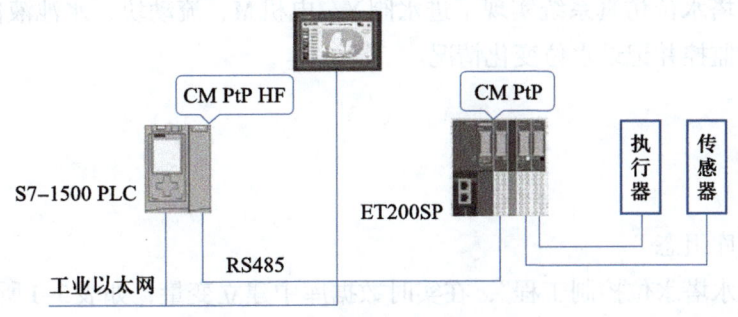

图3-1 整个项目系统的构成

本项目分2个任务实施：任务一为水塔水位监控触摸屏设计与仿真，任务二为水塔水位智能控制与运行。

任务一

水塔水位监控触摸屏设计与仿真

📖 任务描述

触摸屏界面的设计除了要满足基本控制要求外，还需要显示控制面板、故障模拟等部分。水塔水位监控触摸屏的构成如图3-2所示。

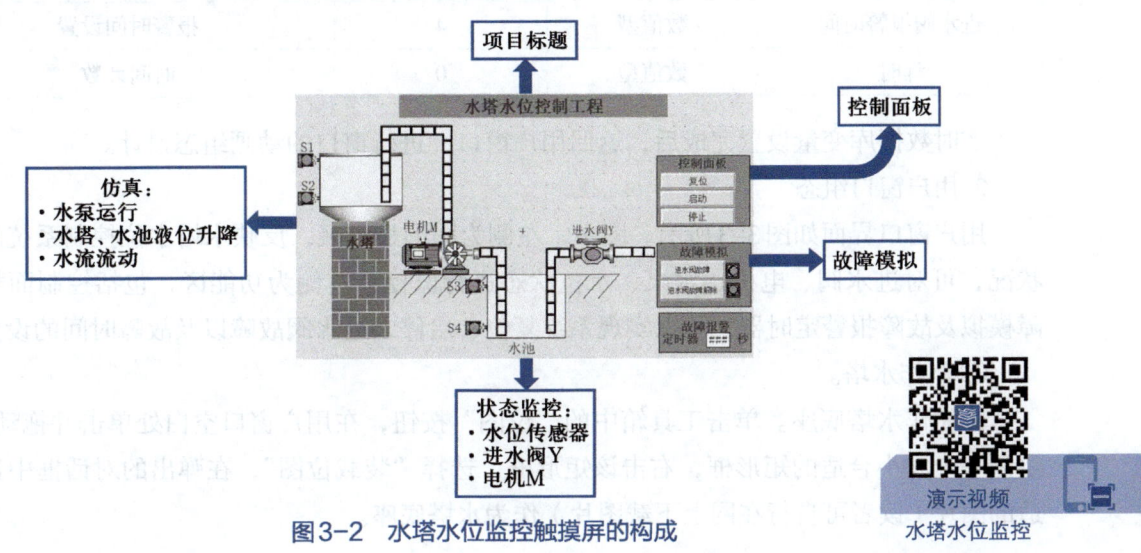

图3-2 水塔水位监控触摸屏的构成

演示视频
水塔水位监控

任务分析

本系统采用触摸屏实时监控水塔水位控制系统，采用水位传感器检测水塔、水池的上下限位。智能水塔水位仿真系统实现了进水阀Y、电机M、流动块、水池液位、水塔液位的自动运行，实时监控并记录水位变化情况。

任务实施

1. 实时数据库组态

新建工程"水塔水位控制工程"，在实时数据库中建立变量，如表3-1所示。

表 3-1　实时数据库变量表

名称	类型	对象初值	数据变量说明
复位	开关型	0	工程复位
启停	开关型	0	工程启动（1）或停止（0）
水塔水管流动	开关型	0	水塔水管内流动块的动作
水池进水管流动	开关型	0	水池进水管内流动块的动作
进水阀Y启停	开关型	0	进水阀Y启动（1）或停止（0）
电机M启停	开关型	0	电机M启动（1）或停止（0）
电机M旋转	数值型	0	水泵的旋转动作
水塔水位	数值型	0	水塔水位位置
水池水位	数值型	0	水池水位位置
进水阀Y故障	开关型	0	进水阀Y故障（1）或故障解除（0）
进水阀Y故障报警	开关型	0	进水阀Y故障报警（1）
进水阀报警时间	数值型	4	报警时间设置
计时	数值型	0	时间计数

实时数据库变量设置完成后，返回用户窗口，进行窗口的动画组态设计。

2. 用户窗口组态

用户窗口界面如图3-3所示。图中，左侧为图形显示区，反映水塔水位控制系统的运行状况，可对进水阀、电机、水泵、水位状态进行监控；右侧为功能区，包括控制面板、故障模拟及故障报警定时器，可以实现系统复位、启停、进水阀故障以及故障时间的设置。

① 制作水塔。

a. 制作水塔底座。单击工具箱中的"位图"按钮，在用户窗口空白处单击并拖动鼠标，绘制一个大小合适的矩形框，右击该矩形框，选择"装载位图"，在弹出的对话框中选择合适的图片（读者可自行在网上下载图片）作为水塔底座。

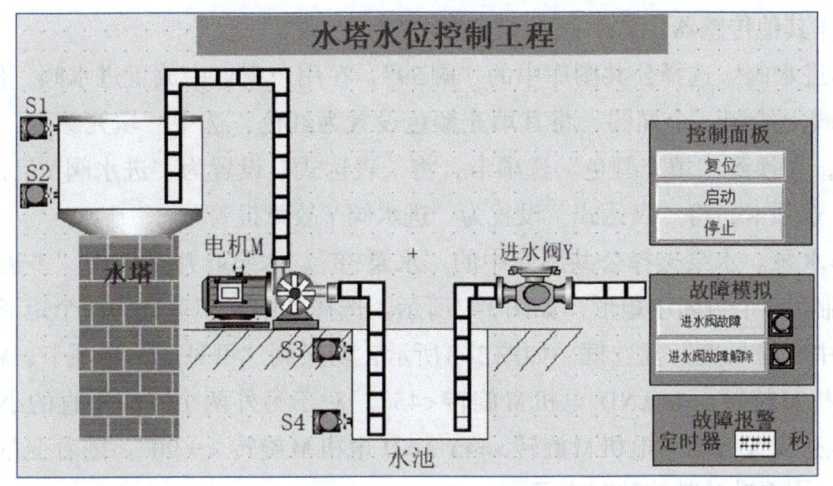

图3-3 用户窗口界面

b. 制作水塔水罐。单击"插入元件"按钮，选择公共图库中"储藏罐"下的"罐49"，右击该元件，选择"排列"→"分解单元"，可以选择需要的部分进行填充颜色的设置。

c. 制作水罐液位的变化。单击"矩形"按钮，绘制两个矩形，填充颜色为白色的矩形表示空罐的部分，填充颜色为蓝色的矩形表示水罐中的水，如图3-4所示。在蓝色矩形的"大小变化"属性设置选项卡中，单击 ? 按钮，在弹出的"变量选择"对话框中双击"水塔水位"变量，如图3-5所示。

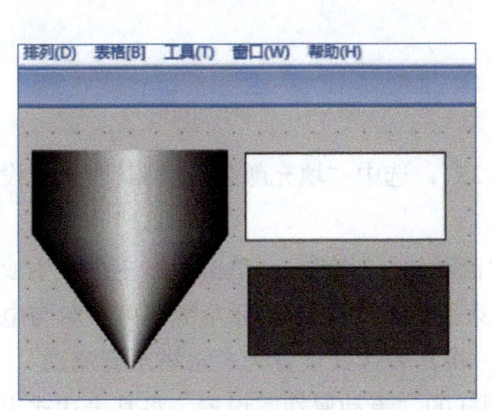

图3-4 制作水塔水罐及液位变化

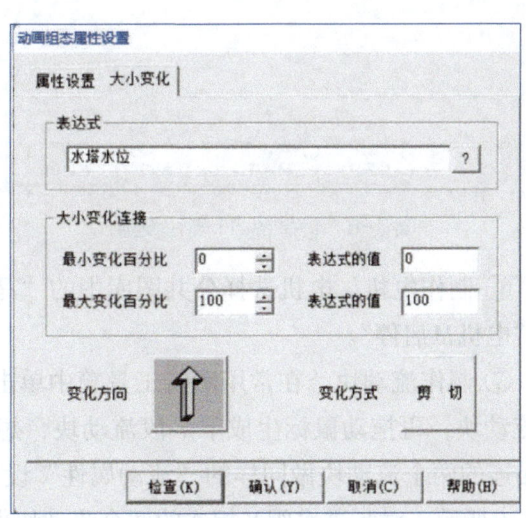

图3-5 蓝色矩形属性设置

② 制作水池。水池的制作类似于水塔水罐的制作，绘制填充颜色为白色和蓝色的两个矩形，并将蓝色矩形"大小变化"的关联变量设置为"水池水位"。

③ 制作传感器。以制作传感器S1为例，选择公共图库中的"传感器11"，在用户窗口中放置传感器S1，使用"椭圆"工具在传感器S1上绘制一个圆，将其填充颜色设置为红色，切换到"填充颜色"选项卡，将"表达式"设置为"水塔水位>=15"，如图3-6所示。按照

同样方法制作其他传感器。

④ 制作进水阀。选择公共图库中的"阀59"，在用户窗口中放置进水阀，使用"椭圆"工具在进水阀上绘制一个椭圆，将其填充颜色设置为红色，选中"填充颜色"与"闪烁效果"复选框，切换到"填充颜色"选项卡，将"表达式"设置为"进水阀Y启停"，切换到"闪烁效果"选项卡，将"表达式"设置为"进水阀Y故障报警"。

⑤ 制作水泵。水泵选择公共图库中的"水泵38"。水泵叶片是使用"多边形"或"折形"工具绘制的4个封闭小矩形，如图3-7所示。选择其中互相垂直的两个矩形做同样的属性设置，选中"可见度"复选框。如图3-8所示，切换到"可见度"选项卡，将"表达式"设置为"电机M旋转 >=0 AND 电机M旋转 <45"。对于另外两个互相垂直的小矩形，将其"可见度"表达式设置为"电机M旋转 >=45 AND 电机M旋转 <= 90"。随着变量"电机M旋转"的变化，水泵叶片就旋转起来了。

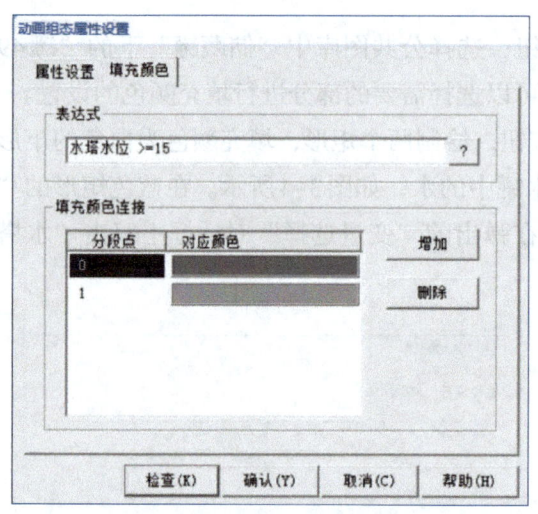

图3-6　传感器S1属性设置

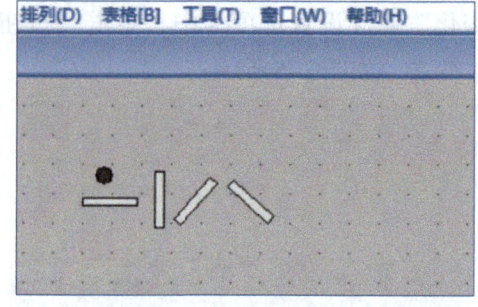

图3-7　制作水泵叶片

⑥ 制作电机。电机选择公共图库中的"马达25"，选中"填充颜色"，将其表达式设置为"电机M启停"。

⑦ 制作流动块。在常用图符工具箱中单击"流动块"按钮，单击鼠标左键，生成一段流动块，再拖动鼠标生成下一段流动块，想结束绘制时，双击鼠标左键即可。对与电机M相连的两个流动块做同样的"流动属性"设置，将其表达式设置为"水塔水管流动"，如图3-9所示。对与进水阀Y相连的两个流动块做同样的"流动属性"设置，将其表达式设置为"水池进水管流动"。

⑧ 制作功能区。

a. 制作"控制面板"区。依次完成"复位"按钮、"启动"按钮、"停止"按钮的制作。"复位"按钮连接变量"复位"并置1，如图3-10所示。在"启动"按钮的"脚本程序"选项卡中，在"抬起脚本"选项区域中输入"启动=1"。再将"停止"按钮的"脚本程序"设置为"启动=0"。

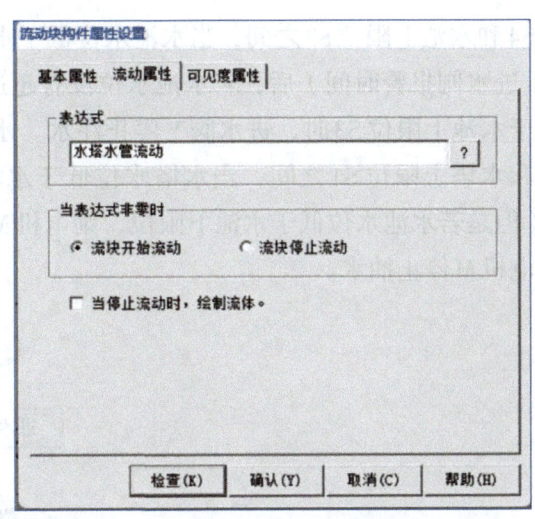

图3-8 水泵叶片属性设置　　　　图3-9 与电机M相连的流动块属性设置

b. 制作"故障模拟"区。依次完成"进水阀故障"按钮、"进水阀故障解除"按钮的制作。将"进水阀故障"按钮的"脚本程序"和其右侧指示灯的"填充属性"表达式设置为"进水阀Y故障报警=1"。将"进水阀故障解除"按钮的"脚本程序"和其右侧指示灯的"填充属性"表达式设置为"进水阀Y故障报警=0"。

c. 制作"故障报警"区。在工具箱中单击"标签"按钮制作文本标签,在"扩展属性"选项卡中,将文本内容设置为"故障报警定时器秒"。在"定时器"和"秒"中间插入新的文本,在新文本的"扩展属性"选项卡中,将文本内容设为"###",选中"显示输出"和"按钮输入"复选框,将"显示输出"和"按钮输入"的表达式设置为"进水阀报警时间",如图3-11所示。

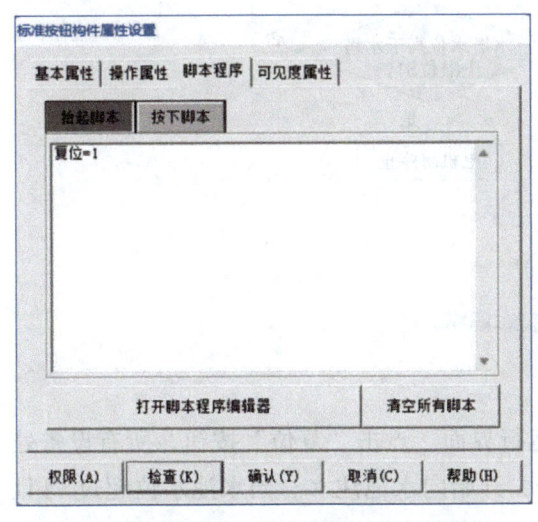

图3-10 "复位"按钮脚本程序设置

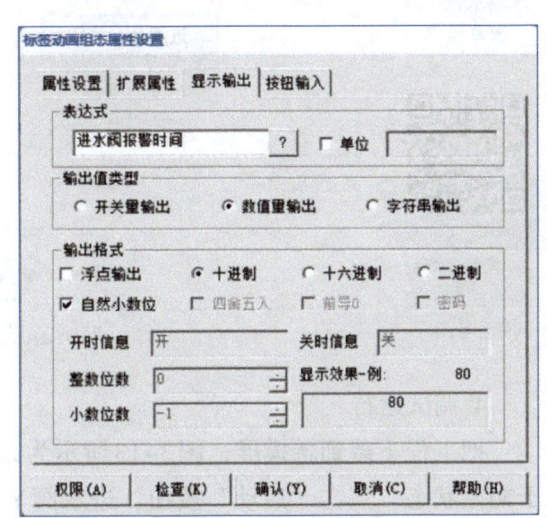

图3-11 文本标签属性设置

3. 运行策略组态

图3-12所示为系统运行脚本程序流程。水塔水位控制系统保持水池水位在水池下限位

S4和水池上限位S3之间，当水池水位低于水池下限位S4时，进水阀Y打开，开始注水，4 s（进水阀报警时间）后，若水池水位没有超过水池下限位，则系统发出报警；当水池水位高于水池上限位S3时，进水阀Y停止注水。水塔水位监控系统保持水塔水位在水塔下限位S2和水塔上限位S1之间，当水塔水位低于水塔下限位S2时，电机M开始工作，向水塔供水（但是若水池水位低于水池下限位，则电机M不能工作）；当水塔水位高于水塔上限位S1时，电机M停止抽水。

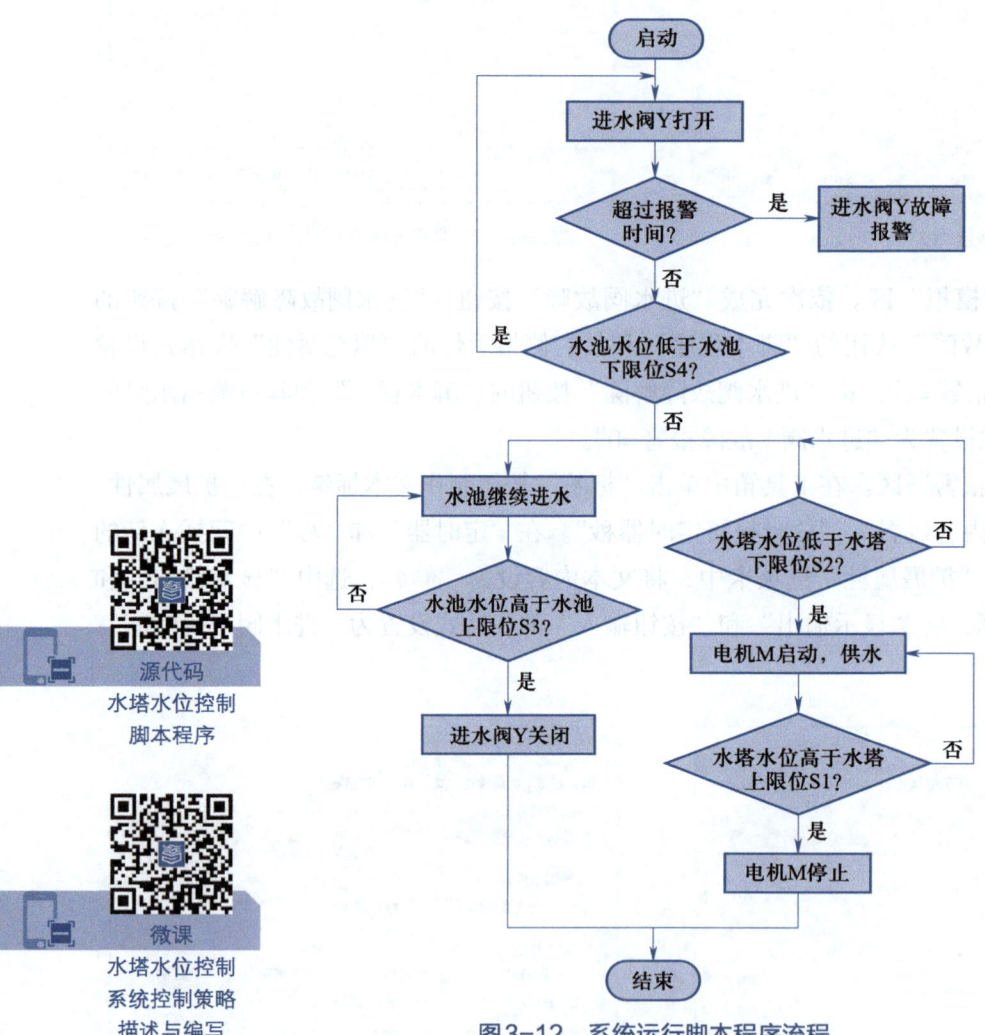

图3-12 系统运行脚本程序流程

源代码
水塔水位控制
脚本程序

微课
水塔水位控制
系统控制策略
描述与编写

4. 调试运行

把工程下载到触摸屏，图3-13所示为系统运行界面。点击"复位"按钮，所有设备处于初始状态。点击"启动"按钮，进水阀Y打开，开始向水池注水。当水池水位超过S4且水塔水位低于S2时，电机M启动，开始向水塔供水；当水池水位超过S3时，进水阀Y关闭，水池水位开始下降。当水塔水位超过S1时，电机M停止。点击"停止"按钮，进水阀Y和电机M立刻关闭，水池水位不变，由于用户在不断用水，水塔水位持续下降。

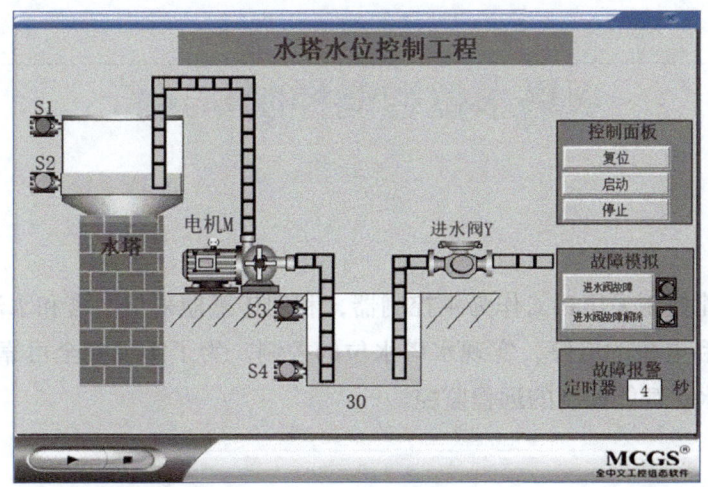

图3-13 系统运行界面

表3-2 任务评价表

评分表 _____ 学年		工作形式：□个人 □小组分工 □小组		评分		工作时间
任务	训练内容与分值	训练要求		学生自评	教师评分	
水塔水位监控触摸屏设计与仿真	1. 组态界面制作（30分）	窗口组态布局合理，色彩搭配合理，内容正确，包含任务要求中的所有元素（30分）				
	2. 实时数据库变量建立（10分）	窗口中进行连接的变量名称和类型设置正确（10分）				
	3. 脚本程序设计与修改（30分）	脚本程序书写规范，功能正确（30分）				
	4. 模拟仿真运行（20分）	正确实现水塔水位供水的自动控制，如启动、停止、复位、报警等，正确实现系统监控功能（20分）				
	5. 职业素养与安全意识（10分）	现场安全保护；工具、器材、导线等处理操作符合职业要求（5分） 分工合作，配合紧密；遵守纪律，保持工位整洁（5分）				
	总分：100分	学生： 教师： 日期：				

水塔水位智能控制与运行

任务描述

水塔水位智能控制采用 PLC 作为主控制器，利用传感器采集水塔和水池的水位上下限，从而控制进水阀和电机的启停，实现水塔水位的控制。为了实现安全可靠的运行，本任务还需要实现水塔水位智能控制的远程监控。

任务分析

将 S7–1500 PLC 与 ET200SP 模块通过 Modbus–RTU 进行通信，在 S7–1500 PLC 的 CPU 中编写主站通信程序模块，在 ET200SP 的 CPU 中编写从站通信程序模块以及从站用来控制进水阀 Y、电机 M 开启/关闭的程序模块。将 S7–1500 PLC 与触摸屏通过工业以太网正确通信，从而实现系统对设备的监控功能。

任务实施

在任务一中利用"脚本程序"功能完成了水塔水位控制系统的模拟仿真运行，本任务中改用 PLC 程序来实现该系统的智能控制。

1. 设备组态

Modbus–RTU 主站模块为安装在 S7–1500 PLC 主机架上的 CM PtP HF，接口类型为 RS422/485；Modbus–RTU 从站模块为安装在 ET200SP 上的 CM PtP，接口类型为 RS485，通信波特率为 9 600 bit/s，无奇偶校验。

2. 编写 Modbus 从站程序

（1）编写 Modbus 从站通信程序

在"Main[OB1]"中，通过指令树选择"通信→通信处理器→Modbus（RTU）"，调用 Modbus_Comm_Load 指令（图 3–14）和 Modbus_Slave 指令（图 3–15），并对指令进行参数设置。注意：在 Modbus_Comm_Load 指令自动产生的背景数据中，MODE 值要设置为 4，表示半双工通信方式。

（2）编写 Modbus 从站 PLC 程序

程序设计可采用状态转移程序，按照控制要求执行。根据控制要求，系统程序流程图如图 3–16 所示，从站 I/O 信号分配参考表 3–3。

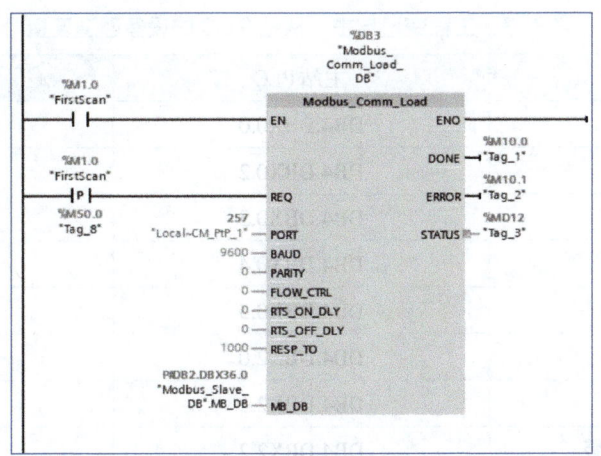

图3-14　从站中Modbus_Comm_Load指令参数设置

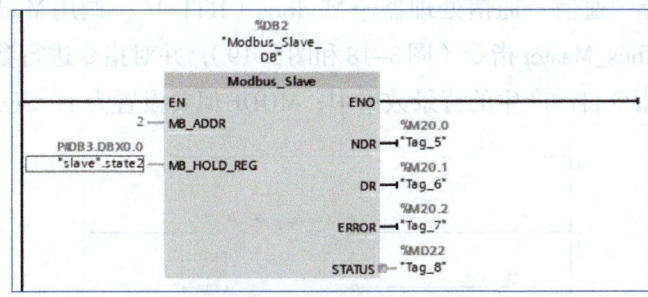

图3-15　Modbus_Slave指令参数设置

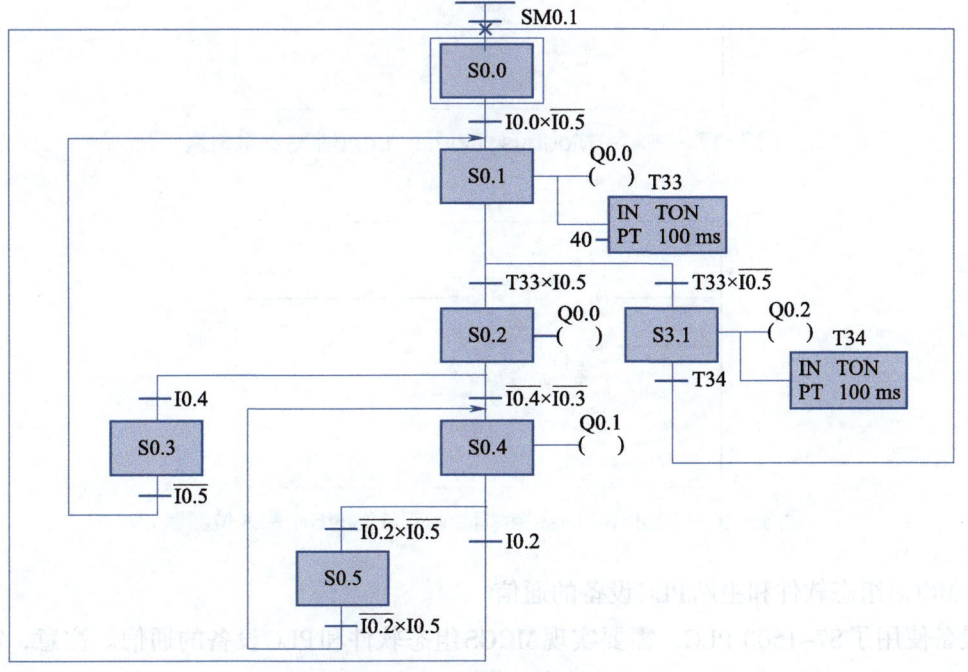

图3-16　系统程序流程图

表 3-3　工程变量与主、从站 PLC 的设备通道连接

触摸屏变量	主站 PLC	从站 PLC
PLC 启动开关	DB4.DBX0.0	I0.0
水塔上限位 S1	DB4.DBX0.2	I0.2
水塔下限位 S2	DB4.DBX0.3	I0.3
水池上限位 S3	DB4.DBX0.4	I0.4
水池下限位 S4	DB4.DBX0.5	I0.5
进水阀 Y 启停	DB4.DBX2.0	Q0.0
电机 M 启停	DB4.DBX2.1	Q0.1
进水阀 Y 故障报警	DB4.DBX2.2	Q0.2

3. 主站通信

在指令树中选择"通信→通信处理器→Modbus（RTU）"，调用 Modbus_Comm_Load 指令（图 3-17）和 Modbus_Master 指令（图 3-18 和图 3-19），并对指令进行参数设置。注意：在 Modbus_Comm_Load 指令自动产生的背景数据中，MODE 值要设置为 4，表示半双工通信方式。

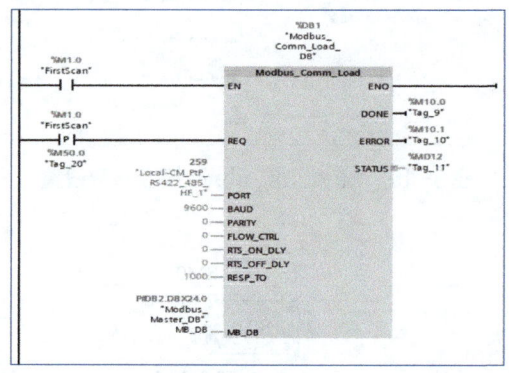

图 3-17　主站中 Modbus_Comm_Load 指令参数设置

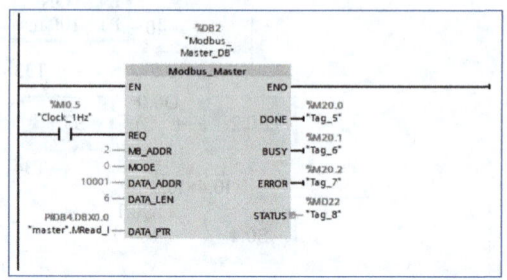

图 3-18　Modbus_Master 指令读取从站的 6 个输入位数据

4. MCGS 组态软件和主站 PLC 设备的通信

设备使用了 S7-1500 PLC，需要实现 MCGS 组态软件和 PLC 设备的通信。注意，需要把两者配置在同一个局域网内。输入指令信号有传感器信号，输出控制信号有电机控制信号

和进水阀控制信号。工程变量与主、从站PLC的设备通道连接如表3-3所示。

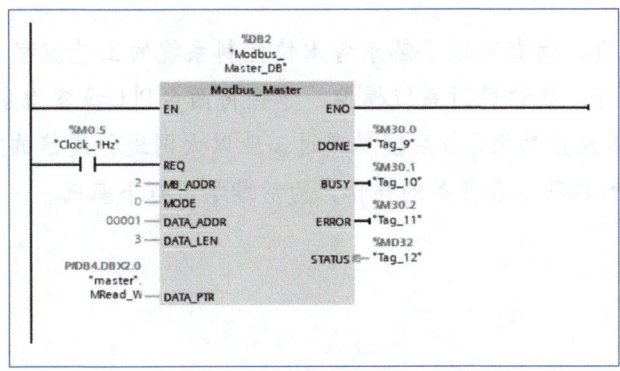

图3-19　Modbus_Master指令读取从站的3个输出位数据

在设备窗口中，先后双击"通用TCP/IP父设备"项和"西门子_1500"，添加到设备组态窗口中。参照表3-3，增加相应的PLC寄存器通道，完成设备组态设置。

5.测试联机功能

将组态程序下载到触摸屏中，再通过工业以太网方式将PLC与触摸屏连接起来。在进行测试时，设备的实际动作应该与触摸屏上的仿真动作一致。

📝 **任务评价（表3-4）**

表3-4　任务评价表

评分表 _____学年		工作形式：□个人 □小组分工 □小组	评分		工作时间
任务	训练内容与分值	训练要求	学生自评	教师评分	
水塔水位智能控制与运行	1.Modbus通信（20分）	正确实现主站PLC和从站PLC的Modbus通信（20分）			
	2.从站PLC控制程序（20分）	正确编写从站控制程序（20分）			
	3.PLC变量连接（15分）	正确连接主站PLC变量，完成组态构建（15分）			
	4.组态下载（15分）	将组态工程正确下载至触摸屏中（15分）			
	5.功能测试（20分）	正确实现水塔水位的智能控制，包括启动、停止、复位、报警等功能（20分）			
	6.职业素养与安全意识（10分）	现场安全保护；工具、器材、导线等处理操作符合职业要求（5分） 分工合作，配合紧密；遵守纪律，保持工位整洁（5分）			
	总分：100分	学生：　　　　　教师：　　　　　日期：			

📝 项目小结

通过本项目的学习，读者可以了解水塔水位控制系统的工艺流程，掌握水塔水位控制系统的触摸屏界面设计，能够进行系统模拟，掌握将两台PLC设置为主/从站通过Modbus-RTU协议进行通信，以及主站PLC与触摸屏通过工业以太网进行通信的方法，实现对设备的远程监控。请读者进行本项目各任务的操作，为后续学习打下基础。

💭 思考与练习

1. 思考题

（1）说出Modbus主站参数设置与从站参数设置之间的关联关系。

（2）如何进行主站PLC与触摸屏通信连接的参数设置？

（3）PLC与触摸屏联合运行，组态中的脚本程序应该保留哪部分？

2. 操作题

（1）使用MCGS7.7组态软件和S7-1500 PLC进行水塔水位监控。

（2）结合实际需求，对水塔水位控制系统的功能进行删除或增加，请读者自行设计。

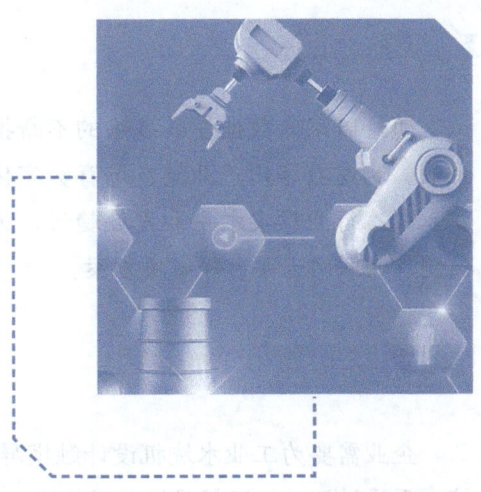

工业水洗机物联网设计与应用系统

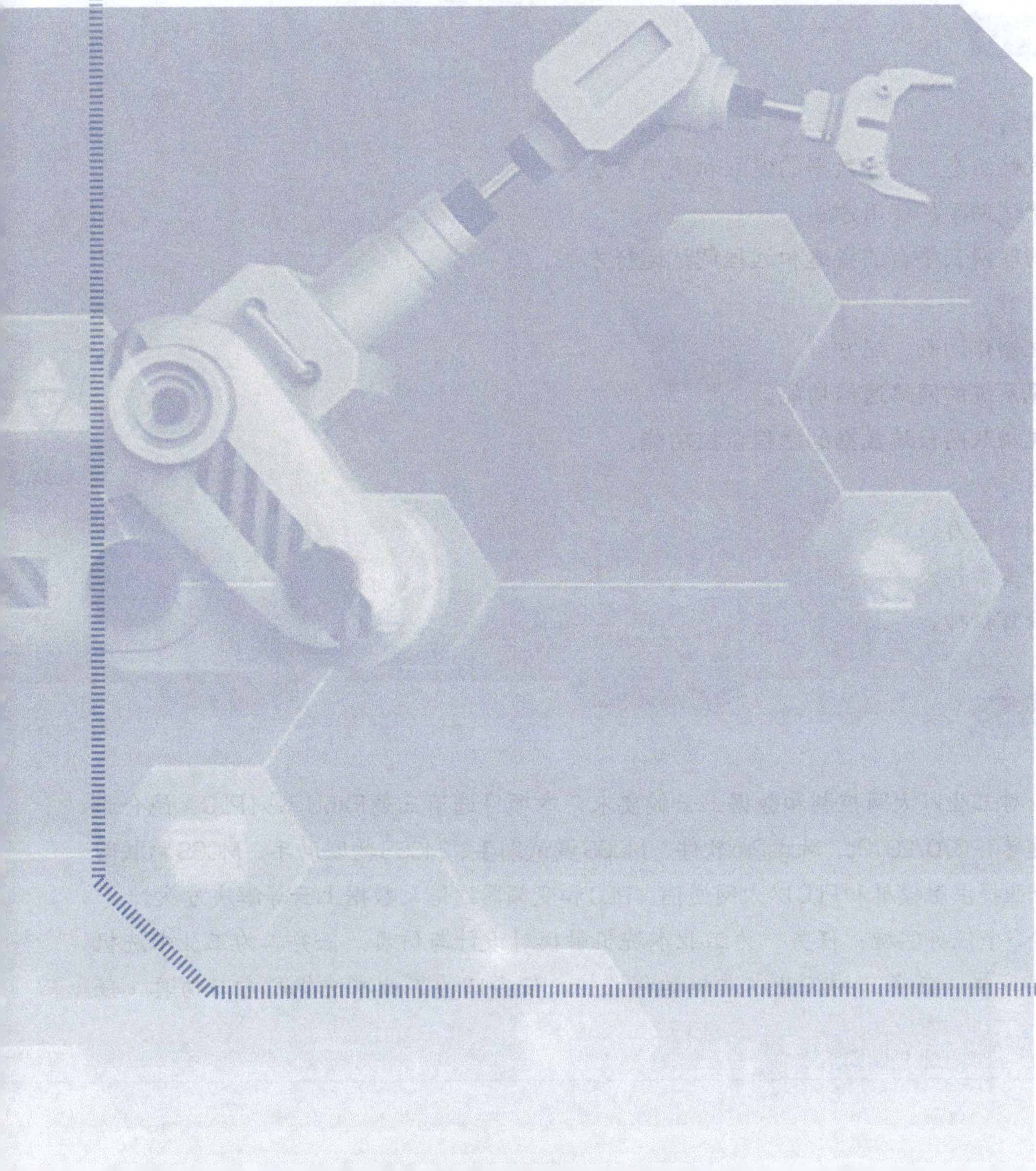

👍 项目引入

随着国家大数据发展战略的不断推进，传统产业"智改数转"需求迫切，打造数字化企业、构建数字化产业链、培育数字化生态已成为新的发展目标。本项目内容坚持技术研发，瞄准行业顶尖水平和发展趋势，为工业控制领域提供工业网络通信、数字孪生、配方控制、物联网云平台等解决方案。

目 项目描述

企业需要为工业水洗机设计触摸屏数字孪生界面，使用工业以太网技术实现与PLC的通信，再通过PLC与变频器组建网络通信的方式控制工业水洗机运行，实现系统整机的工业互联网远程监控；同时，为节能减排，企业需要进一步通过配方方案优化工业水洗机工作流程，并让控制系统具有数字孪生功能。

🔗 项目目标

> **知识目标**

1. 掌握策略组态、配方数据的建立和使用方法。
2. 掌握调试助手的使用方法。
3. 掌握物联网云平台的搭建和远程调试运行方法。

> **能力目标**

1. 能独立制作动画、配方。
2. 能实现系统的网络通信功能。
3. 能实现物联网云端数据的远程监控功能。

> **素养目标**

1. 增强创新能力。
2. 提升审美素养。
3. 培养劳育精神。

🔍 项目分析

根据企业对工业以太网控制和数据上云的要求，本项目选用三菱FX5U系列PLC、昆仑通态物联网触摸屏 TPC7072Gi/Gt、McgsPro软件、MCGS调试助手、MCGS物联助手、MCGS物联网云平台，为企业提供触摸屏和PLC以太网通信、PLC和变频器通信及数据上云等解决方案。

本项目分6个任务实施：任务一为工业水洗机触摸屏设计与仿真，任务二为工业水洗机触摸屏与数字孪生，任务三为工业水洗机远程监控，任务四为工业水洗机配方与仿真，任务五为工业水洗机PLC联网及配方实现，任务六为工业水洗机物联网云平台远程监视。

任务一
工业水洗机触摸屏设计与仿真

📖 任务描述

工业水洗机的工作流程依次为进水、正转、第一次暂停、反转、第二次暂停、排水、脱水。本任务要求能实现工业水洗机的虚拟仿真运行，并通过以太网控制实现实时监控。用户组态界面设计参考图3-20。

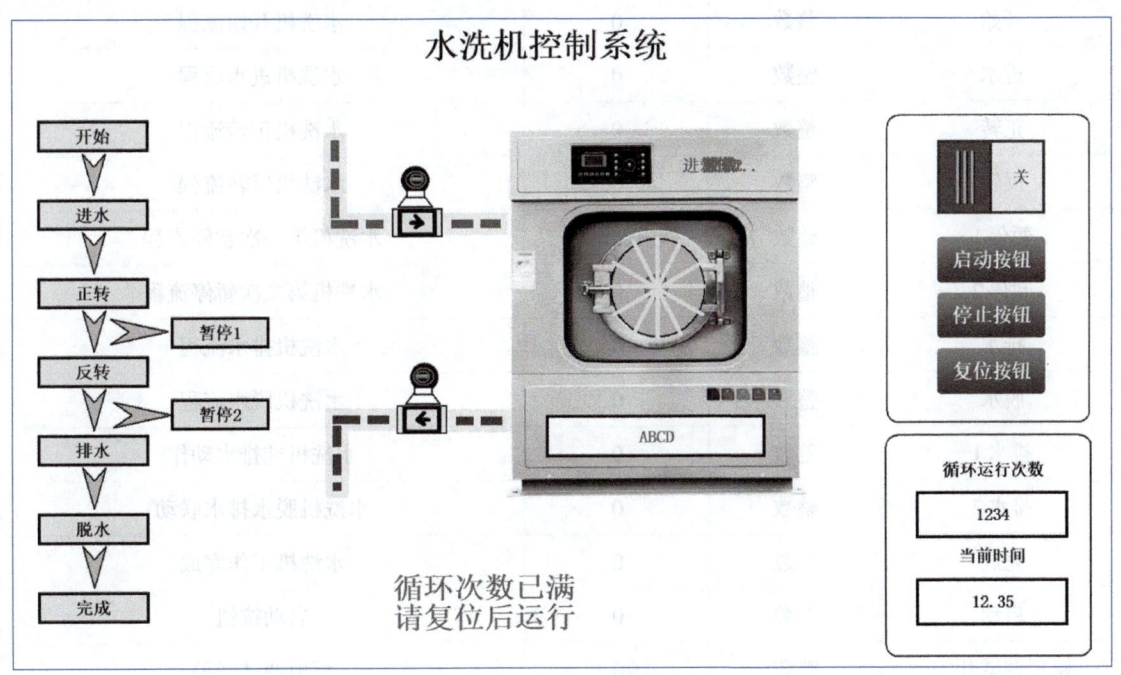

图3-20 用户组态界面设计参考

📑 任务分析

在分析系统控制需求的基础上，按照现场工程师标准，整个项目将从计划制订、电气选型、I/O表制定、PLC程序编写、HMI设计、现场程序调试等工作过程来实施。本任务为HMI设计，通过McgsPro软件操作，完成工业水洗机组态界面设计；通过脚本策略编写，完成组态动画设计；通过程

演示视频
工业水洗机
系统下载运行

序编写，完成计算机虚拟运行调试。

任务实施

1. 实时数据库组态

在实时数据库中新建变量，变量名称和类型参考表3-5。

表 3-5　实时数据库变量表

名称	类型	对象初值	数据变量说明
复位条件	整数	0	定时器复位按钮
计时条件	整数	0	定时器启动和停止按钮
计时状态	整数	0	定时器计时时间到达状态
开始	整数	0	水洗机开始流程
进水	整数	0	水洗机进水流程
正转	整数	0	水洗机正转流程
反转	整数	0	水洗机反转流程
暂停1	整数	0	水洗机第一次暂停流程
暂停2	整数	0	水洗机第二次暂停流程
排水	整数	0	水洗机排水流程
脱水	整数	0	水洗机脱水流程
排水1	整数	0	水洗机纯排水动作
排水2	整数	0	水洗机脱水排水联动
完成	整数	0	水洗机工作完成
启动	整数	0	启动按钮
模拟调试开关	整数	0	模拟调试开关
当前时间	浮点数	0	定时器的当前时间值
设定时间	浮点数	100	定时器的设定时间值
模式	整数	0	运行模式切换
旋转	整数	0	旋转动画数值
循环	整数	0	当前循环次数
循环次数	整数	1	设定的循环次数，初值为1

实时数据库变量设置完成后，返回用户窗口，进行窗口的动画组态设计。

2. 用户窗口组态

用户组态界面包括：模拟调试开关、启动按钮、停止按钮、复位按钮4
个按钮，一个循环运行次数输入框，一个当前时间显示框。

在用户窗口中新建窗口，命名为"工业水洗机"。

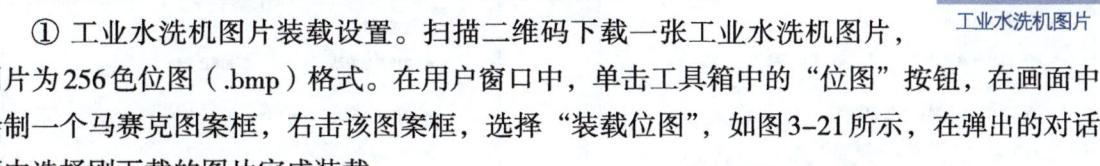

图片
工业水洗机图片

① 工业水洗机图片装载设置。扫描二维码下载一张工业水洗机图片，
图片为256色位图（.bmp）格式。在用户窗口中，单击工具箱中的"位图"按钮，在画面中
绘制一个马赛克图案框，右击该图案框，选择"装载位图"，如图3-21所示，在弹出的对话
框中选择刚下载的图片完成装载。

② 进水阀的组态设置。单击工具箱中的"插入
元件"按钮，在"图库列表"选项区域的"类型"
下拉列表框中选择"公共图库"选项，选择"阀"
中的"阀110"。双击"阀110"。在弹出的对话框中
选择"变量列表"选项卡，"表达式"选择"进水"
变量，如图3-22所示。

③ 进水管的组态设置。单击工具箱中的"流动
块"按钮，通过单击并拖曳鼠标进行多段流动块的
连接。进水流动块的基本属性设置如图3-23所示。

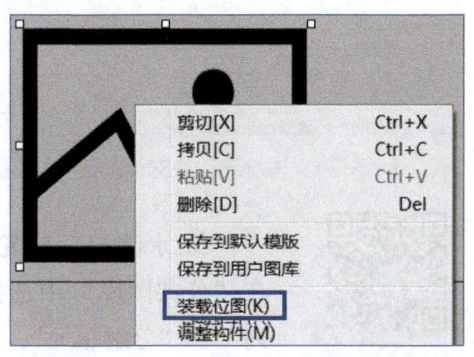

图3-21　工业水洗机图片装载设置

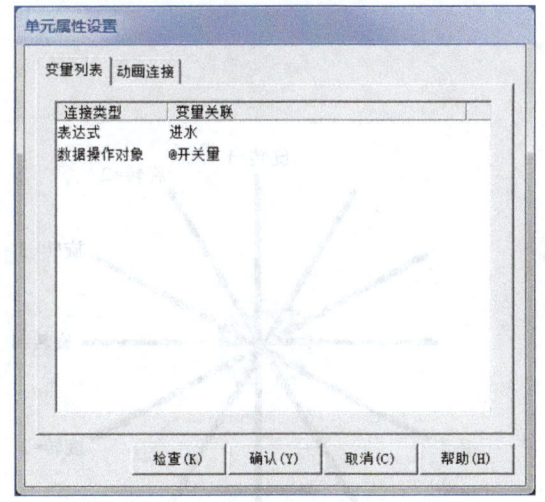

图3-22　阀的变量列表设置

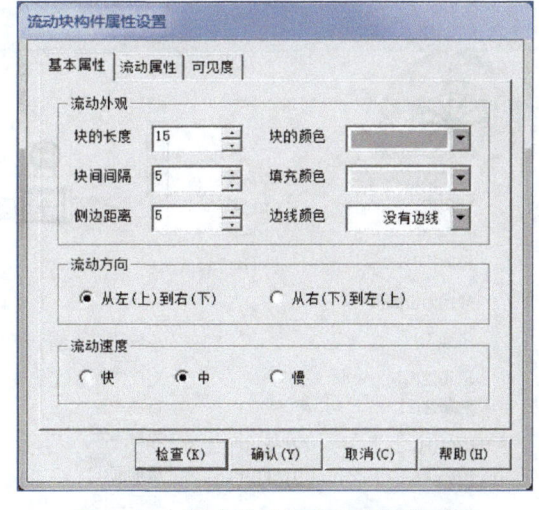

图3-23　进水流动块的基本属性设置

在"流动属性"选项卡中，将"表达式"设置为"进水"，选中"当停止流动时，绘制
流体"复选框，如图3-24所示。

④ 排水阀及排水管的组态设置。排水阀的组态设置和进水阀一致，"表达式"选择"排
水"变量。排水管的组态设置与进水管一致，在"基本属性"选项卡中，"块的颜色"可以
选择深蓝色，流动方向与进水流动块相反，为从右（下）到左（上）流动；在"流动属性"
选项卡中，将"表达式"设置为"排水"，如图3-25所示。

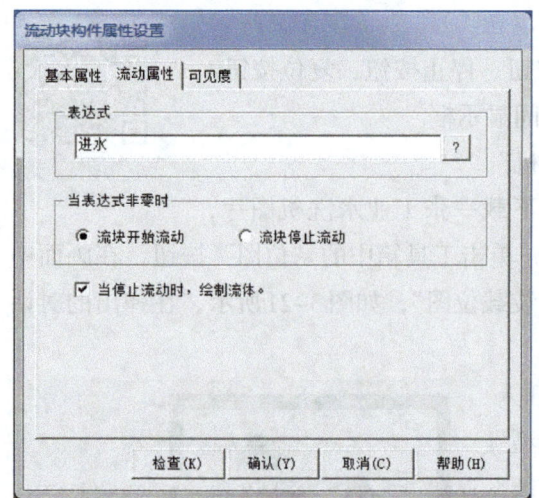

图3-24 进水流动块的流动属性设置

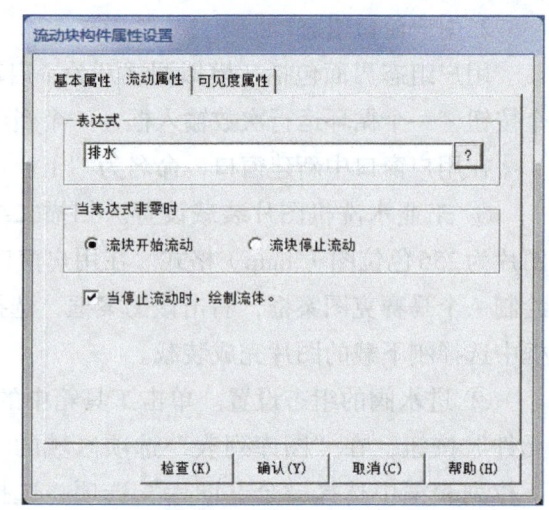

图3-25 排水流动块的流动属性设置

演示视频
水洗机旋转轮
的组态设置

⑤ 水洗机旋转轮的组态设置。单击工具箱中的"插入元件"按钮，在"公共图库"中选择"马达"中的"马达57"，右击该对象，选择"排列"→"分解单元"，如图3-26所示。去掉外围的图符模块，仅保留最中间的6根线条，如图3-27所示。

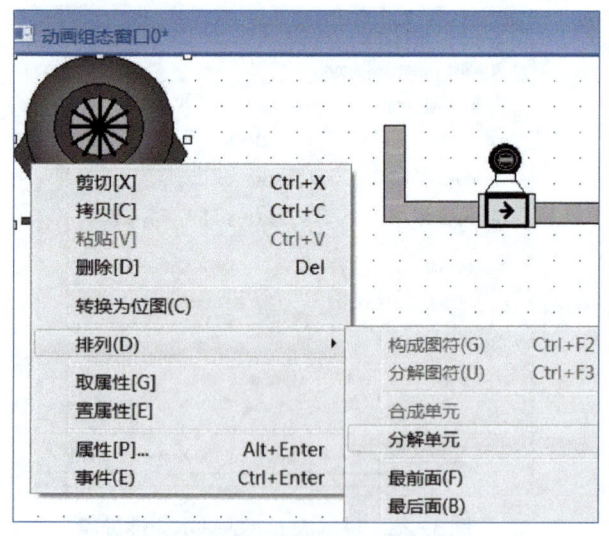

图3-26 分解单元

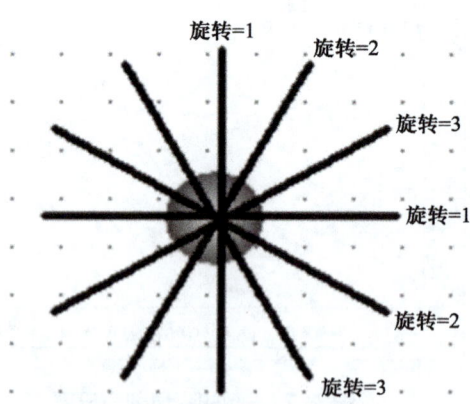

图3-27 旋转轮的线条

双击每根线条，在"属性设置"选项卡中，将"边线颜色"设置为黄色，在"特殊动画连接"选项区域中选中"可见度"复选框，如图3-28所示。切换到"可见度"选项卡，将"表达式"设置为"旋转=x"，从竖直方向开始的前3根和后3根线条的旋转数值分别依次等于1~3，如图3-27和图3-29所示。

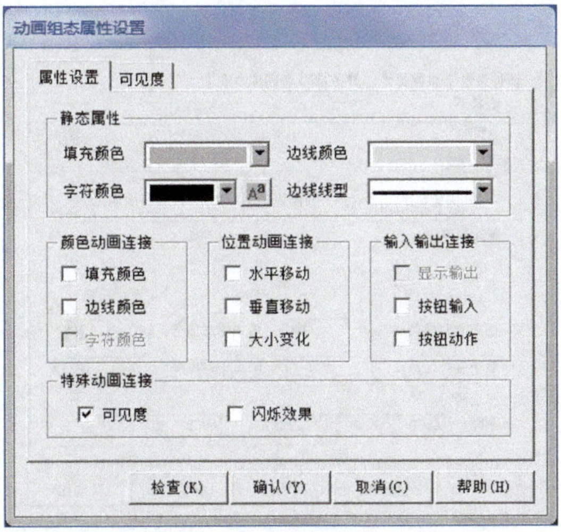

图3-28　线条的属性设置

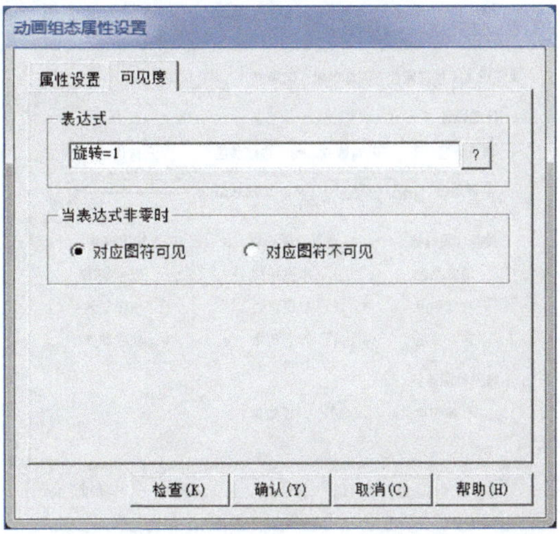

图3-29　线条的可见度设置

⑥ 工业水洗机上显示的文字标签设计。单击工具箱中的"标签"按钮，将标签框放在工业水洗机的右上角。在"属性设置"选项卡下设置"填充颜色"为"没有填充"，"边线颜色"为"没有边线"，"字符颜色"为红色，在"特殊动画连接"选项区域中选中"可见度"和"闪烁效果"复选框，如图3-30所示。文字标签的显示有两种方式：一是通过7个文字标签的可见度表达式值的变化依次显示；二是通过字符串形式显示。

第一种显示方式：以"进水"文字标签为例，在"扩展属性"选项卡的"文本内容输入"选项区域中输入"进水中…"，在"可见度"和"闪烁效果"选项卡中，将"表达式"设置为"进水"。

"正转""暂停1""反转""暂停2""排水""脱水"6个变量的文字标签参照"进水"文字标签来实现，"扩展属性""闪烁效果"和"可见度"选项卡中均要连接新的文字和以上6个变量。再把这7个文字标签叠加在一起，完成7个文字标签的顶边界对齐和左边界对齐。

第二种显示方式：新建"显示"字符串变量，在工具箱中单击"标签"按钮，将标签框添加到工业水洗机组态画面上。在"属性设置"选项卡中，选中"输入输出连接"选项区域中的"显示输出"复选框，在"显示输出"选项卡中，将"表达式"设置为"显示"，"显示类型"设置为"字符串输出"，如图3-31所示。在"闪烁效果"选项卡中，将"表达式"设置为系统内部时钟"$Second"。在"用户窗口属性设置"对话框中选择"循环脚本"选项卡，输入脚本程序"IF 正转 = 1 THEN 显示 = "正转""等，脚本程序参考后文中的图3-43。

⑦ 按钮设置。单击工具箱中的"标准按钮"，在用户组态界面中绘制3个按钮，分别为启动按钮、停止按钮、复位按钮。对于启动按钮，在"操作属性"选项卡中，选中"数据对象值操作"复选框，功能选择设置为"取反"，变量连接设置为"启动"变量，如图3-32所示。停止按钮的操作属性设置与启动按钮相同。对于复位按钮，在"操作属性"选项卡中，选中"数据对象值操作"复选框，功能选择设置为"清0"，变量连接设置为"循环"变量，如图3-33所示。

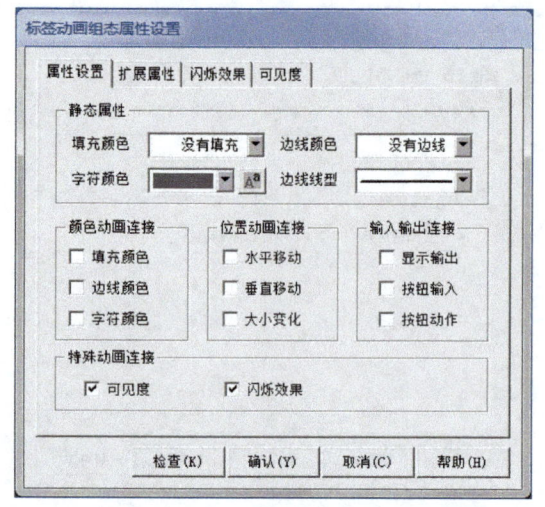

图3-30　文字标签的属性设置

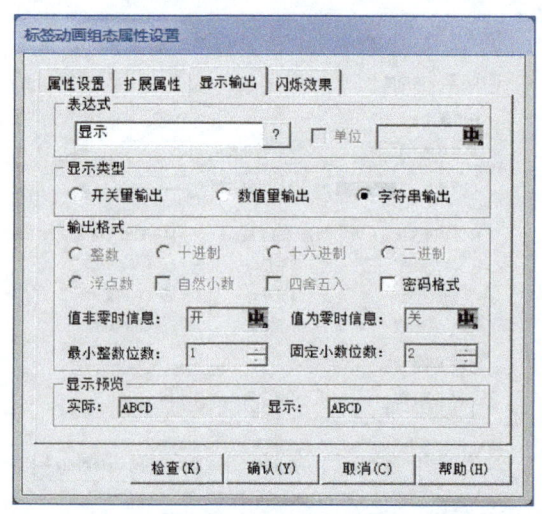

图3-31　文字标签的显示输出设置

⑧ 模拟调试开关设置：单击工具箱中的"动画按钮"，在用户组态界面中绘制模拟调试开关。在"基本属性"选项卡中，设置分段点0的文本内容为"关"，如图3-34所示；设置分段点1的文本内容为"开"。变量属性设置如图3-35所示。

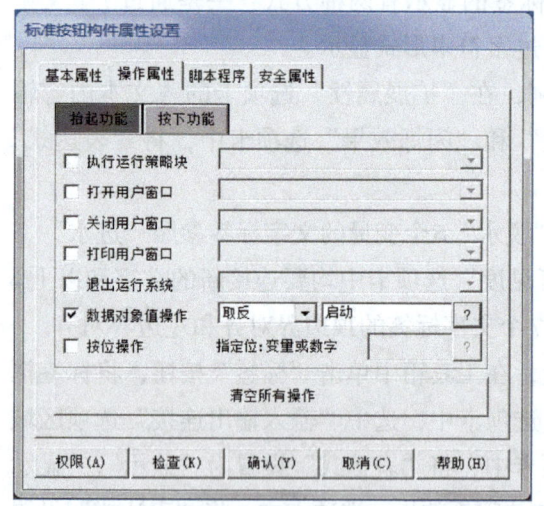

图3-32　启动、停止按钮的操作属性设置

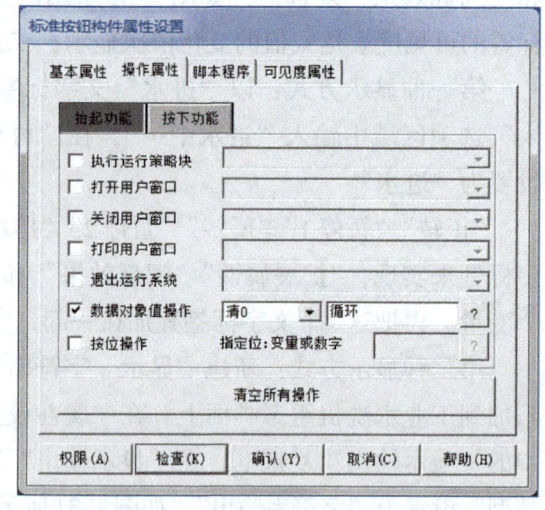

图3-33　复位按钮的操作属性设置

⑨ 流程框图设计。单击工具箱中的"标签"和"直线"按钮绘制画面，对每个流程框图的标签进行如下设置：在"属性设置"选项卡中，将"填充颜色"设置为黄色，在"颜色动画连接"选项区域中选中"填充颜色"复选框，如图3-36所示。在各流程框图标签的"填充颜色"选项卡中，将"表达式"设置为对应的变量。例如，开始流程的填充颜色设置如图3-37所示。

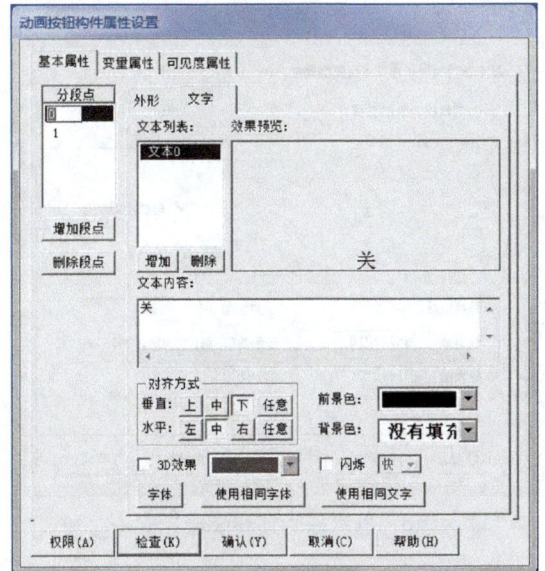

图3-34 模拟调试开关的基本属性设置

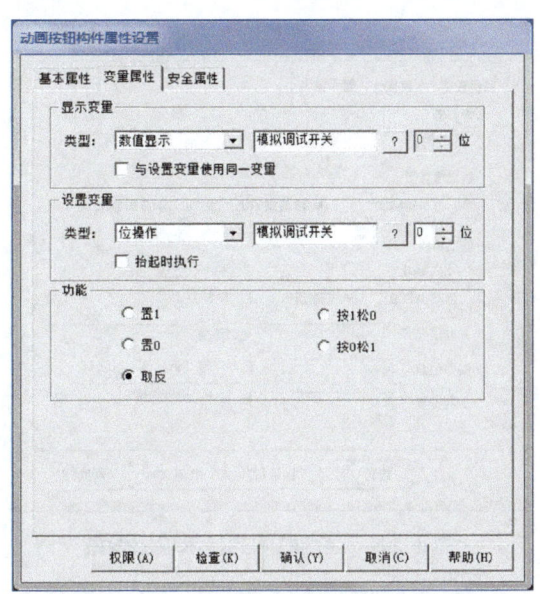

图3-35 模拟调试开关的变量属性设置

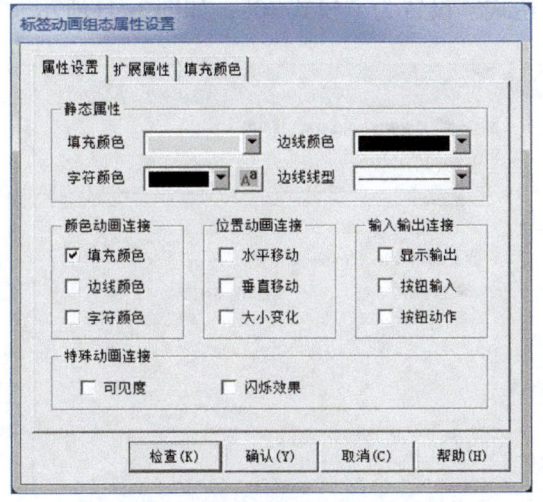

图3-36 流程框图标签的属性设置

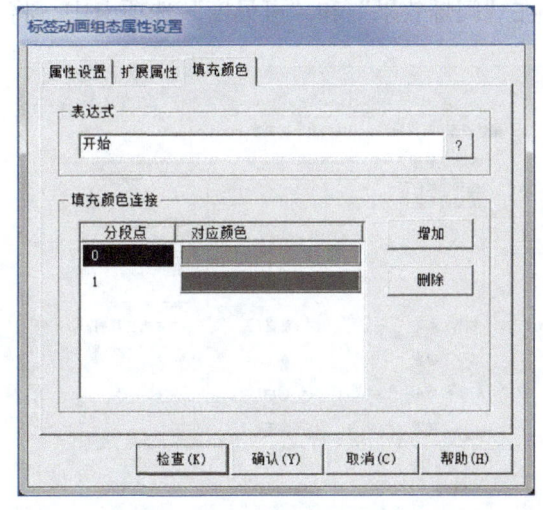

图3-37 开始流程的填充颜色设置

⑩ 当前时间显示设置。单击工具箱中的"标签"按钮，在用户组态界面中添加"当前时间"文字标签。在"属性设置"选项卡中，在"输入输出连接"选项区域中选中"显示输出"复选框。在"显示输出"选项卡中，将"表达式"设置为"当前时间"，如图3-38所示。

⑪ 循环运行次数设置。单击工具箱中的"输入框"按钮，在用户组态界面中绘制一个输入框。在"操作属性"选项卡中，将"对应数据对象的名称"设置为"循环次数"，如图3-39所示。

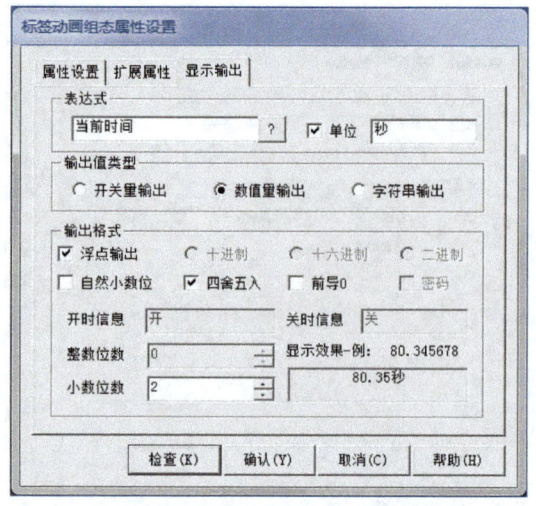

图3-38　当前时间的显示输出设置

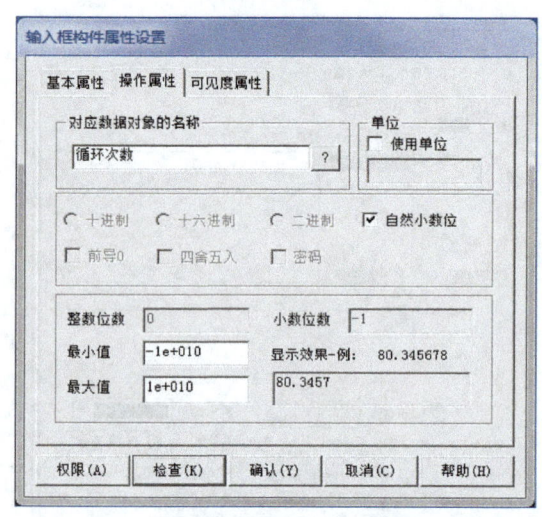

图3-39　循环运行次数的操作属性设置

⑫ 运行警告提示设置。单击工具箱中的"标签"按钮,在用户组态界面中添加警告标签。在"扩展属性"选项卡中输入文字"循环次数已满 请复位后运行",如图3-40所示。在"闪烁效果"和"可见度"选项卡中,将"表达式"设置为"模式=0",如图3-41所示。

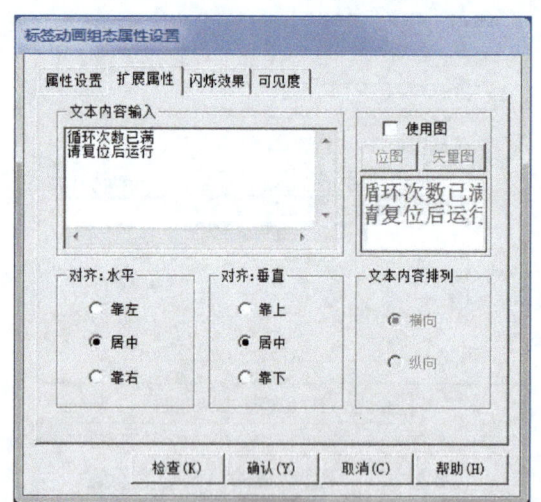

图3-40　警告标签的扩展属性设置

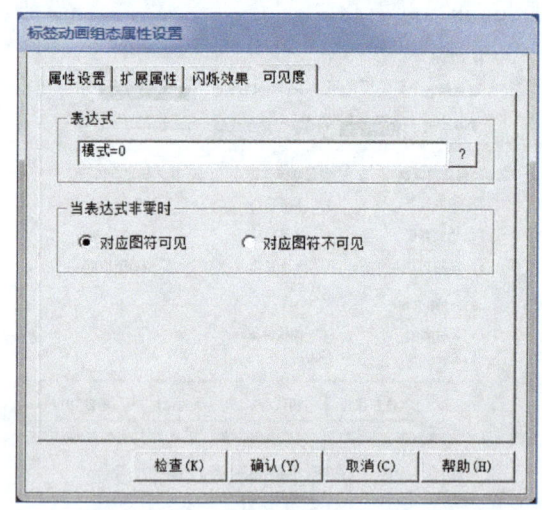

图3-41　警告标签的可见度设置

完成用户组态界面的设计后,还需要双击该窗口的原始基层画面,进行用户窗口属性设置。在"循环脚本"选项卡中,设置本窗口的专属脚本,如图3-42所示。该部分脚本程序如图3-43所示,主要分为两部分内容:第一部分内容是第1~6行程序,显示快速的脱水旋转动画,由于循环时间设置为100 ms,因此在脱水时,旋转动画每秒钟运行10次,频率较高,旋转动作较快;第二部分内容是第7~14行程序,与图3-31内容关联,当工业水洗机运行到对应的流程段时,通过脚本程序实现字符串输出,在工业水洗机本体上的文字标签框中显示双引号中对应的文字内容。

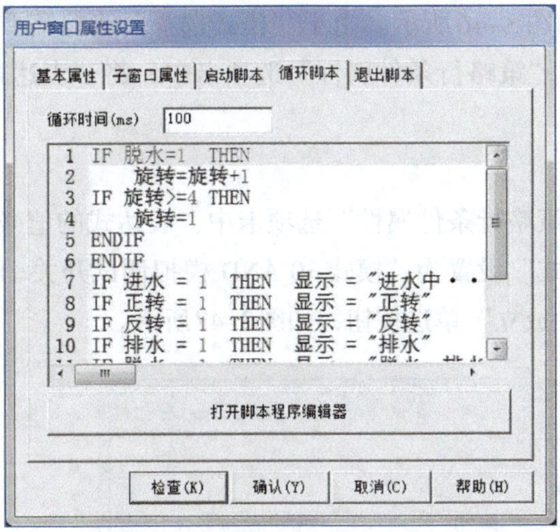

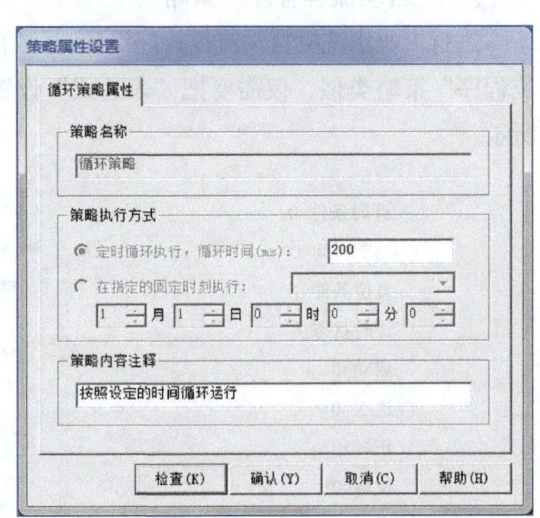

图3-42 用户窗口的循环脚本设置

```
IF 脱水=1  THEN
    旋转=旋转+1
    IF 旋转>=4 THEN
    旋转=1
    ENDIF
ENDIF
IF 进水 = 1  THEN   显示 ="进水中"···
IF 正转 = 1  THEN   显示 ="正转"
IF 反转 = 1  THEN   显示 ="反转"
IF 排水 = 1  THEN   显示 ="排水"
IF 脱水 = 1  THEN   显示 ="脱水、排水中"···
IF 暂停 1 = 1  THEN   显示 ="正转暂停"
IF 暂停 2 = 1  THEN   显示 ="反转暂停"
IF 启动 = 0  THEN   显示 ="    "
```

图3-43 用户窗口脚本程序

3. 策略组态

控制系统主要由循环策略中的定时器运行+脚本程序运行来实现，该部分循环策略脚本程序对整个组态工程都有效。循环策略的基本架构如图3-44所示。所有策略都是按照设定的时间循环运行的，分为模式选择、复位程序、自动流程程序、定时器程序4个部分，具体的操作步骤如下。

在工作台中依次单击"运行策略""新建策略"，选择"循环策略"，单击"确定"按钮退出。右击新建的"策略1"，选择"属性"，修改名称为"循环策略"。双击进入该"循环策略"，再双击"按照设定的时间循环运行"策略属性，弹出"策略属性设置"对话框，把"策略执行方式"设置为200 ms周期循环执行，如图3-45所示。

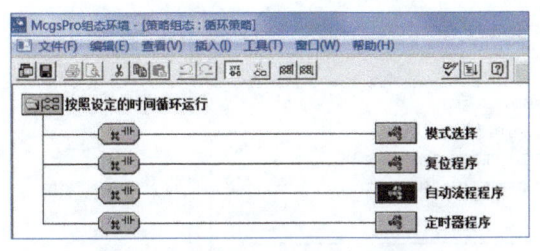

图3-44 循环策略的基本架构

图3-45 循环策略属性设置

（1）"模式选择"策略

系统在运行时，首先要确定循环运行次数，当实际循环次数大于设定值时，系统复位，停止运行；否则，循环运行。模式选择程序如图3-46所示。由于"模式选择"策略需要在模拟调试开关打开的情况下才能运行，因此在"策略行条件属性"选项卡中，将"表达式"设置为"模拟调试开关=1"。

（2）"复位程序"策略

在"复位程序"策略的"策略行条件属性"选项卡中，表达式的值必须连接"模式"变量，将"表达式"设置为"模式=0 AND 模拟调试开关=1"，并选中"表达式的值非0时条件成立"单选按钮，如图3-47所示。

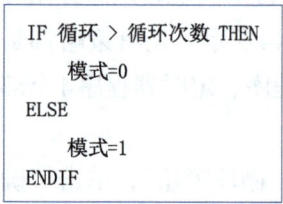

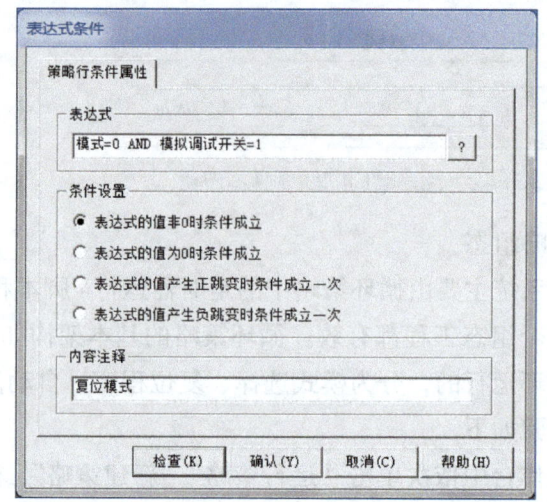

图3-46 模式选择程序　　图3-47 "复位程序"策略的策略行条件属性设置

复位程序复位所有运行参数，直接把运行中的实时数据设置为0，如图3-48所示。

（3）"自动流程程序"策略

进行工业水洗机自动流程程序设计时，"自动流程程序"策略的策略行条件属性设置与"复位程序"策略类似，仅需要把"表达式"设置为"模式=1 AND 模拟调试开关=1"，如图3-49所示。

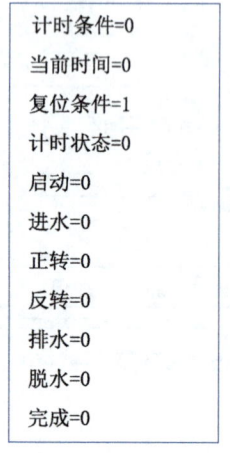

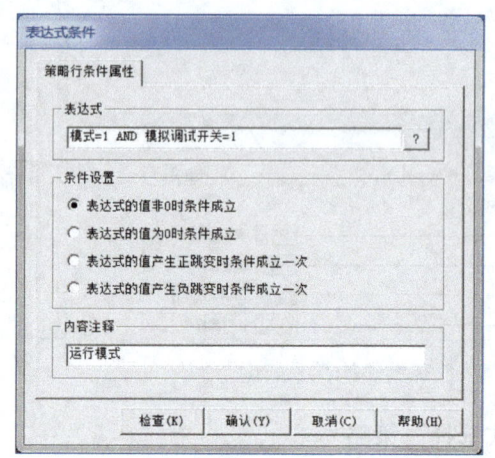

图3-48 复位程序　　图3-49 "自动流程程序"策略的策略行条件属性设置

自动流程程序主要分为以下3个部分。

第一部分程序的内容为整个自动流程程序的启动和停止，当按下启动按钮时，系统开始运行，定时器开始计时。参考程序如图3-50所示。

第二部分程序的内容为工业水洗机旋转动画的控制，当水洗机正转时，旋转数值不断加1；当水洗机反转时，旋转数值不断减1。参考程序如图3-51所示。

演示视频
"自动流程程序"
策略组态

```
IF 启动 = 1 THEN
    复位条件=0
    计时条件=1
ELSE
    复位条件=1
    计时条件=0
    正转=0
    反转=0
ENDIF
```

图3-50　自动流程程序的启动和停止程序

```
IF 正转=1  AND  反转=0 THEN
    旋转=旋转+1
    IF 旋转>=4 THEN
        旋转=1
    ENDIF
ENDIF
IF 反转=1  AND  正转=0 THEN
    旋转=旋转-1
    IF 旋转<=0 THEN
        旋转=3
    ENDIF
ENDIF
```

图3-51　旋转动画的控制程序

第三部分程序的内容为工业水洗机根据定时器的当前值运转于不同流程之间，当运行到单次流程结束时，循环次数自动加1。参考程序可扫描二维码查看。

（4）"定时器程序"策略

工业水洗机按流程的时间节点运行，所以首先要设置一个定时器。单击菜单栏中的"新增策略行"，通过策略工具箱添加脚本程序。在模拟调试开关打开的情况下，定时器需要时刻按照计时条件和复位条件来启停运行，因此将"定时器程序"策略的"表达式"设置为"模式=1 AND 模拟调试开关=1"，如图3-52所示。

源代码
自动流程程序
参考源代码

演示视频
"定时器程序"
策略组态

参考程序如图3-53所示。该程序的工作原理是：设定时间为定时器的最大极限值，当前值为定时器开始计时后的实时时间。当计时条件为1时，定时器开始工作；当计时条件为0时，定时器暂停工作。当复位条件为1时，当前值和计时状态均被复位，定时器恢复到初始状态；当复位条件为0时，定时器才能恢复工作。

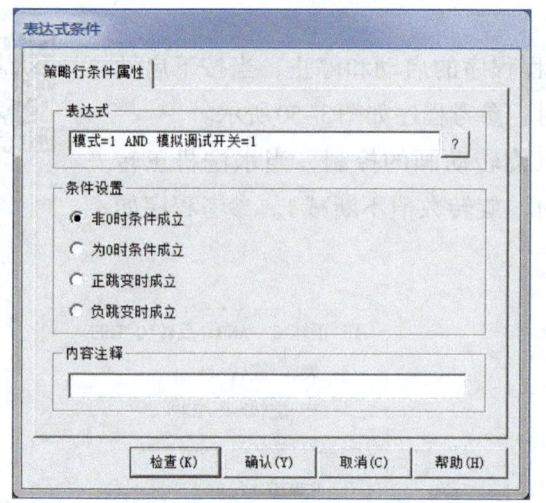

图3-52 "定时器程序"策略的策略行条件属性设置

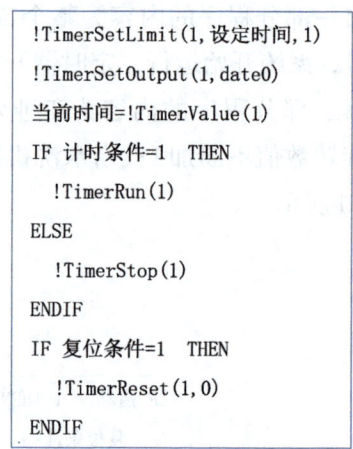

图3-53 定时器程序

4.运行调试

组态完成后,单击"工具"主菜单,选择"下载工程",依次选择"模拟运行"→"工程下载"→"启动运行",打开模拟调试开关,按下启动按钮,查看系统的运行情况,工业水洗机反转时的动作画面如图3-54所示。

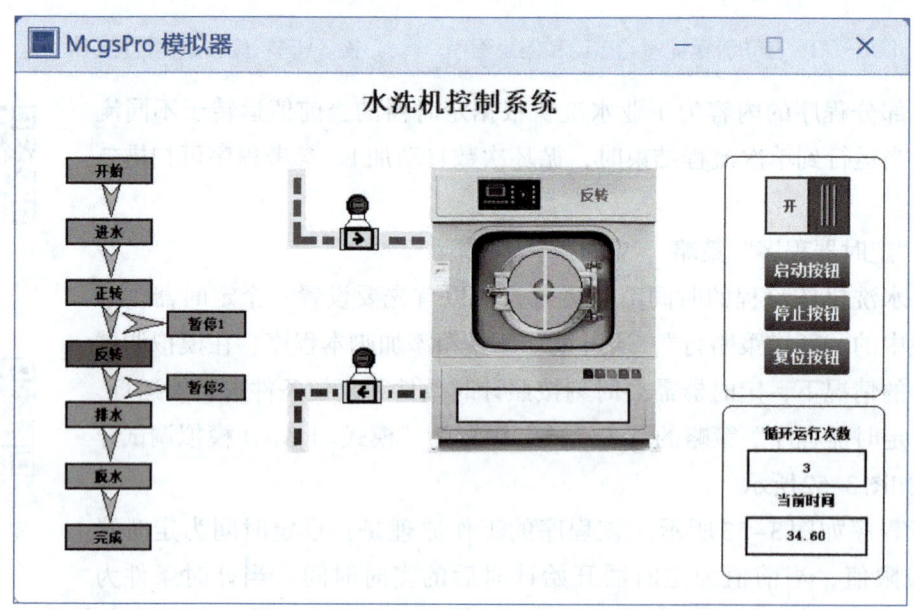

图3-54 工业水洗机反转时的动作画面

表3-6　任务评价表

评分表	＿＿＿＿学年	工作形式：□个人　□小组分工　□小组		评分		工作时间
任务	训练内容与分值	训练要求		学生自评	教师评分	
工业水洗机触摸屏设计与仿真	1. 工业水洗机数据建立（20分）	实时数据库中的数据名称建立正确（10分） 数据类型设置正确（10分）				
	2. 工业水洗机用户窗口设计（40分）	水洗机组态画面设置正确（10分） 静态及动画组态属性设置正确（20分） 与数据库数据连接设置正确（10分）				
	3. 脚本程序编写与调试（30分）	脚本程序编写正确（20分） 动画模拟运行正确（10分）				
	4. 职业素养与安全意识（10分）	现场安全保护；工具、器材、导线等处理操作符合职业要求（5分） 分工合作，配合紧密；遵守纪律，保持工位整洁（5分）				
	总分：100分	学生：　　　　　教师：　　　　　日期：				

任务二

工业水洗机触摸屏与数字孪生

🖥 任务描述

　　完成工业水洗机虚拟仿真后，编写PLC控制程序，设置变频器参数，控制电动机运行速度，同时工业水洗机的工作流程与触摸屏界面显示一致，实现数字孪生功能。本任务需设备硬件配合，若硬件条件不足，则可进入下一任务继续实施。

📖 任务分析

　　本任务将通过PLC编程设计，完成工业水洗机PLC程序；通过PLC程序下载及调试运行，完成工业水洗机的调试运行；通过触摸屏设备窗口设置与PLC联机，完成以太网的通信联机；通过变频器参数设置及调试，完成PLC与变频器的通信连接。

　　工业水洗机的PLC控制系统要能独立运行控制，需要通过触摸屏进行虚拟仿真系统与
PLC控制系统的切换，实现简单的数字孪生功能。

　　PLC控制系统的结构为：TPC7072Gi/Gt触摸屏连接三
菱FX5U系列PLC，PLC以网络通信方式驱动E740系列变
频器，控制工业水洗机波轮的三相异步交流电动机旋转，
液位信号为工业水洗机传感器检测信号。PLC控制系统的
结构框图如图3–55所示，PLC控制系统接线原理图如图
3–56所示。

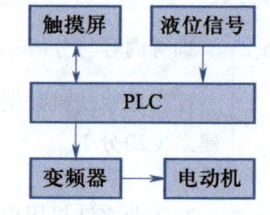

图3-55　PLC控制系统的结构框图

　　1. 设备窗口数据连接

　　PLC与触摸屏的连接变量表如表3–7所示。

　　2. PLC解决方案实施

　　模拟运行通过后，进入设备联机调试运行流程，本任务以TPC7072Gi/Gt触摸屏连接三
菱FX系列PLC为例，PLC解决方案如表3–8所示。

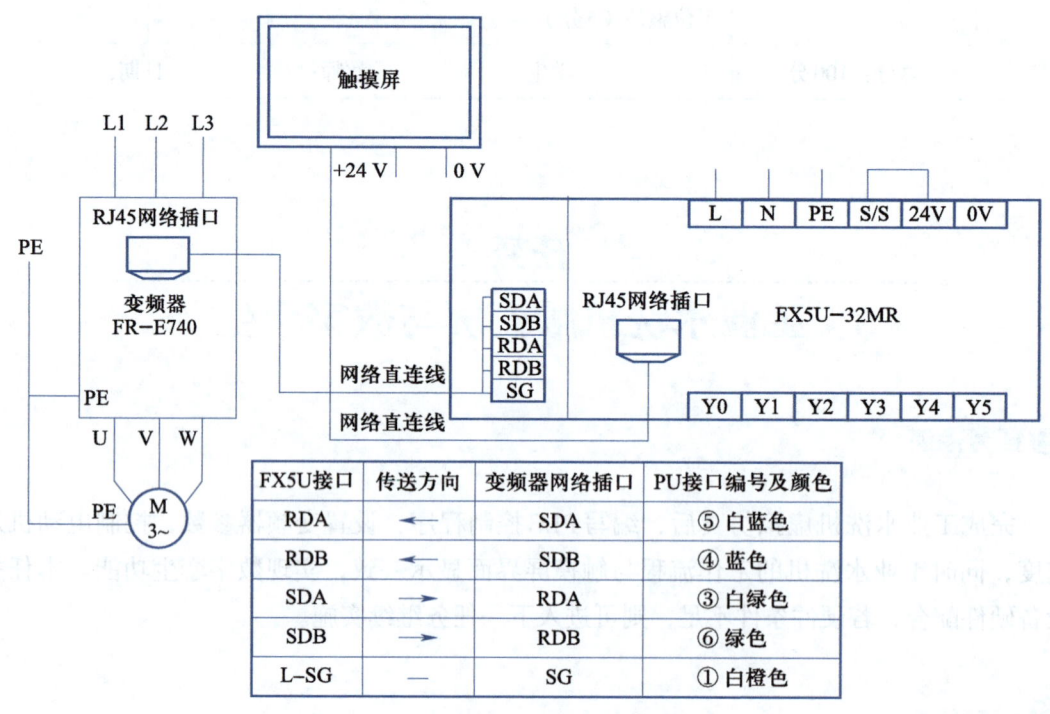

FX5U接口	传送方向	变频器网络插口	PU接口编号及颜色
RDA	←	SDA	⑤ 白蓝色
RDB	←	SDB	④ 蓝色
SDA	→	RDA	③ 白绿色
SDB	→	RDB	⑥ 绿色
L–SG	—	SG	① 白橙色

图3-56　PLC控制系统接线原理图

表 3-7　PLC 与触摸屏的连接变量表

数据内容	组态数据	PLC 数据	数据内容	组态数据	PLC 数据
启动、停止	启动	M0	循环次数	循环次数	D0
仿真和 PLC 切换	模拟调试开关	M1	循环	循环	D1
运行模式	模式	M2	洗涤转速	洗涤转速	D100
正转	正转	M5	脱水转速	脱水转速	D200
反转	反转	M7			

表 3-8　PLC 解决方案

序号	步骤
1	在设备窗口中，选择"通用 TCP/IP 父设备"
2	在设备窗口的 PLC 菜单中，选择"FX5-ETHERNET"
3	父设备在上，下面挂接子设备
4	设置通用 TCP/IP 父设备属性 | 设备属性名	设备属性值
网络类型	1 – TCP
服务器/客户设置	0 – 客户
本地 IP 地址	200. 200.200.190
本地端口号	0
远程 IP 地址	200. 200.200.12
远程端口号	4999	
5	设备通道连接

序号	步骤
6	PLC程序的编写 工业水洗机PLC测试程序参考源代码
7	变频器参数设置（变频器选择网络通信模式） 参见下表

变频器参数设置表：

参数号	参数名称	设置值
P117	PU通信站号	1
P118	PU通信速率	96
P119	PU通信停止位长	10
P120	PU通信奇偶校验	2
P121	PU通信再试次数	9999
P122	PU通信校验时间间隔	9999
P123	PU通信等待时间设定	9999
P340	通信启动模式选择	10
P549	协议选择	0

序号	步骤
8	PLC输入、输出线路连接

PLC输入、输出线路连接表：

FX5U接口	传送方向	变频器网络接口	PU接口编号及颜色
RDA	←	SDA	⑤白蓝色
RDB	←	SDB	④蓝色
SDA	→	RDA	③白绿色
SDB	→	RDB	⑥绿色
L-SG	—	SG	①白橙色

序号	步骤
9	分别下载触摸屏和PLC程序，完成联机调试

演示视频
变频器与PLC
网络通信线的
制作

3. 运行调试

组态完成后，单击"工具"主菜单，选择"下载工程"，依次选择"模拟运行"→"工程下载"→"启动运行"，打开模拟调试开关，按下启动按钮，查看触摸屏与PLC控制系统的实际运行情况。

表3-9　任务评价表

评分表 ＿＿＿＿＿学年		工作形式：□个人　□小组分工　□小组	评分		工作时间
任务	训练内容与分值	训练要求	学生自评	教师评分	
工业水洗机触摸屏与数字孪生	1. 工业水洗机窗口组态设计（20分）	触摸屏设备窗口设置正确（10分） 设备窗口数据关联正确（10分）			
	2. PLC程序设计（20分）	PLC程序编写正确（20分）			
	3. 触摸屏与PLC连接（30分）	触摸屏与PLC硬件连接正确（10分） PLC与变频器连接正确（10分） 变频器参数正确（5分） PLC联机调试正确（5分）			
	4. PLC程序运行调试（20分）	触摸屏显示数据与PLC通信正常（10分） 触摸屏界面与PLC动作关联正常（10分）			
	5. 职业素养与安全意识（10分）	现场安全保护；工具、器材、导线等处理操作符合职业要求（5分） 分工合作，配合紧密；遵守纪律，保持工位整洁（5分）			
总分：100分		学生：　　　　　教师：		日期：	

任务三
工业水洗机远程监控

📋 **任务描述**

　　根据客户要求，工业水洗机系统需实现触摸屏组态界面远程下载、远程监控调试、PLC程序远程下载调试，以及手机端和计算机端远程监控的功能。

📖 **任务分析**

　　本任务将使用Wi-Fi版物联网触摸屏，通过MCGS调试助手的连接，完成设备数据的远程连接。利用MCGS调试助手设置参数，实现三菱PLC串口远程穿透下载，并利用手机、计算机等远程监控工业水洗机。

源代码
工业水洗机
控制系统触摸屏
源代码

1. Wi-Fi 版触摸屏设置

触摸屏上电后，在进入运行画面前，连续点击触摸屏面板，最后点击"系统参数设置"按钮，如图3-57所示，进入"系统参数设置"界面。点击进入"TPC系统设置"对话框，切换到"网络"选项卡，在"网卡"中选择"Wi-Fi"选项，然后点击"配置"按钮，如图3-58所示。

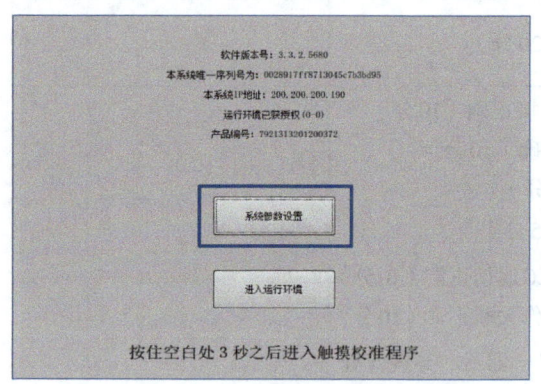

图3-57　点击"系统参数设置"按钮

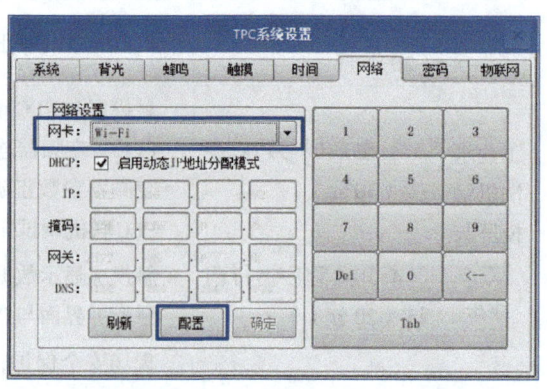

图3-58　"TPC系统设置"对话框

进入"Wi-Fi配置"对话框，在"使能"下拉列表框中选择"启用"选项，在"SSID"下拉列表框中选择要连接的无线网络名称，然后输入密码，点击"连接"按钮，如图3-59所示。连接成功后，"状态"由"未连接"变成"已连接"，然后关闭"Wi-Fi配置"对话框。返回"TCP系统设置"对话框，切换到"物联网"选项卡，设置好"服务地址""设备名称""用户名""密码"和"VNC密码"，设置完成后点击"确定"按钮，再点击"上线"按钮，如图3-60所示，触摸屏联网功能设置完成（4G版触摸屏可以参照设置）。

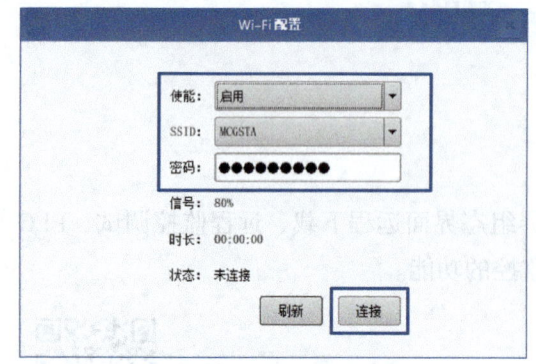

图3-59　无线网络连接设置

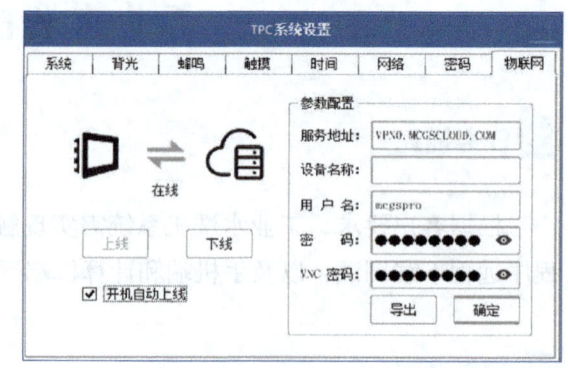

图3-60　触摸屏联网功能设置

2. 手机远程监控

（1）手机端安装

在安卓系统的手机端上安装"MCGS调试助手_V1.5.apk"文件，如图3-61所示。安装时，必须在手机权限设置处允许软件后台运行VPN，VPN的App在部分手机界面上可能不会显示。安装成功后，手机端会生成3个软件，如图3-62所示。

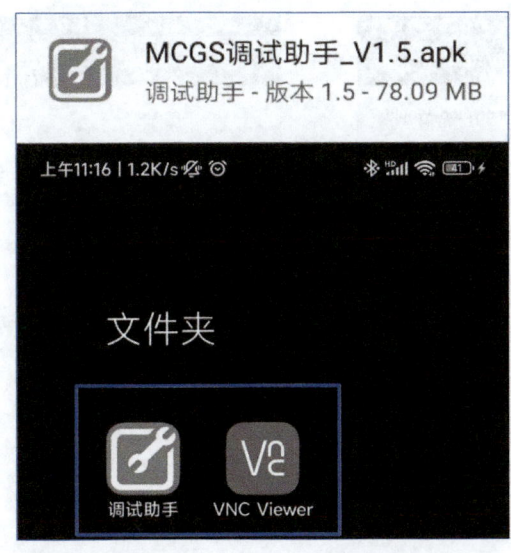

图3-61　MCGS调试助手

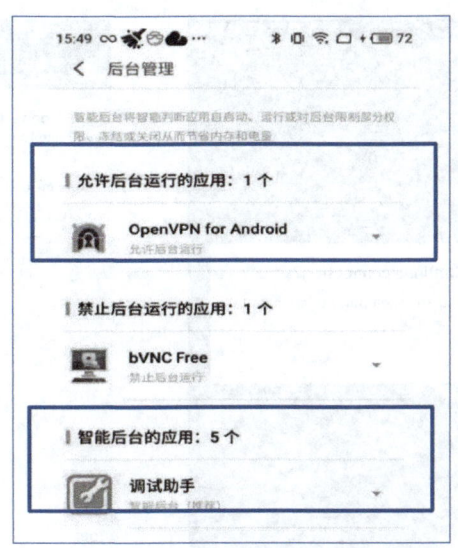

图3-62　手机端软件

（2）手机端调试

打开手机上的"调试助手"App，选择"远程调试"功能，填写账号和密码后登录，如图3-63所示。账号和密码根据触摸屏中设置的参数填写，参考图3-60。

登录后，根据设备名称找到设备，点击左下角的"联机"按钮进行联机，联机成功后，点击"VNC"按钮进入相应界面，如图3-64所示。

演示视频
MCGS调试助手
的使用

图3-63　账号登录

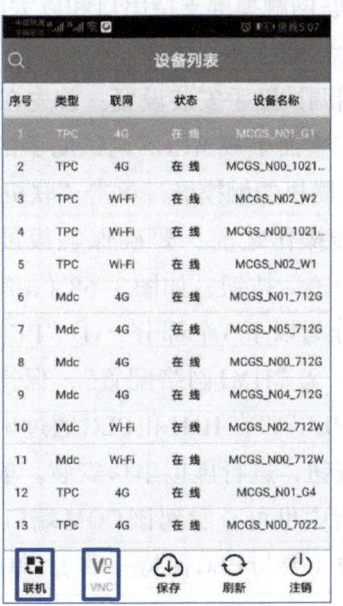

图3-64　联机和VNC

进入VNC时，若弹出对话框，则点击"OK"按钮继续，如图3-65和图3-66所示。在图3-67所示界面中，输入图3-60中设置的VNC密码。

图3-65　VNC对话框

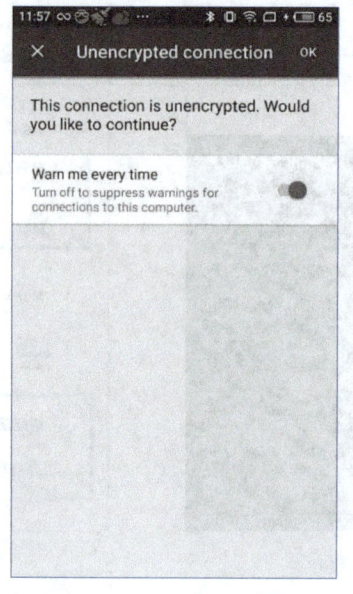

图3-66　VNC进入提示

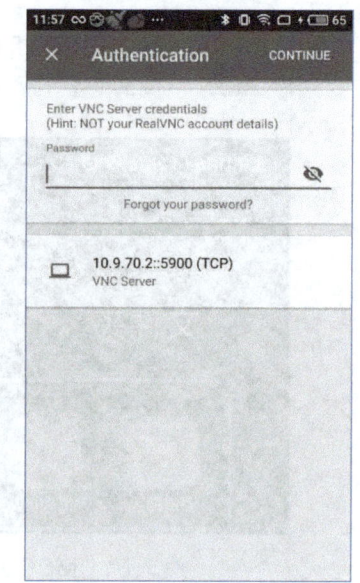

图3-67　输入VNC密码

3. 三菱PLC串口远程穿透

MCGS 物联网触摸屏配合MCGS调试助手（计算机端），可实现远程穿透功能，即实现远程PLC的固件更新、程序上传/下载、程序监控，以及HMI的远程模拟运行，同一网络内HMI的远程上传、下载及监视等。通过一系列的远程操作，远程穿透功能大大节约了客户设备的运维成本。

MCGS物联网触摸屏支持串口和以太网两种远程穿透方式。下面以三菱FX3U PLC为例，实现串口的远程穿透。

计算机端调试助手安装设置：首先在计算机上安装好"MCGS调试助手"应用程序，安装完成后，在桌面生成MCGS调试助手的快捷方式，双击进入软件。输入账号和密码后登录，选择需要联机的触摸屏，单击"联机"按钮，进入联机状态。

进行穿透操作之前，要确保触摸屏和PLC已通过编程口进行连接。设备联机成功后，单击"穿透"按钮，如图3-68（a）所示。弹出"串口穿透"对话框，如图3-68（b）所示，主要分为以下3个部分：①"PC<->HMI"，用于安装及卸载虚拟串口，可查看虚拟串口编号；②"HMI网络配置"，保持默认即可，与MCGS调试助手中的内网IP一致；③"HMI<->PLC"，在HMI和PLC通过串口穿透时，通信参数设置要和PLC保持一致。单击"安装"按钮，进行虚拟串口安装。安装完成后，会显示出虚拟串口的编号，在计算机的设备管理器中也可查看到该COM端口。选择HMI和PLC之间物理连接的串口编号，设置好通信参数（要与PLC保持一致），单击"开启穿透"按钮，等待穿透开启成功。

(a)

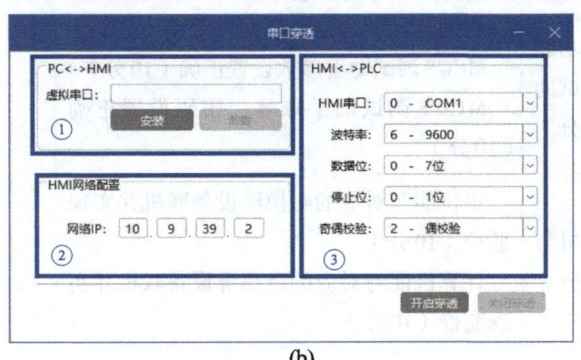

(b)

演示视频
MCGS调试助手
远程穿透下载
PLC程序

图3-68　穿透设置

　　穿透成功后，打开三菱PLC编程软件，连接目标设置窗口，按照图3-69所示步骤设置好虚拟串口的端口号，并单击"确定"按钮。单击"通信测试"按钮，如果通信测试成功，后续即可在三菱PLC编程软件中进行程序的上传、下载和监控等远程操作。

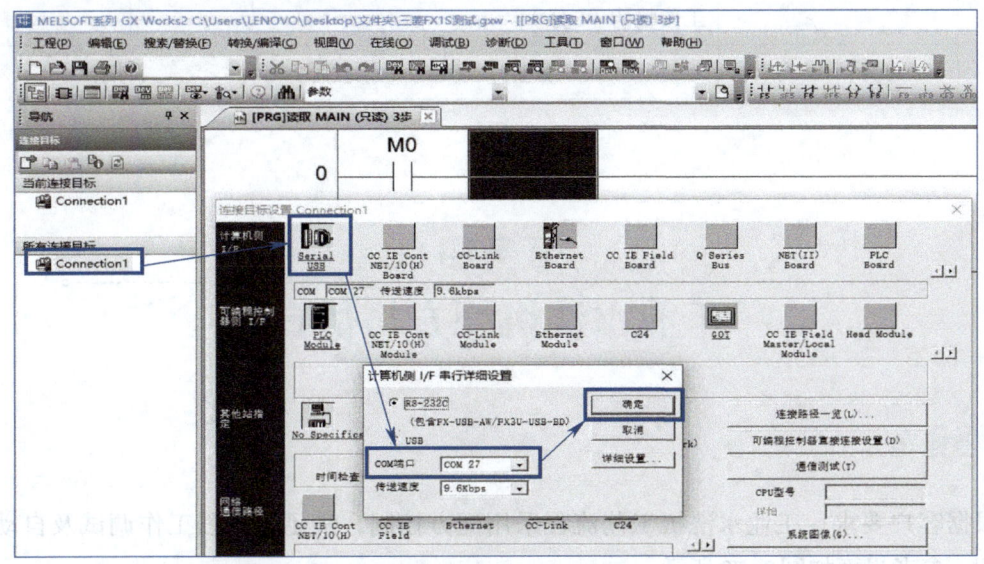

图3-69　PLC参数设置

✎ 任务评价（表3-10）

表3-10 任务评价表

评分表	_____学年	工作形式：□个人　□小组分工　□小组	评分		工作时间
任务	训练内容与分值	训练要求	学生自评	教师评分	
工业水洗机远程监控	1. App程序和计算机软件安装（20分）	在手机上安装MCGS调试助手App程序（10分） 在计算机上安装MCGS调试助手软件（10分）			
	2. 触摸屏网络功能连接和MCGS调试助手参数设置（30分）	触摸屏4G或Wi-Fi联网正常（10分） MCGS调试助手参数设置正确（10分） MCGS调试助手账号、密码设置正确（10分）			
	3. 手机、计算机与触摸屏联机（20分）	手机能与对应的触摸屏设备联机并实现监控（10分） 计算机能与对应的触摸屏设备联机并实现监控（10分）			
	4. 网络穿透下载（20分）	PLC虚拟端口设置正确（10分） PLC能远程穿透下载程序，并进行监控调试（10分）			
	5. 职业素养与安全意识（10分）	现场安全保护；工具、器材、导线等处理操作符合职业要求（5分） 分工合作，配合紧密；遵守纪律，保持工位整洁（5分）			
	总分：100分	学生：　　　　　教师：		日期：	

任务四

工业水洗机配方与仿真

▤ 任务描述

根据客户要求，工业水洗机工艺流程采用配方控制，满足多流程工作调试及自动化智能管理，参考界面如图3-70所示。

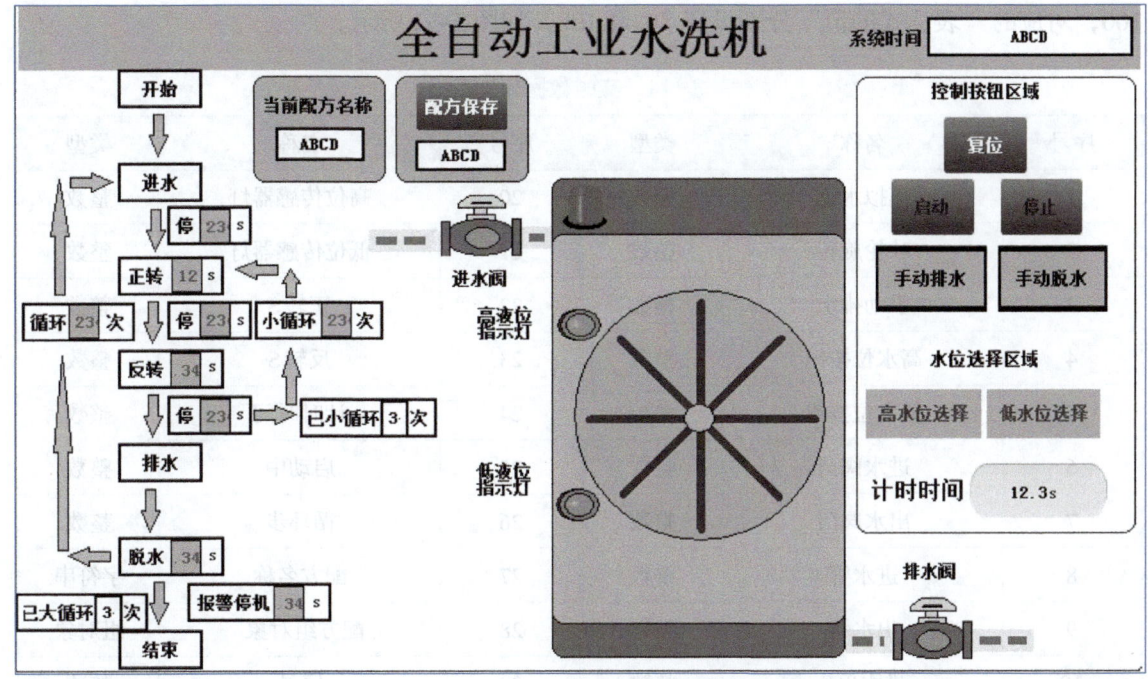

图3-70　全自动工业水洗机界面

任务分析

本任务中，工业水洗机的工作流程为多流程形式，在工艺流程中需要使用较多的配方参数，为了调用和存储这些配方数据，需要在触摸屏中设定一组配方数据库，再通过触摸屏上的配方切换和调用功能键以及调用函数等方法，来实现对触摸屏中配方的命名、创建、保存和加载等功能，实现复杂流程中多个关键配方数据的调用、存储及切换，满足任务设定的多流程工作要求。

任务实施

1. 实时数据库组态

在实时数据库中新建变量，变量名称和类型参考表3-11。

2. 用户窗口组态

① 工业水洗机外形：从工具箱中选择"圆角矩形"工具，绘制一大一小两个矩形框，重叠在一起，形成工业水洗机的外壳。

② 波轮：从工具箱中选择"椭圆"工具，绘制两个重叠的圆，双击最上面的圆，选择"大小变化"选项卡，将"变化方向"设置为从下往上的箭头，"变化方式"设置为"剪切"，"表达式"设置为"模拟水位"，"最小变化百分比"和"最大变化百分比"分别设置为0和

100，对应的"表达式的值"分别设置为0和100，如图3-71所示。

表3-11　实时数据库变量表

序号	名称	类型	序号	名称	类型
1	模拟水位	整数	20	高位传感器灯	整数
2	叶轮旋转	整数	21	低位传感器灯	整数
3	手动排水	整数	22	正转S	整数
4	高水位按钮	整数	23	反转S	整数
5	低水位按钮	整数	24	计时时间	整数
6	进水阀门	整数	25	启动中	整数
7	出水阀门	整数	26	循环步	整数
8	进水管	整数	27	配方名称	字符串
9	出水管	整数	28	配方组对象*	组对象
10	进水停S	整数	29	序号	整数
11	正转停S	整数	30	当前配方名称	字符串
12	反转停S	整数	31	小循环控制	整数
13	脱水S	整数	32	大循环控制	整数
14	小循环次	整数	33	自动排水标志	整数
15	大循环次	整数	34	手动排水标志	整数
16	当前小循环次	整数	35	自动排水完成	整数
17	当前大循环次	整数	36	手动脱水	整数
18	报警停机S	整数	37	手动脱水标志	整数
19	报警灯	整数	38	自动脱水标志	整数

注：配方组对象存盘周期为10 000 ms。

从工具箱中选择"直线"工具，绘制4根直线，成"米"字形排列，4根直线均选择"可见度"动画，"表达式"分别设置为"叶轮旋转=1、2、3、4"，如图3-72所示。

③ 阀体：在工具箱中单击"插入元件"按钮，选择"公共图库"中的"阀116"，绘制一进一出两个电磁阀，将进水阀的"表达式"设置为"进水阀门"，如图3-73所示。将出水阀的"表达式"设置为"出水阀门"。

④ 进水管和出水管：在工具箱中单击"流动块"按钮，把阀体和工业水洗机连接起来。在进水管的"流动属性"选项卡下，将"表达式"设置为"进水管"，如图3-74所示。在出水管的"流动属性"选项卡下，将"表达式"设置为"出水管"。

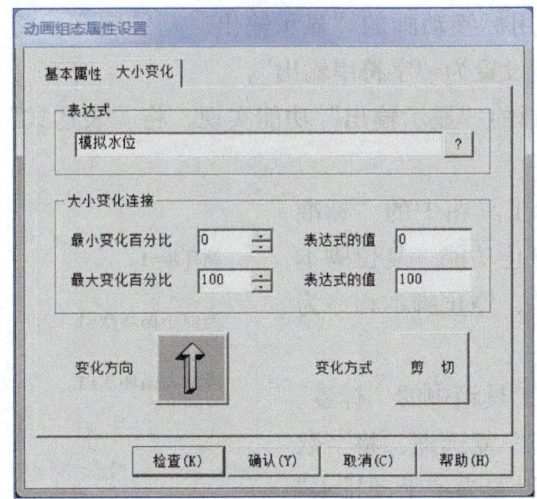

图3-71　波轮的大小变化设置

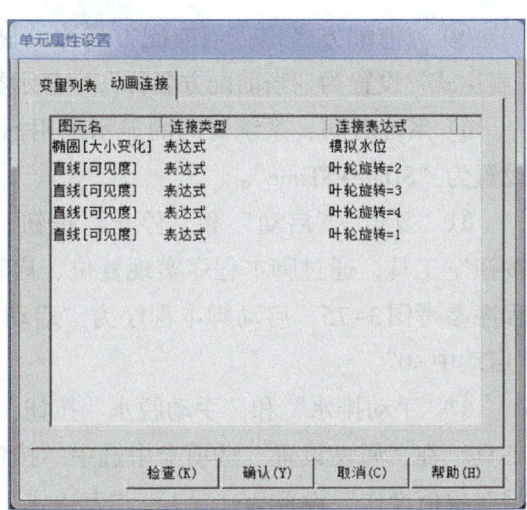

图3-72　波轮的动画连接设置

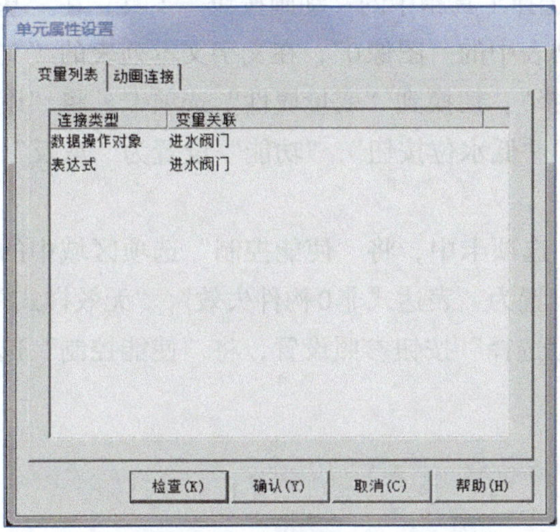

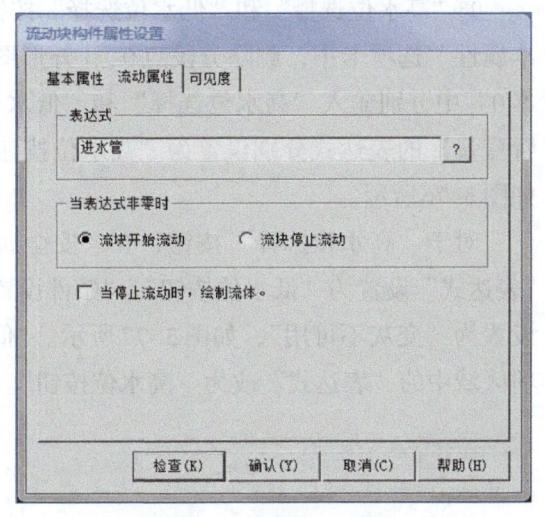

图3-73　进水阀的变量列表设置

图3-74　进水管的流动属性设置

⑤ 高、低液位指示灯：在"公共图库"中选择"指示灯3"，绘制高、低液位指示灯，将"表达式"分别设置为"高位传感器灯"和"低位传感器灯"。

⑥ 报警灯：在"公共图库"中选择"指示灯11"，绘制一个报警灯，将"表达式"设置为"报警灯"。

⑦ 流程图：流程图均使用"标签"工具绘制，设定的时间采用"输入框"工具绘制。将进水后停止时间的"表达式"设置为"进水停S"，正转时间的"表达式"设置为"正转S"，正转后停止时间的"表达式"设置为"正转停S"，反转时间的"表达式"设置为"反转S"，反转后停止时间的"表达式"设置为"反转停S"，小循环次数的"表达式"设置为"小循环次"，脱水时间的"表达式"设置为"脱水S"，报警停机的"表达式"设置为"报警停机S"。

⑧ 大、小循环次数：大、小循环次数的显示采用标签动画的"显示输出"功能实现，将"表达式"分别设置为"当前小循环次"和"当前大循环次"。

⑨ 当前配方名称：当前配方名称的显示采用标签动画的"显示输出"功能实现，将"表达式"设置为"当前配方名称"，"显示类型"设置为"字符串输出"。

⑩ 系统时间：系统时间的显示采用标签动画的"显示输出"功能实现，将"表达式"设置为"$Date+$Time"。

⑪ "复位""启动"和"停止"按钮：选择工具箱中的"标准按钮"工具，通过脚本程序实现复位、启动和停止功能。复位脚本程序参考图3-75，启动脚本程序为"启动中=1"，停止脚本程序为"启动中=0"。

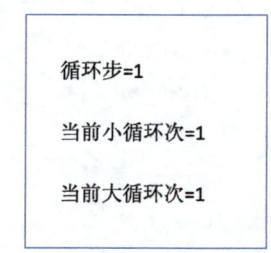

循环步=1

当前小循环次=1

当前大循环次=1

图3-75 复位脚本程序

⑫ "手动排水"和"手动脱水"按钮：选择工具箱中的"标签"工具，在"属性设置"选项卡中选中"按钮动作"复选框，将"数据对象值操作"设置为"置1"，"表达式"分别设置为"手动排水"和"手动脱水"。

⑬ "高水位选择"和"低水位选择"按钮：选择工具箱中的"动画按钮"工具，在"基本属性"选项卡中，删除分段点0、1外形图像列表中的"图像0"，在文字文本列表的"文本0"中分别输入"高水位选择"和"低水位选择"。切换到"变量属性"选项卡，将"设置变量"的表达式分别设置为"高水位按钮"和"低水位按钮"，"功能"设置为"取反"，如图3-76所示。

对于"高水位选择"按钮，在"安全属性"选项卡中，将"使能控制"选项区域中的"表达式"设置为"低水位按钮"，"条件设置"设置为"表达式非0构件失效"，"无效样式"设置为"变灰不可用"，如图3-77所示。"低水位选择"按钮参照设置，将"使能控制"选项区域中的"表达式"改为"高水位按钮"。

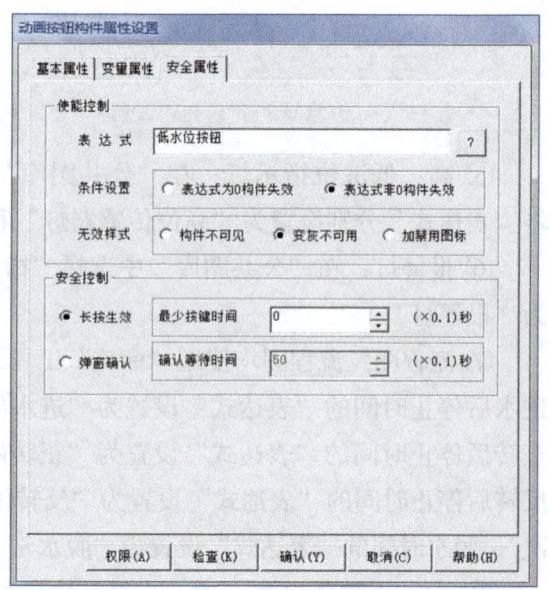

图3-76 "高水位选择"按钮的变量属性设置　　　图3-77 "高水位选择"按钮的安全属性设置

⑭ 计时时间：计时时间的显示通过标签动画的"显示输出"功能实现，将"表达式"设置为"计时时间"。

⑮ 配方：

配方组对象设置：在实时数据库中打开"配方组对象"，在"存盘属性"选项卡中，选中"定时存储到磁盘（永久存储）"单选按钮，如图3-78所示。增加的组对象成员如图3-79所示。

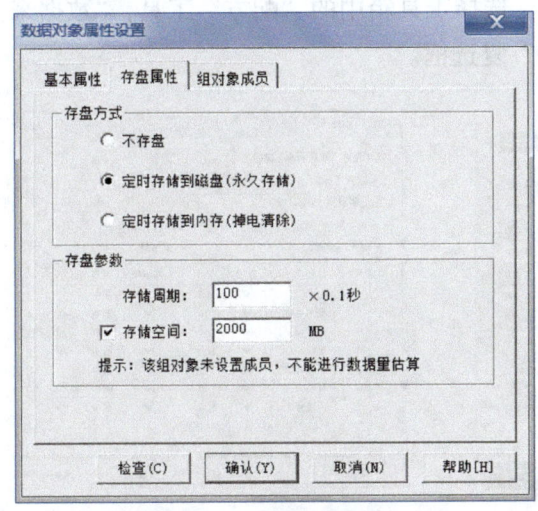

图3-78　存盘属性设置　　　　　　　　　　图3-79　增加的组对象成员

单击菜单栏中的"工具"→"配方组态设计"选项，打开配方组态设计窗口，单击"新增一个配方组"按钮，增加9行配方，配方连接的变量如图3-80所示。

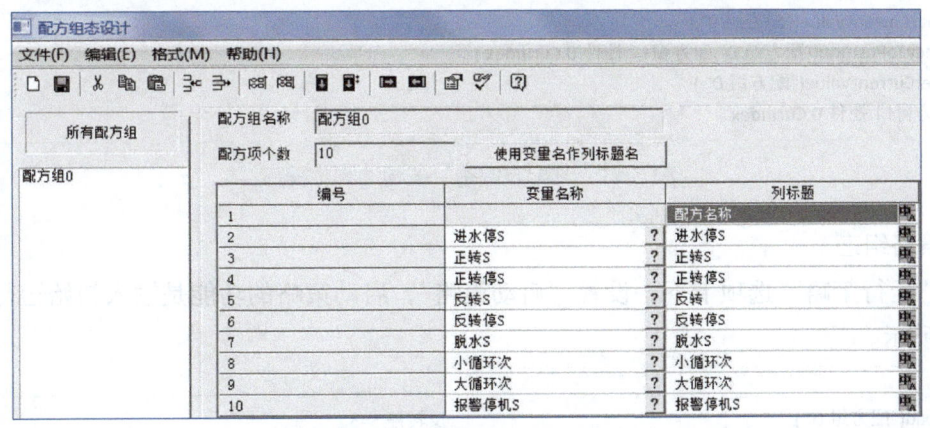

图3-80　配方连接的变量

"配方设置"按钮：其功能通过脚本程序实现，脚本程序参考图3-81。

"配方保存"输入框：采用工具箱中的"输入框"工具，将表达式设置为"配方名称"，"数据类型"设置为"字符串"。

"配方保存"按钮：其功能通过脚本程序实现，脚本程序参考图3-82。

```
!LogOn( )
IF 0=!CheckUserGroup("管理员组" ) THEN
        用户窗口.配方窗口.Open( )
ELSE
        EXIT
ENDIF
```

图3-81 "配方设置"按钮的脚本程序

```
'!RecipeSetName("配方组 0",配方名称 )
'组对象返回值=!RecipeGetValueFrom("配方组 0",
         配方组对象 )
'!RecipeAddNew( )
!RecipeAddAt("配方组 0",配方名称,配方组对象 )
```

图3-82 "配方保存"按钮的脚本程序

"配方窗口"画面：配方窗口如图3-83所示。选择工具箱中的"配方"工具，"数据来源"选项卡的设置如图3-84所示，选中"全编辑"复选框。

序号	配方名称	进水停S	正转S	正转停S	反转	反转停S	脱水S
0	name	0	0.000	0	0.000	0	0.000
1	name	0	0.000	0	0.000	0	0.000
2	name	0	0.000	0	0.000	0	0.000
3	name	0	0.000	0	0.000	0	0.000
4	name	0	0.000	0	0.000	0	0.000
5	name	0	0.000	0	0.000	0	0.000
6	name	0	0.000	0	0.000	0	0.000
7	name	0	0.000	0	0.000	0	0.000
8	name	0	0.000	0	0.000	0	0.000
9	name	0	0.000	0	0.000	0	0.000
10	name	0	0.000	0	0.000	0	0.000
11	name	0	0.000	0	0.000	0	0.000

配方调用   返 回

图3-83 配方窗口

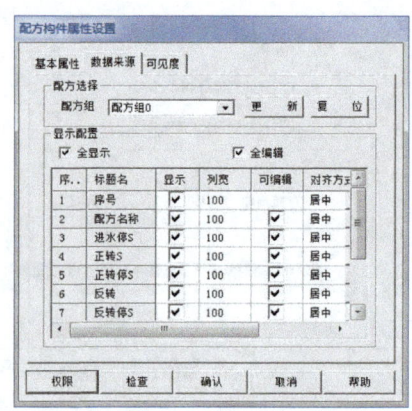

图3-84 配方的数据来源设置

"配方调用"按钮：其功能通过脚本程序实现，脚本程序参考图3-88。

```
'RecipeSetValueTo( "配方组 0",配方组对象)
'!RecipeGetCurrentValue("配方组 0" )
!RecipeSeekToPosition("配方组 0",配方窗口.控件 0.CurIndex )
!RecipeGetCurrentValue("配方组 0" )
序号=配方窗口.控件 0.CurIndex
```

图3-85 "配方调用"按钮的脚本程序

3. 策略组态

在"运行策略"选项卡下，设置"启动策略"，启动策略的功能是输入初始运行值，如图3-86所示。

```
!RecipeLoad("配方组 0" )          反转停 S=3
当前小循环次=0                    脱水 S=3
当前大循环次=0                    报警停机 S=6
进水停 S=3                        小循环次=2
正转 S=3                          大循环次=2
正转停 S=3                        循环步=1
反转 S=3                          叶轮旋转=1
```

图3-86 启动策略的脚本程序

设置"后台任务"，后台任务按200 ms循环，功能是通过脚本保持配方运行，脚本程序参考图3-87。

```
当前配方名称=配方窗口.控件0.GetName( )
```

图3-87　后台任务的脚本程序

主循环程序为循环策略，循环时间为200 ms，脚本程序可扫描二维码查看。

小循环、大循环策略均为事件策略，其属性设置分别如图3-88和图3-89所示。小循环策略的脚本程序如图3-90所示，大循环策略的脚本程序如图3-91所示。

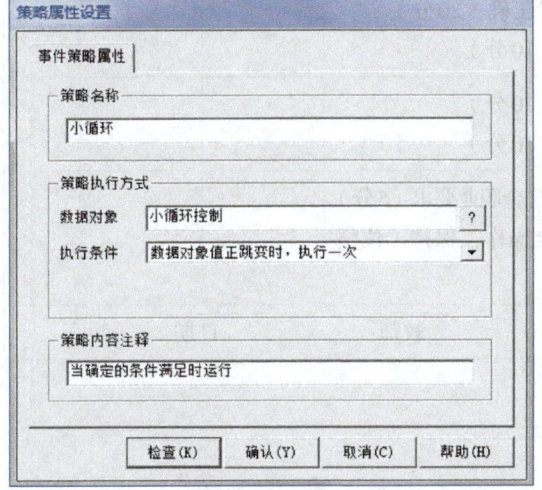

图3-88　小循环策略的事件策略属性设置

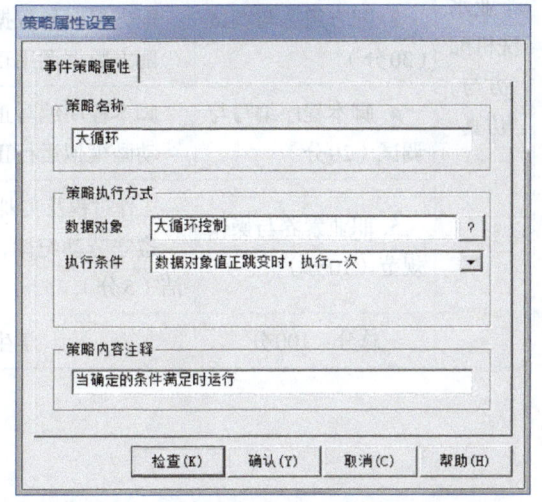

图3-89　大循环策略的事件策略属性设置

```
当前小循环次=当前小循环次+1
```

图3-90　小循环策略的脚本程序

```
当前大循环次=当前大循环次+1
```

图3-91　大循环策略的脚本程序

任务评价（表3-12）

表3-12　任务评价表

评分表 _____学年		工作形式：□个人　□小组分工　□小组	评分		工作时间
任务	训练内容与分值	训练要求	学生自评	教师评分	
工业水洗机配方与仿真	1. 工业水洗机数据建立（10分）	实时数据库中的变量名称建立正确（5分） 数据类型设置正确（5分）			
	2. 工业水洗机用户窗口设计（30分）	工业水洗机组态画面设置正确（10分） 静态及动画组态属性设置正确（10分） 组态数据库数据连接设置正确（10分）			
	3. 配方组态与调试（30分）	配方组对象数据设置正确（20分） 配方数据调用正确（10分）			
	4. 脚本程序编写与调试（20分）	脚本程序编写正确（10分） 动画模拟运行正确（10分）			
	5. 职业素养与操作规范（10分）	工作过程及实训操作符合职业要求（5分） 遵守劳动纪律，安全操作，保持工位整洁（5分）			
总分：100分		学生：　　　　　　教师：		日期：	

任务五
工业水洗机PLC联网及配方实现

任务描述

工业水洗机通过PLC配方数据控制流程，并能实时监控工作状态。本任务需设备硬件配合，若硬件条件不足，则可进入下一任务继续实施。

任务分析

本任务将设计多流程工业水洗机的PLC程序控制及PLC配方存储的方法，实现PLC控制器中配方数据的一键存储及一键读写调用功能。同时，需要实现触摸屏中运行画面与PLC运行数据间的简易数字孪生调试功能。PLC的配方数据一键存储功能是指将多个不同的运行数据即配方数值从触摸屏批量写入PLC的连续存储地址中。同时，也可以把PLC中存储的一段配方数据一起读出，在触摸屏上进行编辑和显示，实现配方数据的一键读写调用功能。

任务实施

多流程工业水洗机的PLC控制系统要能独立运行控制，需要通过触摸屏进行虚拟仿真系统与PLC控制系统的切换，实现简单的数字孪生功能。

PLC控制系统的结构为：TPC7072Gi/Gt触摸屏连接三菱FX5U系列PLC，PLC通过网络通信方式驱动E740系列变频器，实现工业水洗机波轮电机的旋转控制，液位信号为高、低液位传感器检测信号。PLC控制系统的结构框图如图3-92所示，PLC控制系统接线原理图参考图3-56。

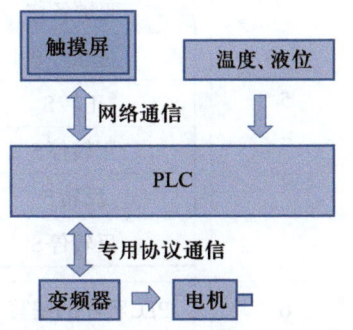

图3-92　PLC控制系统的结构框图

1. 设备窗口数据连接

在设备窗口中建立数据连接，PLC与触摸屏的连接变量表如表3-13所示。

表3-13　PLC与触摸屏的连接变量表

数据内容	组态数据	PLC数据	数据内容	组态数据	PLC数据
进水时间	进水停S	D1000	脱水时间	脱水S	D1010
正转时间	正转S	D1002	报警停机时间	报警停机S	D1012
正转暂停时间	正转停S	D1004	小循环次数	小循环次	D1014
反转时间	反转S	D1006	大循环次数	大循环次	D1016
反转暂停时间	反转停S	D1008			

2. PLC解决方案实施

模拟运行通过后，进入设备联机调试运行流程，本任务以TPC7072Gi/Gt触摸屏连接三菱FX5U系列PLC为例，PLC解决方案如表3-14所示。

表3-14　PLC解决方案

序号	步骤
1	在设备窗口中，选择"通用TCP/IP父设备"
2	在设备窗口的PLC菜单中，选择"FX5-ETHERNET"
3	父设备在上，下面挂接子设备 □ 通用TCPIP父设备0--[通用TCP/IP父设备] 　　设备0--[FX5_ETHERNET]

序号	步骤
4	设置通用TCP/IP父设备属性（参考任务二表3-8）
5	设备通道连接

变量名称	通道名称	变量名称	通道名称
进水停S	D1000	脱水S	D1010
正转S	D1002	报警停机S	D1012
正转停S	D1004	小循环次	D1014
反转S	D1006	大循环次	D1016
反转停S	D1008		

序号	步骤
6	PLC程序的编写（参考任务二表3-8）
7	变频器参数设置（参考任务二表3-8）
8	模拟量模块：自带模拟量输入接口
9	分别下载触摸屏和PLC程序，完成联机调试

任务评价（表3-15）

表3-15 任务评价表

评分表 _____ 学年		工作形式：□个人 □小组分工 □小组	评分		工作时间
任务	训练内容与分值	训练要求	学生自评	教师评分	
工业水洗机PLC联网及配方实现	1. 设备窗口设计（20分）	触摸屏设备窗口设置正确（10分） 设备窗口数据关联正确（10分）			
	2. PLC程序设计（30分）	PLC程序编写正确（20分） PLC配方设计正确（10分）			
	3. 触摸屏与PLC连接（20分）	触摸屏与PLC硬件连接正确（10分） PLC程序下载正确（10分）			
	4. PLC程序运行调试（20分）	触摸屏显示数据与PLC通信正常（10分） 触摸屏配方显示与PLC数据关联正常（10分）			
	5. 职业素养与安全意识（10分）	现场安全保护；工具、器材、导线等处理操作符合职业要求（5分） 分工合作，配合紧密；遵守纪律，保持工位整洁（5分）			
	总分：100分	学生： 教师： 日期：			

工业水洗机物联网云平台远程监视

任务描述

根据客户要求，工业水洗机运行数据能上云，并能通过物联网云平台实现设备的远程监视。

任务分析

本任务中，需要通过物联网McgsIoT平台远程下载更新多流程工业水洗机触摸屏运行界面，同时能实现多流程工业水洗机触摸屏运行界面的远程监控调试，最后通过手机上的"物联助手"App或计算机上安装的"MCGS物联助手"应用程序实现对触摸屏的绑定，并通过物联网McgsIoT平台实现VNC远程监控及PLC程序的远程穿透下载功能。

任务实施

1. 触摸屏配置

触摸屏系统配置：触摸屏上电启动读条时，点击屏幕进入系统，切换到"物联网"选项卡，如图3-93所示。将"服务地址"设置为"iot3.mcgs.show"（支持域名和IP地址）；"设备名称"设置为空白，即服务器为McgsIoT时无设备名称；"用户名"设置为McgsIoT服务器登录用户名；"密码"设置为McgsIoT服务器登录密码。

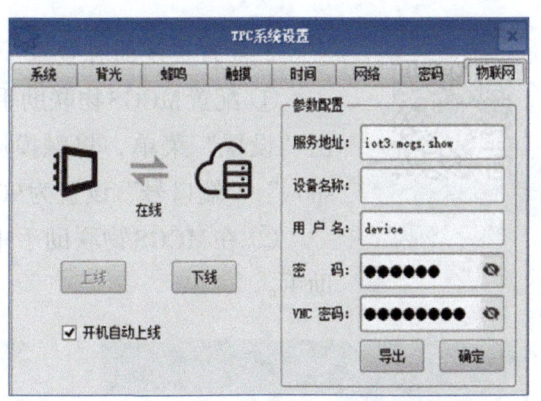

图3-93 触摸屏系统配置

在触摸屏组态软件中打开设备窗口，新建McgsIoT驱动，配置如图3-94所示。通过该驱动设备，可以把物联网触摸屏设备本体的信息数据均显示到触摸屏上。服务地址：物联网触摸屏连接的域名或IP地址。端口号：默认为25000，不可修改。设备名称：若连接的服务器为McgsIoT，则设备名称为空白。用户名：登录McgsIoT服务器时使用的用户名。密码：登录McgsIoT服务器时需要输入的密码。设备编号：物联网触摸屏产品后盖的编号，与设备密钥一起作为添加设备的必要信息。设备密钥：个人计算机绑定物联网触摸屏设备时，设备密钥作为添加设备的必要信息。经纬度：屏端上传到云端，地图可根据经纬度显示不同的位置。设备二维码：用二维码构件显示，手机端

演示视频
McgsIoT组态设置

配套软件
McgsPro_McgsIoT驱动

扫描该二维码，可以在手机App上绑定该触摸屏设备。

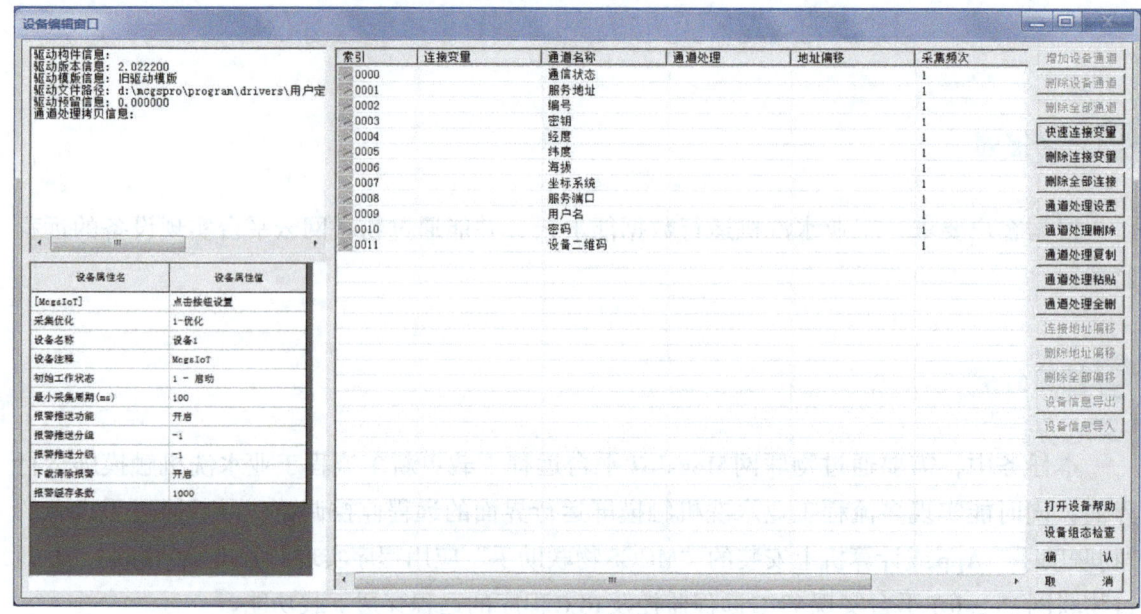

图3-94　McgsIoT驱动配置

配套软件
MCGS物联
助手

2. 配置、注册和登录

① 配置MCGS物联助手。在计算机上打开"MCGS物联助手"软件，单击"设置"菜单，将触摸屏连接的"服务器IP/域名"设置为"iot.mcgsc.show"，"端口号"设置为9060，如图3-95所示。

② 在MCGS物联助手中注册账号，如图3-96所示，再登录MCGS物联助手。

图3-95　设置连接IP

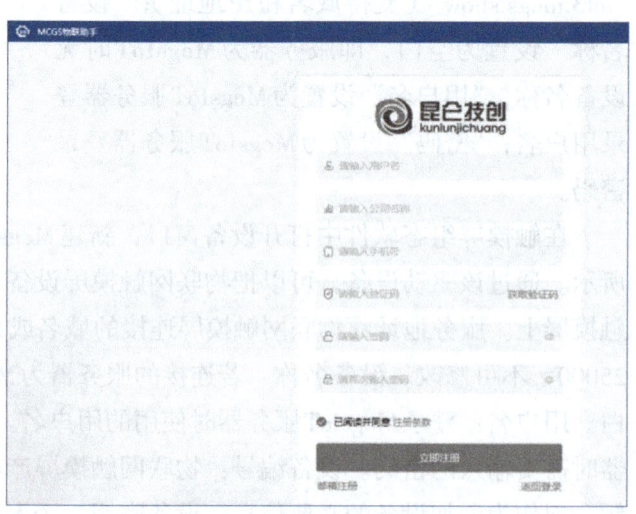

图3-96　注册账号和密码

3. 远程运维操作

① 在 MCGS 物联助手中，在"状态"选项卡下，可以查看设备状态，实现远程监控和 VNC 操作触摸屏界面，如图 3-97 所示。

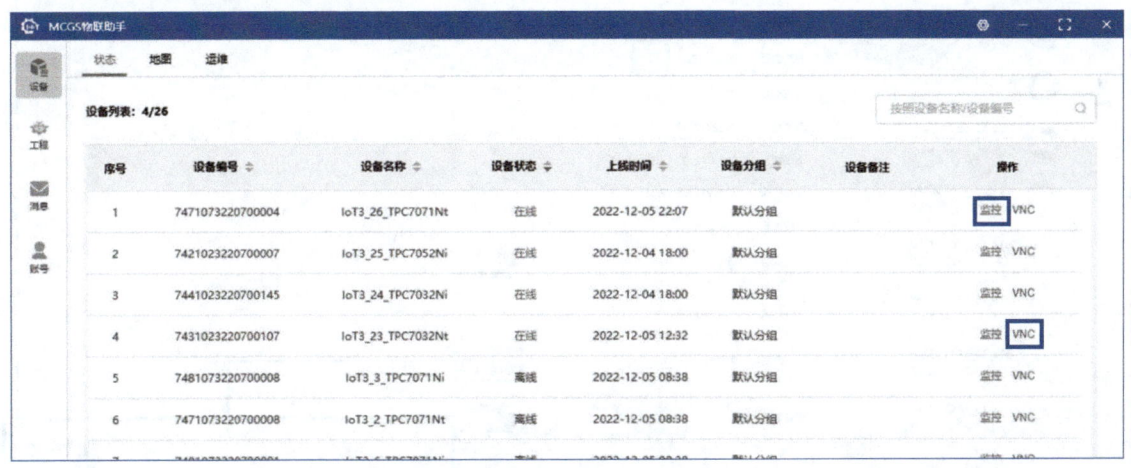

图 3-97　"状态"选项卡

单击"监控"超链接，可以远程监视 IoT 配置数据显示界面，如图 3-98 所示。单击 "VNC"超链接，可以远程操作 IoT 配置数据显示界面。

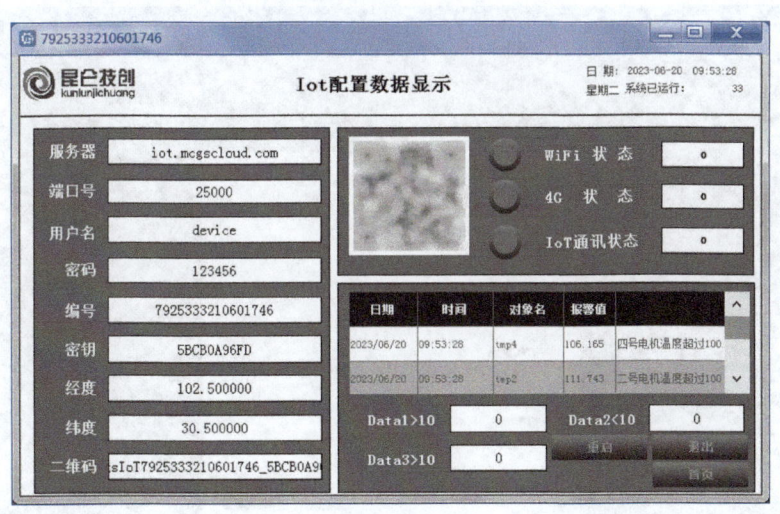

图 3-98　IoT 配置数据显示界面

② 在"地图"选项卡下，可以远程查看设备。

③ 在"运维"选项卡下，可以远程监控设备。可以查看当前位置，也可以实现远程监控和 VNC 操作，还可以通过联机方式实现透传和 FTP 功能，如图 3-99 所示。

④ 分享功能。通过"分享"选项分享设备，如图 3-100 所示，可以实现多用户的远程监控、VNC 操作及报警推送等。

演示视频
MCGS 物联助手
远程穿透操作

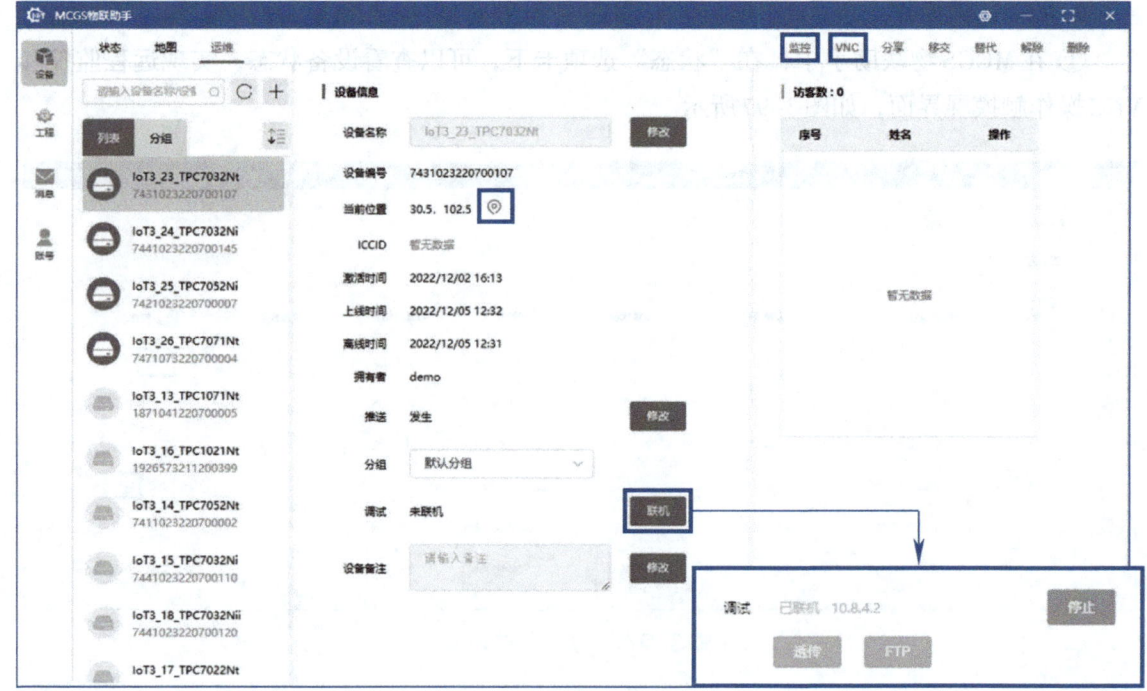

图3-99 "运维"选项卡

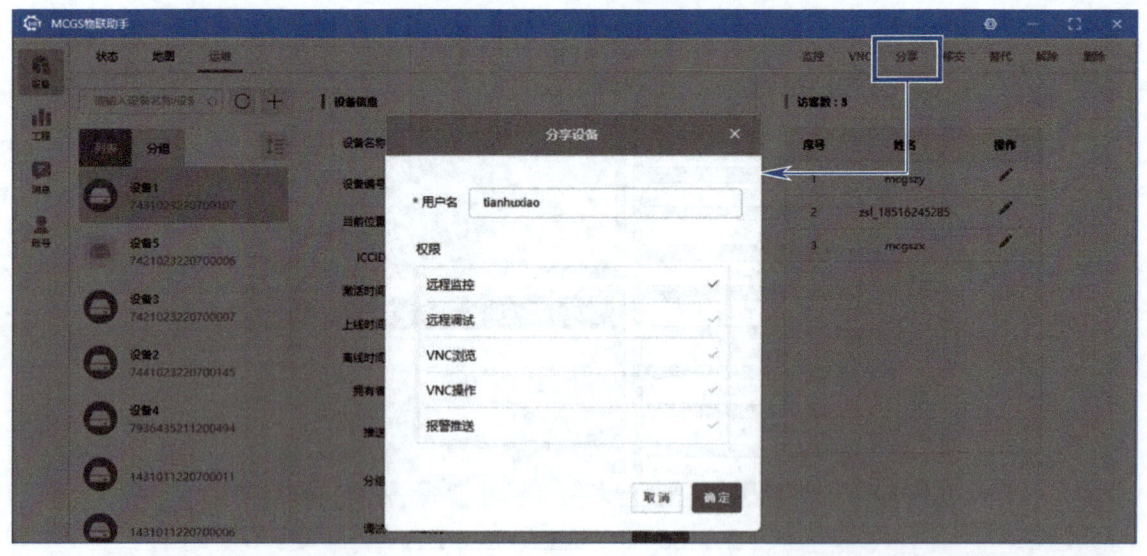

图3-100 分享设备

⑤ 移交功能。通过"移交"选项移交设备，如图3-101所示，可以实现拥有者和分享者身份的互换，但该操作仅能移交给已分享的用户。

⑥ 替代功能。通过"替代"选项替换设备，如图3-102所示，可以实现企业工作现场换屏，可通过设备编号和设备密钥更换设备，更换后，设备名称、经纬度等其他信息不变。

⑦ 解除功能。通过"解除"选项解除设备，如图3-103所示，可以解除某个分享者。

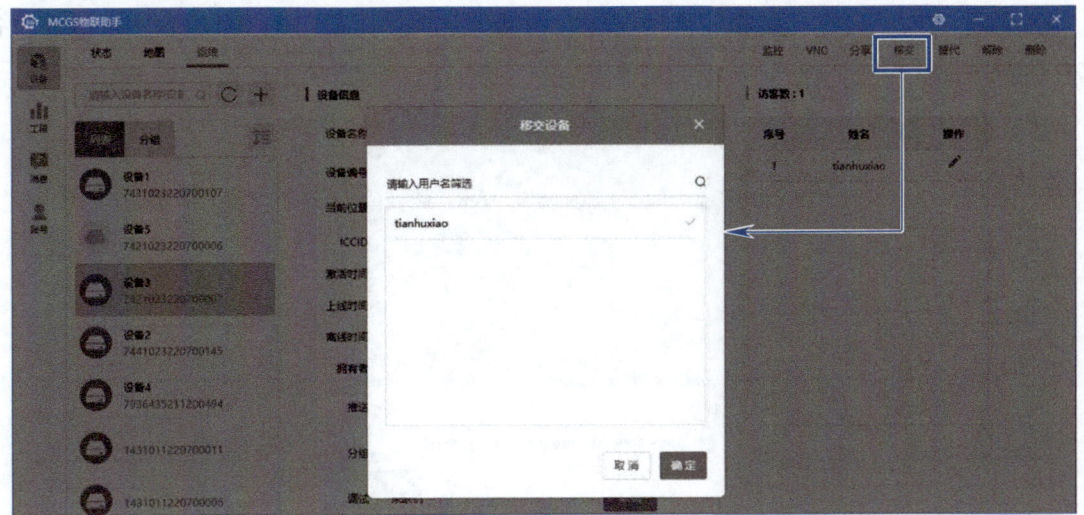

图3-101　移交设备

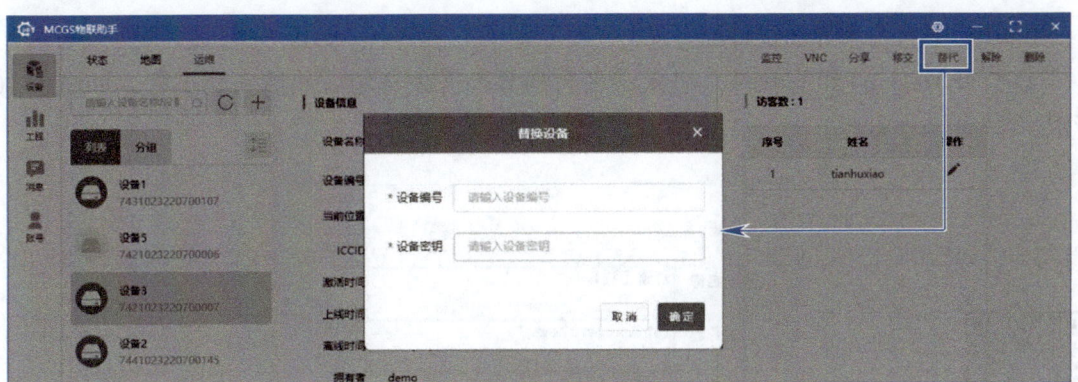

图3-102　替换设备

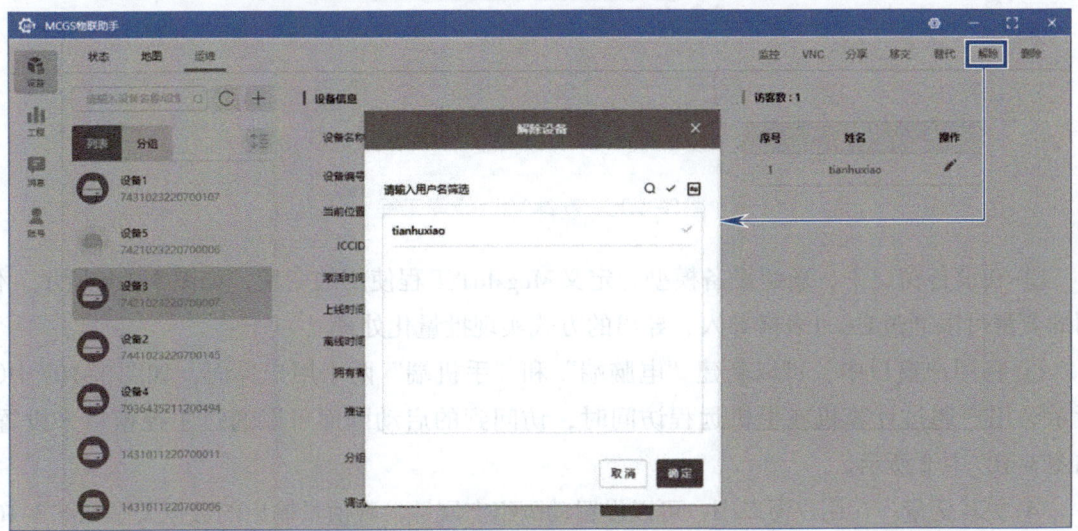

图3-103　解除设备

⑧ 删除功能。通过"删除"选项删除设备的绑定关系，如图3-104所示，可以使设备没有任何拥有者和分享者。

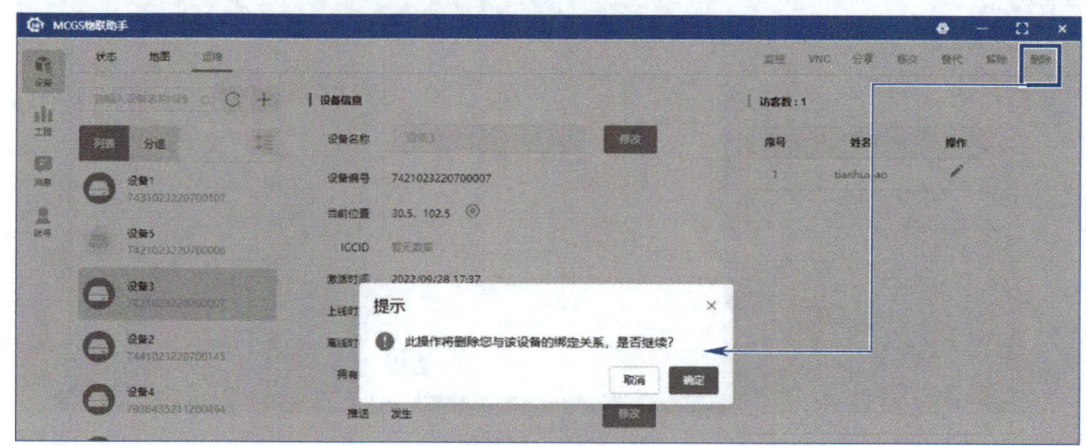

图3-104　删除绑定关系

4. IoT云平台组态界面设计与开发

① 打开McgsIoT组态软件，进入云平台的界面开发环境，然后新建工程，如图3-105所示。

配套软件
McgsIoT组态
软件

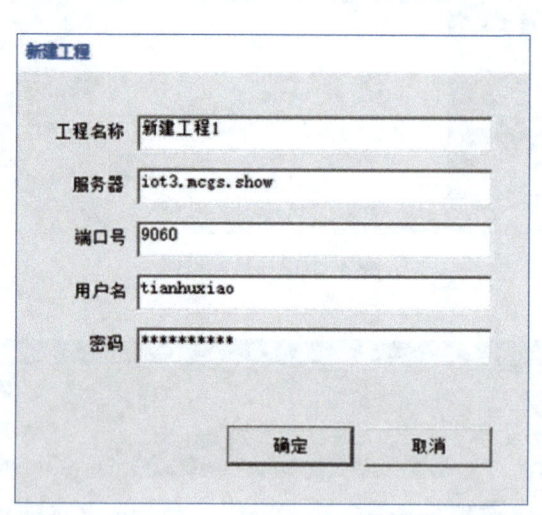

图3-105　新建McgsIoT工程

② 在设备窗口中，新建设备模型，定义McgsIoT工程使用的变量，如图3-106所示。使用的变量可以通过Excel表格导入、导出的方式实现批量化处理。

③ 在用户窗口中，可以新建"电脑端"和"手机端"两个用户界面，如图3-107中①所示。用户通过计算机或手机远程访问时，访问到的启动画面可以通过主控窗口来设置，如图3-107中②所示。

④ 关联变量。在用户窗口中，可以设置动画组态属性，数值量输出的数据关联如图3-108所示。开关量输出的数据关联如图3-109所示。

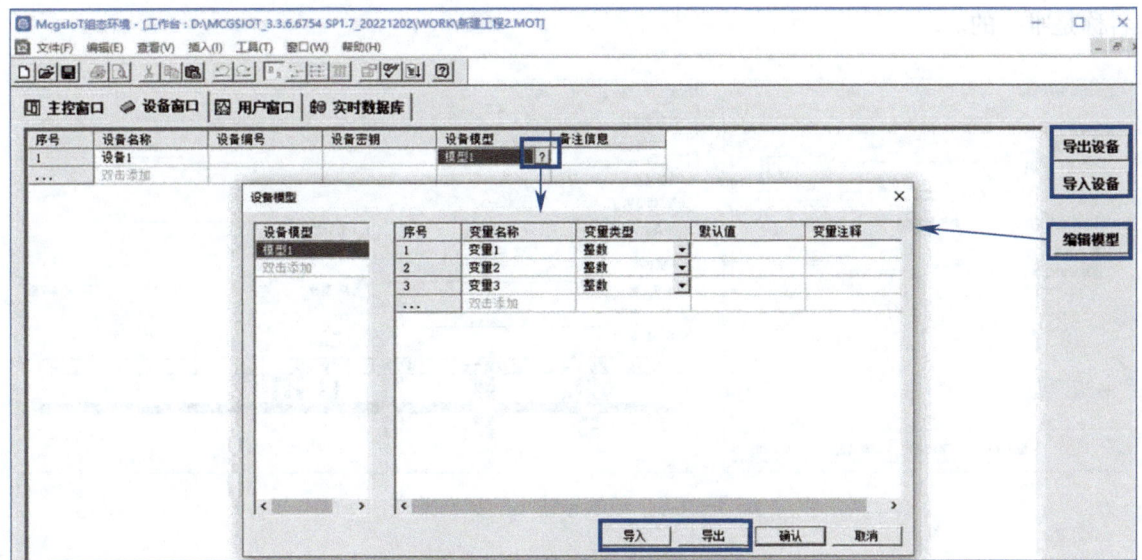

图3-106 设备模型与模型变量

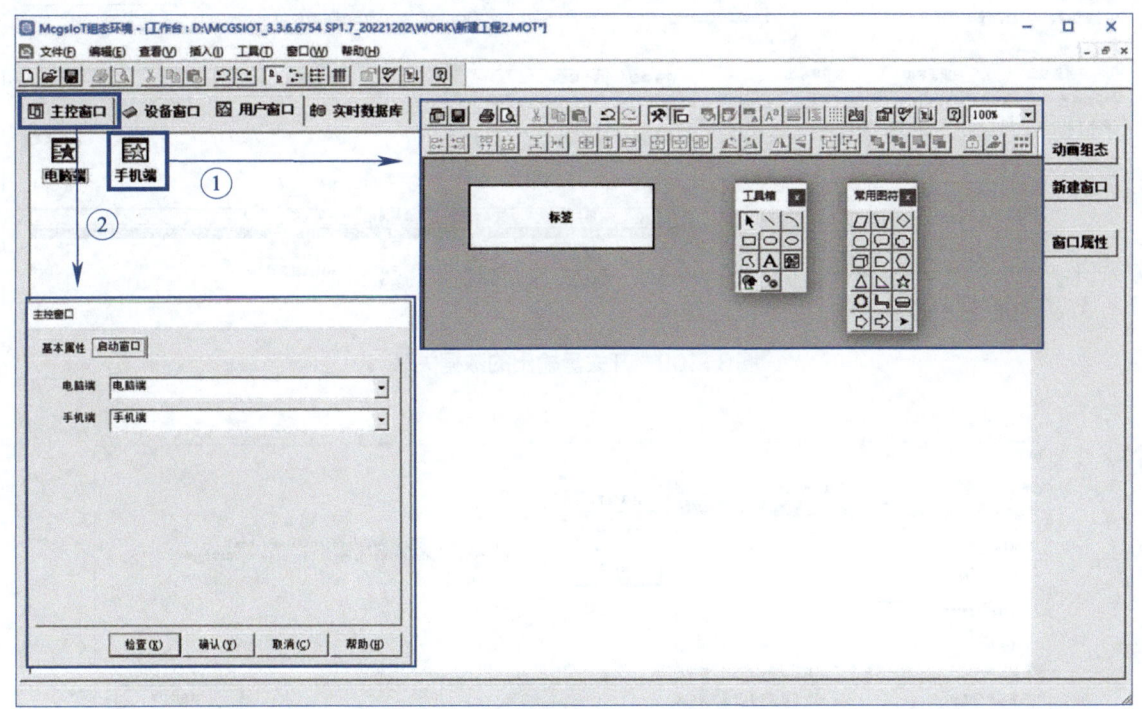

图3-107 "电脑端"和"手机端"设置

⑤ 下载工程。单击"下载配置"对话框中的"通信测试"按钮可更新工程列表。单击"工程下载"按钮时,默认更新工程ID一致的工程。下载工程后,可以单击"分享链接"按钮获取访问链接,复制链接后,通过浏览器打开工程,如图3-110所示。当云端无配对ID时,下载后会自动新建工程名称。若已经有项目工程存在,右击该项目工程,可以选择删除工程或者替换工程。当ID不一致时,会弹出对话框提示是否覆盖工程,单个账号下工程

名称是唯一的。

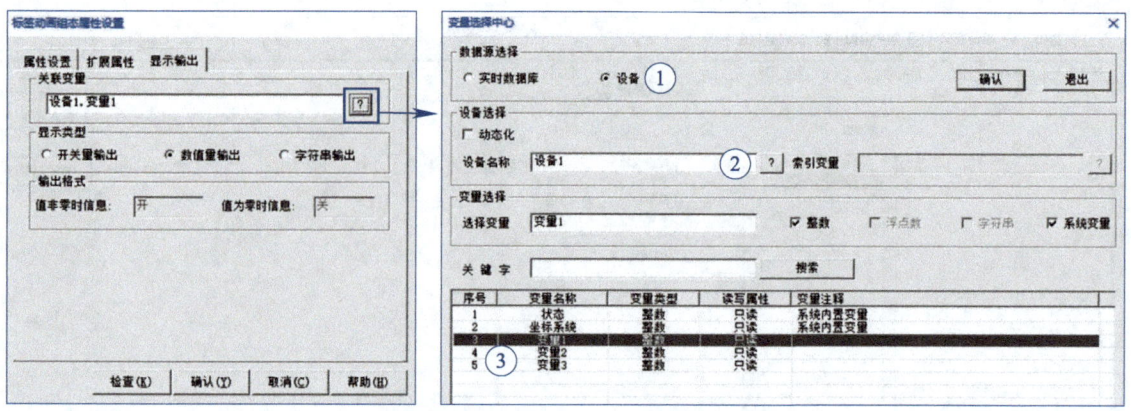

图3-108   数值量输出的数据关联

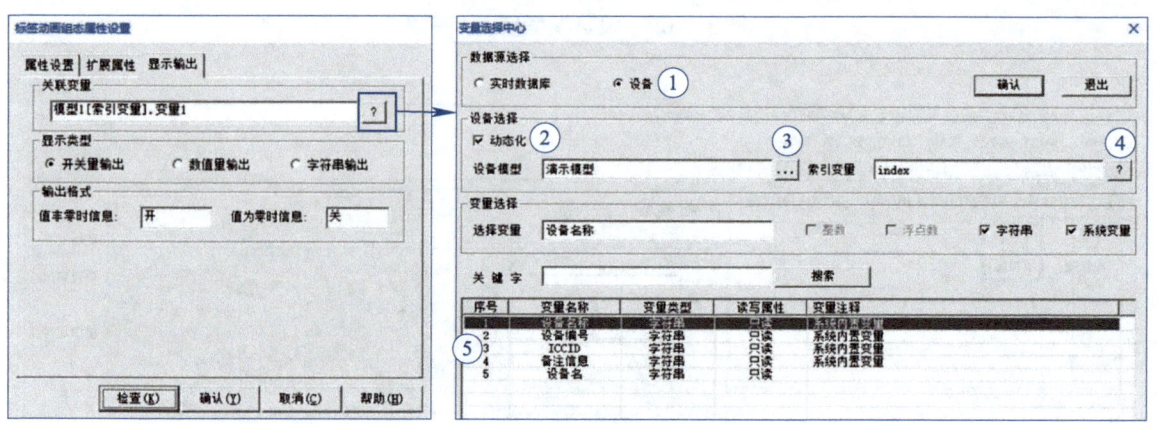

图3-109   开关量输出的数据关联

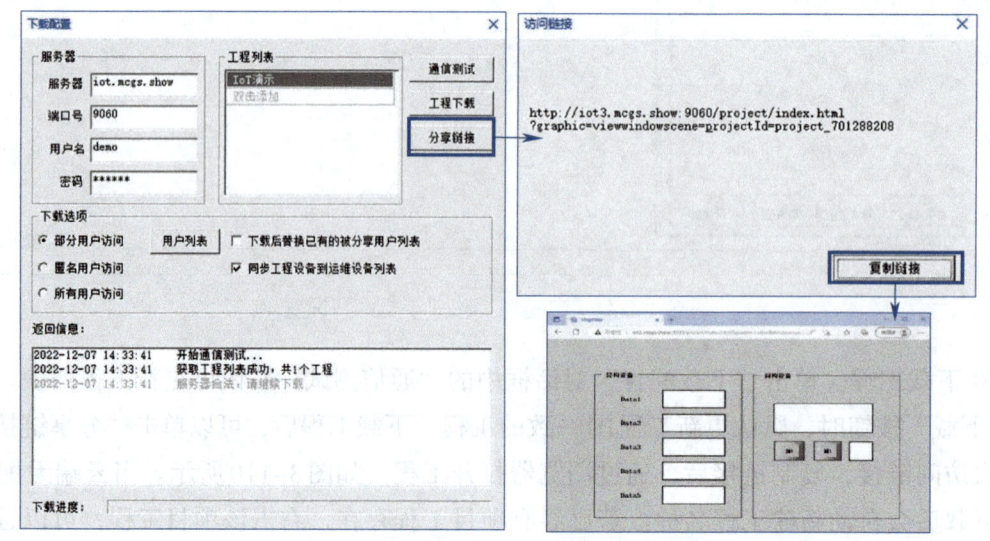

图3-110   工程下载及分享

📝 任务评价（表3-16）

表3-16 任务评价表

评分表	_____学年	工作形式：□个人 □小组分工 □小组	评分		工作时间
任务	训练内容与分值	训练要求	学生自评	教师评分	
工业水洗机物联网云平台远程监视	1. 触摸屏配置（20分）	触摸屏系统配置正确（10分） 软件设备窗口数据配置正确（10分）			
	2. MCGS物联助手配置（20分）	MCGS物联助手IP配置正确（10分） MCGS物联助手注册、登录正确（10分）			
	3. MCGS物联助手使用（20分）	MCGS物联助手监控和VNC操作使用正确（10分） MCGS物联助手各功能使用正确（10分）			
	4. IoT组态界面设置（30分）	物联网数据导入、导出设置正确（10分） 物联网界面数据关联正确（10分） 能下载、分享和调试物联网界面（10分）			
	5. 职业素养与安全意识（10分）	现场安全保护；工具、器材、导线等处理操作符合职业要求（5分） 分工合作，配合紧密；遵守纪律，保持工位整洁（5分）			
	总分：100分	学生： 教师： 日期：			

📝 项目小结

通过本项目的学习，读者可以掌握智能工业水洗机的工艺流程，掌握智能工业水洗机触摸屏界面设计、配方设计以及一键保存和配方数据切换，掌握PLC与触摸屏变量连接与配方数据的保存和调用，并能在物联网云平台中实现对设备的远程监控，把新技术、新应用融入项目中，达到现场工程师技术要求。

☁ 思考与练习

1. 思考题

（1）切换成PLC程序控制水洗机运行时，水洗机旋转轮的旋转动画如何实现？

（2）在物联网云平台显示的组态界面中，可以关联的变量有哪些？请指出这些变量的区别。

2.操作题

（1）在本项目中，如果设备操作人员要对每个动作流程的运行时间进行设置，就需要增加"进水时间""正转时间""暂停1时间""反转时间""暂停2时间""排水时间""脱水时间"这7个数值型变量。尝试在循环策略的脚本程序中加入这7个数值型变量，实现对每个动作流程的运行时间设置。

（2）为了响应国家错峰用电的号召，需要为本项目中的工业水洗机设计预约时间功能。预约后，工业水洗机上显示"预约运行中…"，到达预约时间后系统能自动启动运行，运行完成后自动停止。尝试使用脚本程序实现该功能。

（3）如果项目中的工业水洗机需要正、反转循环运行3次，同时要求正、反转运行时间可以设定，应该如何修改PLC程序？请设计出PLC程序，并完成运行调试。

（4）仔细思考脚本程序的编写过程，如果将本项目中的脚本程序全部删除，采用PLC程序进行控制，请设计出PLC运行程序。

（5）参考图3-111，完成该水洗机的自动控制系统设计，要求能加入温度控制系统，有40 ℃、60 ℃和90 ℃三挡加热模式，能选择不同温度进行加热洗涤。

图3-111　某水洗机自动控制界面

（6）如果触摸屏上需要设置一个"暂停"按钮，该如何设置和编程？请尝试完成。

（7）尝试增加加热洗涤功能，加热范围为30~90 ℃，加热温度可以设定和显示，当进水完成后开始加热，到设定温度后自动停止。同时，在工业水洗机上增加一个水位条，可以选择高、中、低3种水位。进水时，显示淡蓝色水，水位开始上升，直到设定的水位高度。脱水时，显示深蓝色水，水位开始下降，直到降低为零。

（8）PLC程序的远程穿透下载是通过哪个软件、哪个功能实现的？请操作演示。

（9）注册物联网云平台账号是通过哪个软件、哪个功能实现的？请操作演示。

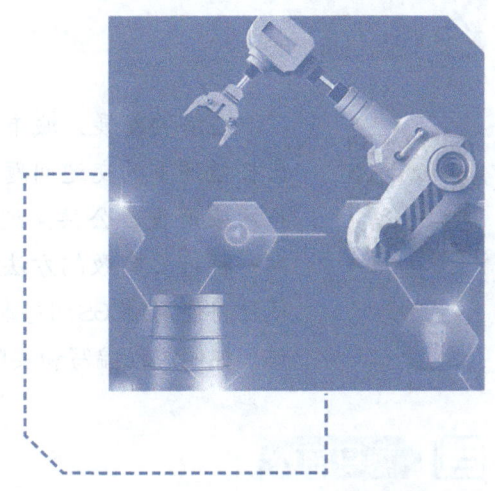

项目三

交通灯监控系统

微课
交通灯监控
系统

　　经济的发展，城市化速度的加快，机动车辆占有量的急剧增加，引发出日益严重的交通问题，如交通拥挤甚至堵塞、交通事故频繁、空气和噪声污染严重、公共交通运输效率下降等。解决这一问题除了修路造桥外，另一种行之有效的方法就是在现有交通条件下，实施交通监控和管理。本项目将使用MCGS组态软件设计一个交通灯监控系统，涉及组态软件动画制作、控制流程编写和实际设备连接等多项组态操作。

项目描述

　　使用PLC控制交通信号灯运行简单易行，有利于交通灯监控系统的智能运行，管理部门利用触摸屏或计算机来实现对交通灯信号的远程数据采集及监控，便于交通管理部门实时监控交通灯信号状态，防止交通事故和交通拥堵，及时处理交通事故，达到"上门服务"的效果，节省时间、人力成本。

项目目标

➤ 知识目标
1. 掌握定时器的使用方法。
2. 掌握图元的分解和合成方法。
3. 掌握循环策略的编写方法。
4. 掌握测试与调试程序的步骤与方法。

➤ 能力目标
1. 能根据用户手册安装触摸屏。
2. 能操作触摸屏。
3. 能根据原理图进行PLC接线。

➤ 素养目标
1. 培养精益求精的大国工匠精神。
2. 培养科学探索精神。
3. 提升团队协作能力。
4. 激发科技报国的家国情怀和使命担当。

项目分析

　　交通灯监控系统采用西门子S7-1500 PLC作为主控系统，通过编写梯形图程序控制交通灯信号按要求运行。上位机上安装MCGS组态软件，通过组态画面、建立数据库、组态设备等实现对底层西门子S7-1500 PLC交通灯信号数据的采集和控制。交通灯监控系统结构如图3-112所示。

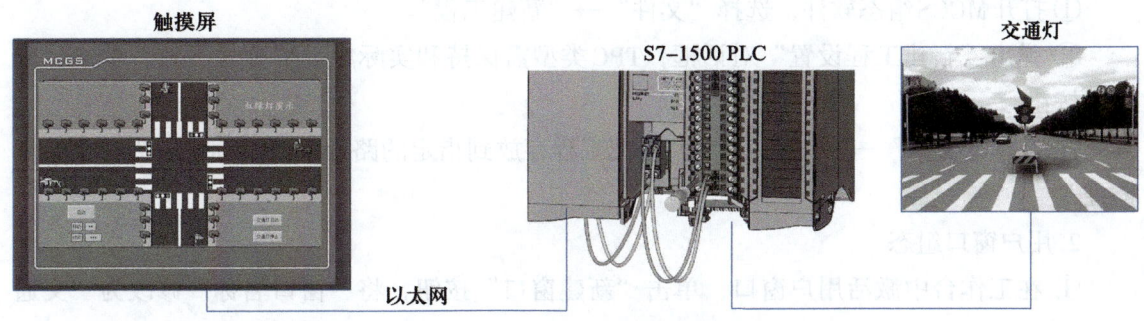

图3-112　交通灯监控系统结构

本项目分2个任务实施：任务一为交通灯模拟控制，任务二为交通灯PLC控制及组态监控。

任务一
交通灯模拟控制

📖 任务描述

交通灯监控系统启动后按照以下要求运行。

① 东西方向红、绿、黄灯的控制为：东西绿灯亮10 s后闪3 s灭，东西黄灯亮3 s灭，东西红灯亮16 s灭，以此循环。

② 南北方向红、绿、黄灯的控制为：南北红灯亮16 s灭，南北绿灯亮10 s后闪3 s灭，南北黄灯亮3 s灭，以此循环。

按下"启动"按钮，交通灯监控系统启动；再次按下"启动"按钮，交通灯监控系统停止。

小车的控制：假设东西方向小车和南北方向小车都直行。东西方向小车行驶到十字路口斑马线，若遇到东西红灯亮，东西方向小车将会在斑马线前停止，其他情况下则都正常行驶。南北方向小车行驶到十字路口斑马线，若遇到南北红灯亮，南北方向小车将会在斑马线前停止，其他情况下则都正常行驶。

📋 任务分析

本系统采用触摸屏实时监控交通灯监控系统，采用MCGS组态软件的后台控制策略和定时器实现交通灯的时序控制和小车在交通灯控制下的行驶。

1.建立工程

① 打开MCGS组态软件,选择"文件"→"新建工程"。

② 弹出"新建工程设置"对话框,TPC类型需保持和实际触摸屏型号一致,单击"确定"按钮。

③ 选择"文件"→"工程另存为",把工程存放到指定的路径下,名称设置为"交通灯监控"。

2.用户窗口组态

① 在工作台中激活用户窗口,单击"新建窗口"按钮,将"窗口名称"修改为"交通灯监控"后保存。

② 从用户窗口进入"交通灯监控"动画组态,打开绘图工具箱,组态画面如图3-113所示。确定组态画面的整体布局,画面上包括东西和南北车道、控制东西和南北方向小车的红绿灯、十字路口周围的绿化带、小车、一个按钮和文本"红绿灯演示"。

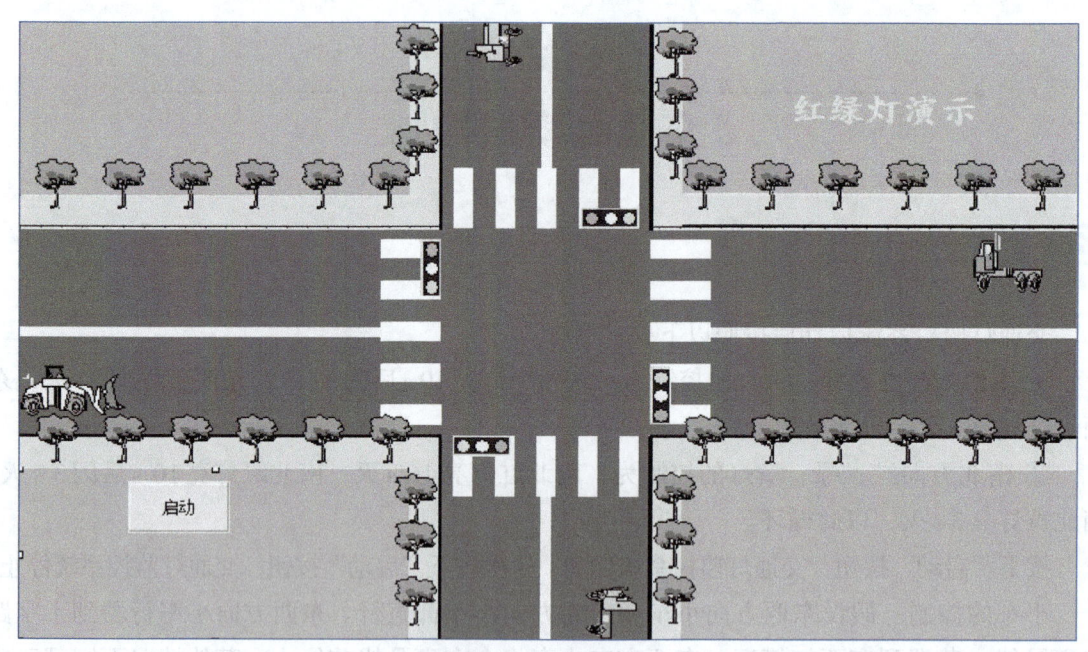

图3-113 组态画面

a.东西和南北车道。单击"矩形"按钮□,鼠标指针呈"十"字形,在窗口顶端中心位置拖曳鼠标,根据需要绘制一个一定大小的矩形。在"静态属性"选项区域中对填充颜色、边线颜色、边线线型进行设置。

斑马线也使用"矩形"工具绘制,只是在"静态属性"选项区域中将"填充颜色"设置为白色,"边线颜色"设置为"没有边线"。以十字路口西面的斑马线为例,只需要画出第1个矩形,右击选择"拷贝",再连续右击选择"粘贴",可得到多个白色小矩形。如图3-114所示，选中全部白色小矩形，右击选择"排列"→"对齐"，合理利用"左对齐""右对齐""纵向等间距"等功能，即可画出整齐划一的斑马线。按照类似的操作可以画出十字路口东面、北面、南面的斑马线。再单击"直线" ＼ 按钮，在东、西、南、北方向各拖曳出一条一定长度的直线，调整直线的长度、位置、粗细。

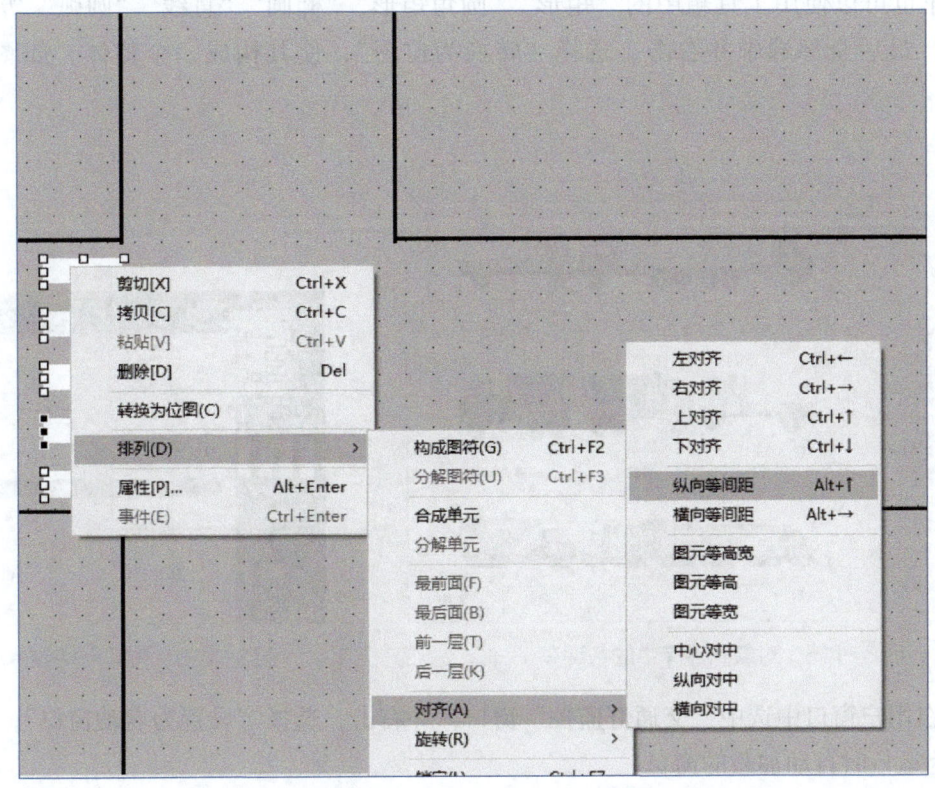

图3-114　斑马线的对齐设置

b.红绿灯。

方法1：单击"插入元件"按钮 ，打开"对象元件库管理"对话框，在"指示灯"类型中选取"指示灯7"。

方法2：单击"矩形"按钮 ，绘制一个放置指示灯的衬底。再单击"椭圆"按钮 ，绘制3个圆形显示灯，在"属性设置"选项卡下的"静态属性"选项区域中，分别设置"填充颜色"为红色、黄色、绿色。

c.十字路口周围的绿化带。单击"插入元件"按钮 ，打开"对象元件库管理"对话框，在"其他"类型中选取"树"。

d.按钮。单击"标准按钮"按钮 ，绘制一个按钮，在"标准按钮构件属性设置"对话框的"基本属性"选项卡下，将"文本"设置为"启动"。

e.文本。单击"标签"按钮 Ａ ，制作工程标题为"红绿灯演示"，设置为：无填充、无边线、蓝色、宋体、粗体、小二号字。

f.小车。单击"插入元件"按钮 ，打开"对象元件库管理"对话框。图3-115所示为对象元件库中的各种车。选择"货车1"作为由东向西行驶的小车，"集装箱车2"作为由西向东行驶的小车，由南向北和由北向南行驶的小车也可以这样选择。可以在工具栏中单击"左旋90度"按钮 ⬛、"右旋90度"按钮 ⬛、"Y翻转"按钮 ⬛、"X翻转"按钮 ⬛，调整小车姿态。

小车也可以使用工具箱中的"矩形""圆角矩形""椭圆""直线""圆弧"等工具进行组态，最后全部选中并右击，选择"转换为位图"，使其构成一个整体，如图3-116所示。

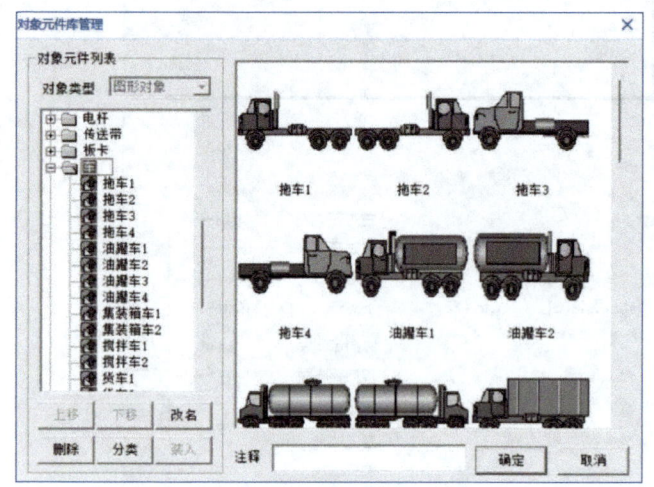

图3-115　对象元件库中的各种车

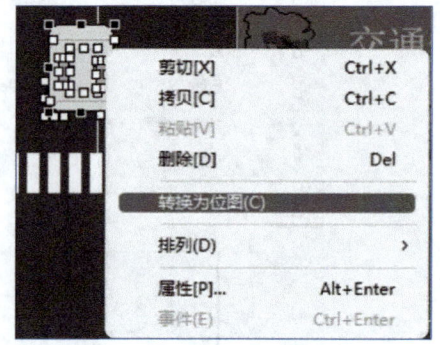

图3-116　构建一辆整体小车

③ 在用户窗口中选中"交通灯监控"窗口，并右击，选择"设置为启动窗口"，将该窗口设置为运行时自动加载的窗口。

3. 定义数据库变量

本任务需要定义的数据库变量如表3-17所示。

表3-17　数据库变量表

名称	类型	注释
红1	开关型	东西红灯
黄1	开关型	东西黄灯
绿1	开关型	东西绿灯
红2	开关型	南北红灯
黄2	开关型	南北黄灯
绿2	开关型	南北绿灯
闪烁1	开关型	东西闪烁标志
闪烁2	开关型	南北闪烁标志

名称	类型	注释
启动	开关型	控制交通灯启动
计时时间	数值型	定时器计时时间
定时器启动	开关型	定时器启动=1，定时器启动，开始计时
定时器复位	开关型	定时器复位=1，定时器复位，计时时间清零
时间到	开关型	到达设定时间，时间到=1
小车启动	开关型	控制东西方向小车启动
小车移动	数值型	控制东西方向小车移动
垂直启动	开关型	控制南北方向小车启动
垂直移动	数值型	控制南北方向小车移动

4. 动画连接

本任务中需要制作动画效果的部分包括按钮的启动控制、交通灯的时序变化、小车的移动。

（1）按钮的启动控制

在用户窗口中，双击"启动"按钮，打开"标准按钮构件属性设置"对话框，切换到"操作属性"选项卡，在"抬起功能"下选中"数据对象值操作"复选框，后面选择"取反"选项，单击 ? 按钮，将数据对象设置为"启动"，如图3-117所示。

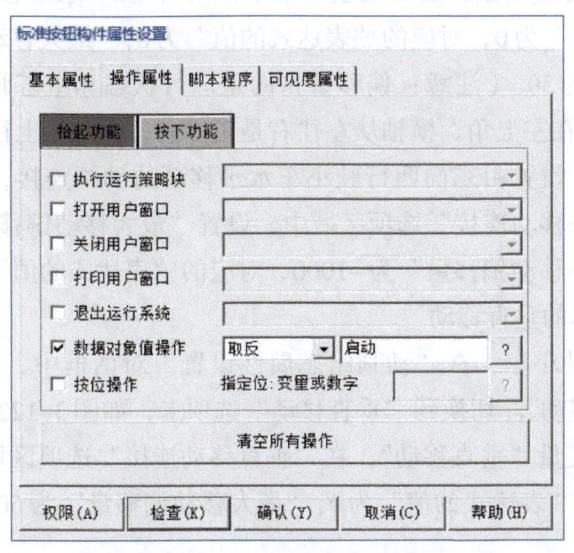

图3-117　按钮的启动控制

（2）交通灯的时序变化

在用户窗口中，双击东西绿灯，弹出"动画组态属性设置"对话框，选中"颜色动画连接"选项区域中的"填充颜色"复选框后，对话框中会增加"填充颜色"选项卡，如图3-118所示。按照图3-119中的设置，将"表达式"设置为"绿1"，分段点0的"对应颜色"设置为灰色，分段点1的"对应颜色"设置为绿色。使用类似方式设置其他交通灯。

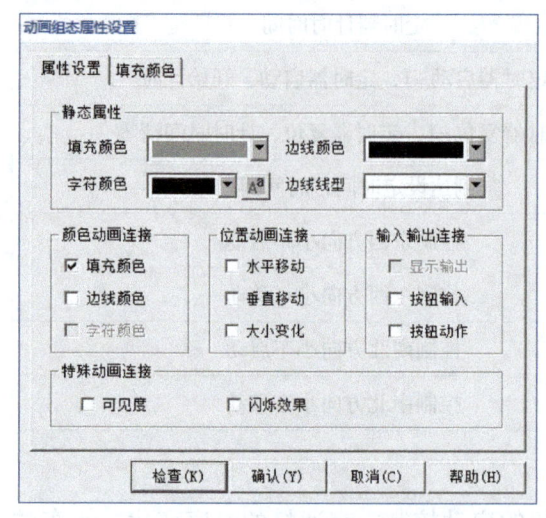

图3-118　东西绿灯的属性设置

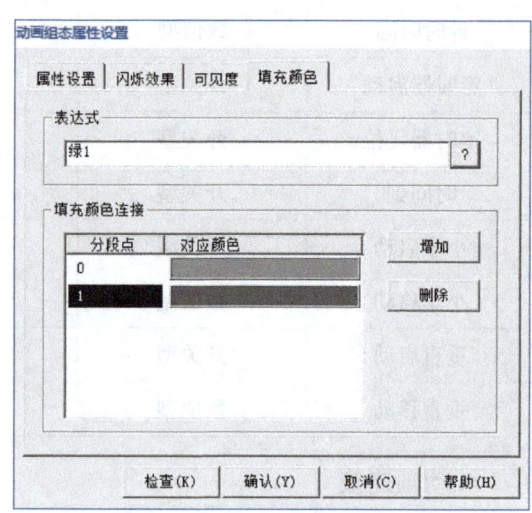

图3-119　东西绿灯的填充颜色设置

（3）东西方向小车的水平移动

双击由西向东行驶小车，弹出"单元属性设置"对话框，切换到"动画连接"选项卡，单击"组合图符"右端的 > 按钮，弹出"动画组态属性设置"对话框，选中"位置动画连接"选项区域中的"水平移动"。切换到"水平移动"选项卡中，按照图3-120进行设置，单击"表达式"右端的 ? 按钮，选择变量"水平移动"；在"水平移动连接"选项区域中，设置"最小移动偏移量"为0，对应的"表达式的值"为0，"最大移动偏移量"为1000，对应的"表达式的值"为50。（注意：偏移量指的是运行状态和组态画面的设计偏差，对于MCGS画面，坐标原点在左上角，横轴从左往右是正方向，纵轴从上往下是正方向。）

如图3-121所示，设置由东向西行驶小车水平移动的动画连接，将"表达式"设置为"水平移动"；在"水平移动连接"选项区域中，设置"最大移动偏移量"为0，对应的"表达式的值"为0，"最小移动偏移量"为-1000，对应的"表达式的值"为50。

（4）南北方向小车的垂直移动

对于由北向南行驶小车，在"动画组态属性设置"对话框中，选中"位置动画连接"选项区域中的"垂直移动"。切换到"垂直移动"选项卡，如图3-122所示，单击"表达式"右端的 ? 按钮，选择变量"垂直移动"；在"垂直移动连接"选项区域中，设置"最小移动偏移量"为0，对应的"表达式的值"为0，"最大移动偏移量"为600，对应的"表达式的值"为50。

如图3-123所示，设置由南向北行驶小车垂直移动的动画连接，将"表达式"设置为"垂直移动"；在"垂直移动连接"选项区域中，设置"最大移动偏移量"为0，对应的"表达式的值"为0，"最小移动偏移量"为-600，对应的"表达式的值"为50。

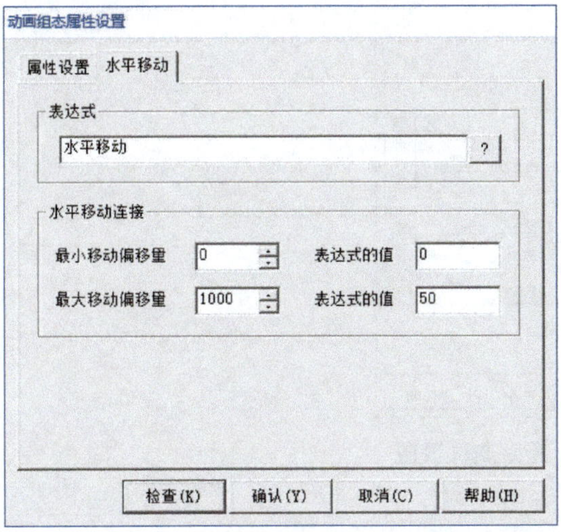

动画组态属性设置
属性设置 水平移动
表达式
水平移动
水平移动连接
最小移动偏移量 0 表达式的值 0
最大移动偏移量 1000 表达式的值 50
检查(K) 确认(Y) 取消(C) 帮助(H)

图3-120 由西向东行驶小车的水平移动设置

动画组态属性设置
属性设置 水平移动
表达式
水平移动
水平移动连接
最小移动偏移量 -1000 表达式的值 50
最大移动偏移量 0 表达式的值 0
检查(K) 确认(Y) 取消(C) 帮助(H)

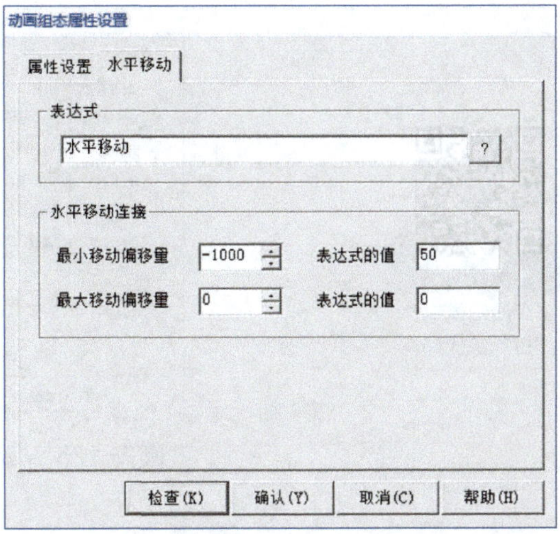

图3-121 由东向西行驶小车的水平移动设置

动画组态属性设置
属性设置 垂直移动
表达式
垂直移动
垂直移动连接
最小移动偏移量 0 表达式的值 0
最大移动偏移量 600 表达式的值 50
检查(K) 确认(Y) 取消(C) 帮助(H)

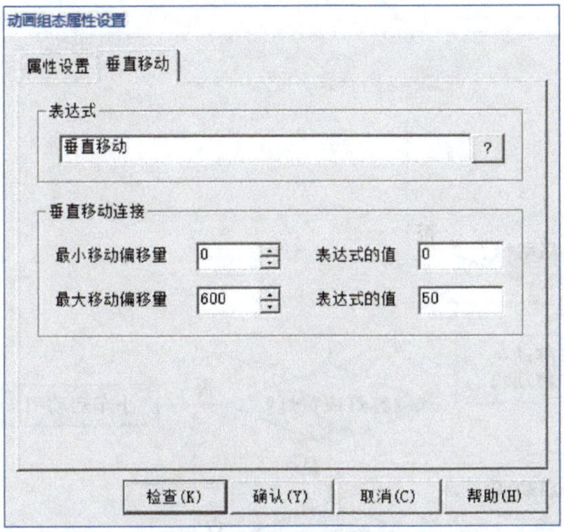

图3-122 由北向南行驶小车的垂直移动设置

动画组态属性设置
属性设置 垂直移动
表达式
垂直移动
垂直移动连接
最小移动偏移量 -600 表达式的值 50
最大移动偏移量 0 表达式的值 0
检查(K) 确认(Y) 取消(C) 帮助(H)

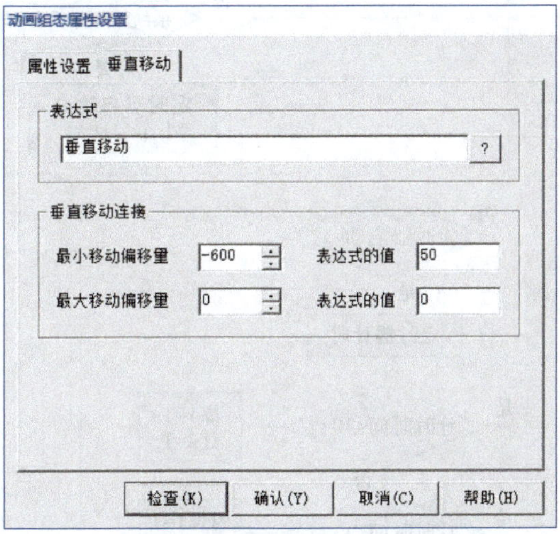

图3-123 由南向北行驶小车的垂直移动设置

5. 编写控制策略

在工作台中切换到“运行策略”选项卡，选择“循环策略”，打开“循环策略”后添加策略行，如图3-124所示。双击“定时器”策略，进行属性设置，如图3-125所示。

双击“脚本程序”，进行脚本编写。图3-126所示为控制策略流程图。

MCGS嵌入版组态环境 - [策略组态：循环策略]
文件(F) 编辑(E) 查看(V) 插入(I) 工具(T) 窗口(W) 帮助(H)
按照设定的时间循环运行
脚本程序
定时器

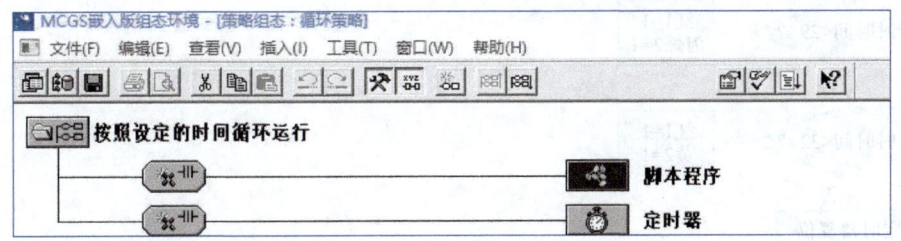

图3-124 循环策略

源代码
交通灯模拟
控制源代码

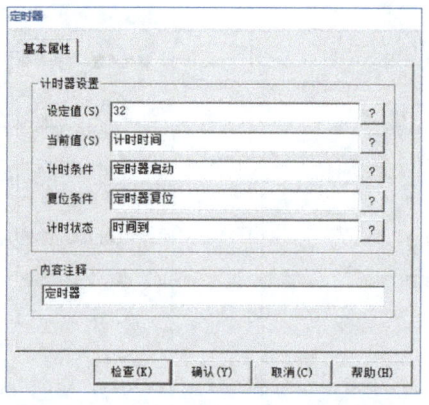

图3-125 "定时器"策略属性设置

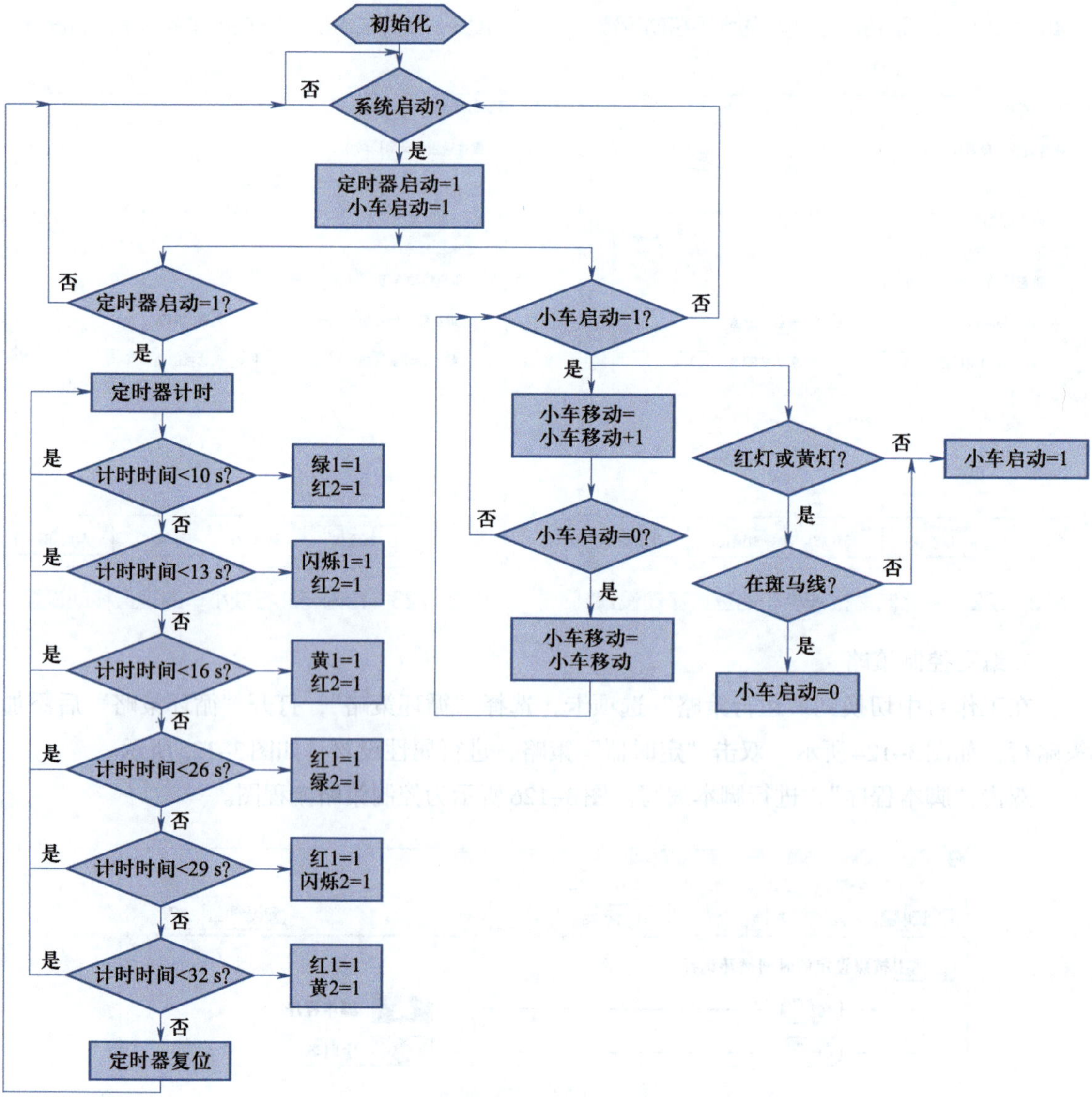

初始化

系统启动？ —否—

定时器启动=1
小车启动=1

定时器启动=1？ —否—

是

定时器计时

是— 计时时间<10 s？ → 绿1=1 红2=1
否

是— 计时时间<13 s？ → 闪烁1=1 红2=1
否

是— 计时时间<16 s？ → 黄1=1 红2=1
否

是— 计时时间<26 s？ → 红1=1 绿2=1
否

是— 计时时间<29 s？ → 红1=1 闪烁2=1
否

是— 计时时间<32 s？ → 红1=1 黄2=1
否

定时器复位

小车启动=1？ —否—

是

小车移动=小车移动+1

小车启动=0？

是

小车移动=小车移动

红灯或黄灯？ —否→ 小车启动=1

是

在斑马线？ —否

是

小车启动=0

图3-126 控制策略流程图

6. 运行与调试

① MCGS组态软件模拟运行完成后，下载本工程到TPC。

② 填写功能测试表。

a. 单击"交通灯监控"运行界面中的"启动"按钮，东西方向的交通灯和南北方向的交通灯按照要求依次点亮。若现象不正确，应检查排除故障。

b. 根据调试现象，完成功能测试表（表3-18和表3-19）。

表3-18　功能测试表1

系统状态		东西方向的交通灯状态			南北方向的交通灯状态		
		东西红灯	东西黄灯	东西绿灯	南北红灯	南北黄灯	南北绿灯
启动	0~<10 s						
	10~<13 s						
	13~<16 s						
	16~<26 s						
	26~<29 s						
	29~<32 s						
停止							

表3-19　功能测试表2

系统状态		由西向东行驶小车状态		由东向西行驶小车状态		由南向北行驶小车状态		由北向南行驶小车状态	
		斑马线	非斑马线	斑马线	非斑马线	斑马线	非斑马线	斑马线	非斑马线
启动	东西红灯亮								
	东西黄灯亮								
	东西绿灯亮								
启动	南北红灯亮								
	南北黄灯亮								
	南北绿灯亮								

表 3-20 任务评价表

评分表 _____学年		工作形式：□个人 □小组分工 □小组	评分		工作时间
任务	训练内容与分值	训练要求	学生自评	教师评分	
交通灯模拟控制	1. 组态界面制作（30分）	窗口组态布局合理，色彩搭配合理，内容正确，包含任务要求中的所有元素（30分）			
	2. 数据库变量建立（10分）	窗口中进行连接的变量名称和类型设置正确（10分）			
	3. 脚本程序设计与修改（30分）	脚本程序书写规范，功能正确（30分）			
	4. 模拟仿真运行（20分）	正确实现系统监控功能（20分）			
	5. 职业素养与安全意识（10分）	现场安全保护；工具、器材、导线等处理操作符合职业要求（5分）分工合作，配合紧密；遵守纪律，保持工位整洁（5分）			
	总分：100分	学生：　　　　　教师：　　　　　日期：			

任务二

交通灯 PLC 控制及组态监控

任务描述

本任务继续增加交通灯的 PLC 控制。利用外部按钮控制交通灯，实现东西方向和南北方向的交通灯控制；利用触摸屏设计组态画面，进行交通灯的监控。

任务分析

本任务采用西门子 S7-1500 PLC 控制交通灯监控系统，实现交通灯信号的时序控制，利用 MCGS 实时采集交通灯的信号状态，监控交通灯的运行情况。根据控制要求，交通灯 PLC 接线图如图 3-127 所示。

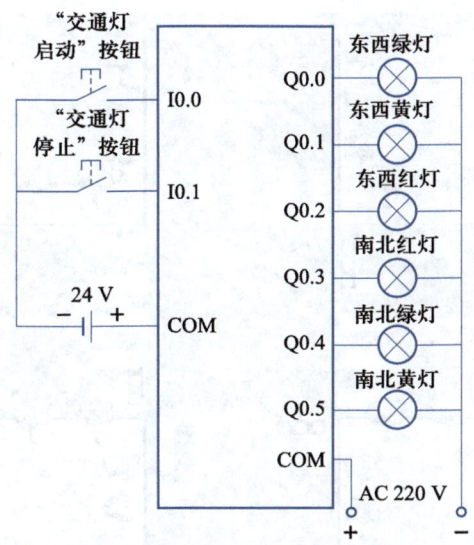

图3-127 交通灯PLC接线图

任务实施

利用PLC编程实现交通灯控制,首先进行I/O分配,设计原理图;然后利用博途软件设计PLC程序;最后在组态监控方面利用任务一进行设备组态,编写循环策略。

1. 程序设计

图3-128所示为交通灯控制流程图。请自行参考该图编写PLC程序。

2. 画面组态

在任务一的基础上增加两个按钮,即"交通灯启动"按钮和"交通灯停止"按钮。图3-129所示为交通灯监控系统画面。

3. 定义数据对象

在任务一的基础上增加两个变量,如表3-21所示。

4. 动画连接

双击"交通灯启动"按钮,打开"标准按钮构件属性设置"对话框,切换到"操作属性"选项卡,在"抬起功能"下选中"数据对象值操作"复选框,后面选择"按1松0"选项,单击 ? 按钮,将数据对象设置为"交通灯启动",如图3-130所示。

对"交通灯停止"按钮做相应的设置。

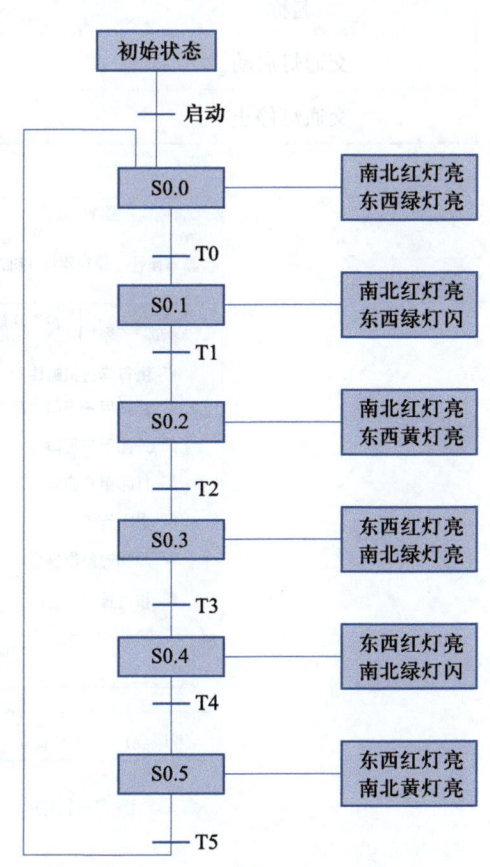

图3-128 交通灯控制流程图

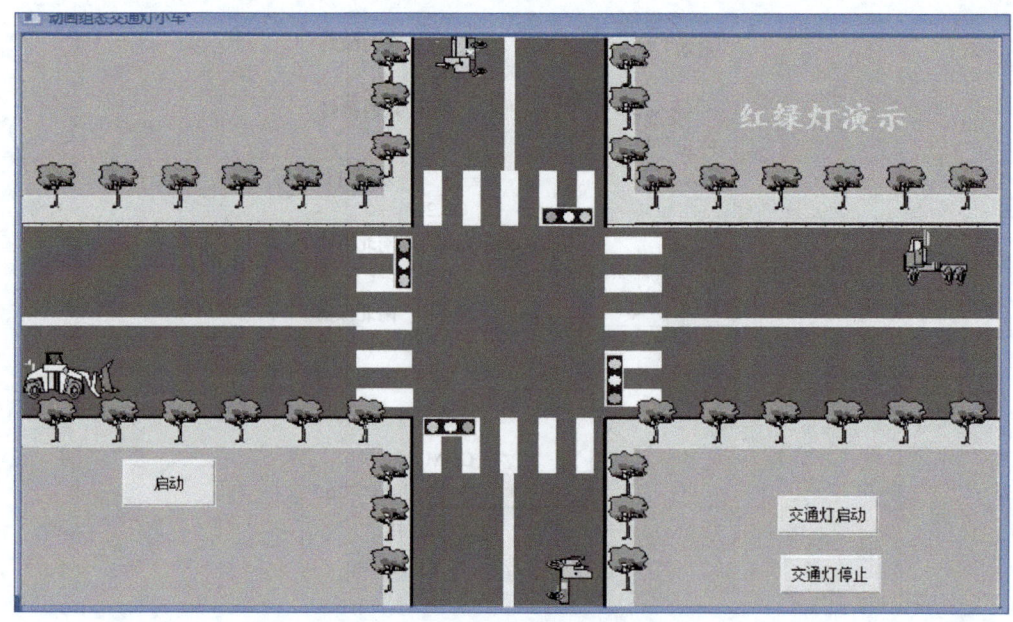

图3-129　交通灯监控系统画面

表3-21　数据库变量表

名称	类型	注释
交通灯启动	开关型	交通灯的HMI启动
交通灯停止	开关型	交通灯的HMI停止

图3-130　按钮"交通灯启动"动画连接

5. 设备组态

下面实现MCGS组态软件和PLC设备Siemens_1500的通信。

① 在工作台中激活设备窗口，进入设备组态画面，打开"设备工具箱"对话框。

② 在"设备工具箱"对话框中，按先后顺序双击"通用TCP/IP父设备"和PLC中的"Siemens_1500"，将其添加至组态画面。

③ 双击"设备1[通用TCP/IP父设备]"，打开"通用TCP/IP设备属性编辑"对话框，将"本地IP地址"（计算机或触摸屏设置的地址）和"远程IP地址"（通信的PLC的地址）设置在同一网段。

④ 双击"设备1[Siemens_1500]"，打开Siemens_1500设备编辑窗口，如图3-131所示。单击"增加设备通道"按钮，增加6个输出继电器Q，2个辅助寄存器M。设置好后单击"确认"按钮返回设备编辑窗口。

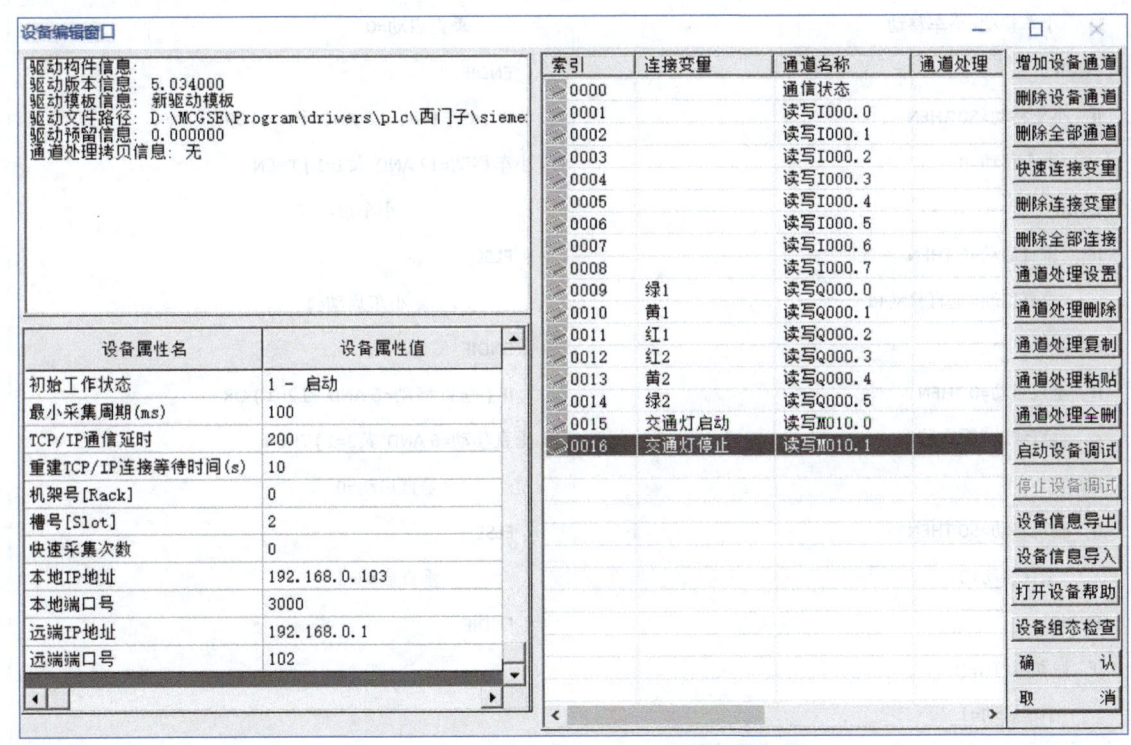

图3-131　Siemens_1500设备编辑窗口

在设备编辑窗口右侧可进行通道连接变量的设置。单击选择"读写Q000.0"后右击，选择变量通道连接"绿1"。同样设置"读写Q000.1"通道连接"黄1"，"读写Q000.2"通道连接"红1"，"读写Q000.3"通道连接"红2"，"读写Q000.4"通道连接"绿2"，"读写Q000.5"通道连接"黄2"，"读写M010.0"通道连接"交通灯启动"，"读写M010.1"通道连接"交通灯停止"。

6. 修改循环策略

在工作台中切换到"运行策略"选项卡，选择"循环策略"，打开"循环策略"后删除原"定时器"策略，如图3-132所示。然后双击"脚本程序" 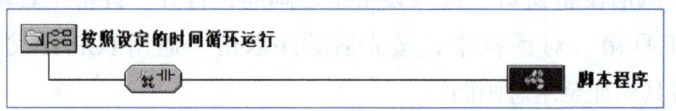 进入脚本程序编辑环境，修改原脚本程序，参考程序如图3-133所示。

图3-132　循环策略

IF　小车启动=1 THEN	垂直启动=1
小车移动=小车移动+1	ENDIF
ENDIF	IF　启动=0 THEN
IF　小车启动=0 THEN	小车启动=0
小车移动=小车移动	垂直启动=0
ENDIF	ENDIF
IF　小车移动>50 THEN	IF (小车移动=12 AND 红1=1)OR
小车移动=0	(小车移动=12 AND 黄1=1) THEN
ENDIF	小车启动=0
IF　垂直启动=1 THEN	ELSE
垂直移动=垂直移动+1	小车启动=1
ENDIF	ENDIF
IF　垂直启动=0 THEN	IF (垂直移动=6 AND 红2=1) OR
垂直移动=垂直移动	(垂直移动=6 AND 黄2=1) THEN
ENDIF	垂直启动=0
IF　垂直移动>50 THEN	ELSE
垂直移动=0	垂直启动=1
ENDIF	ENDIF
IF　启动=1 THEN	
小车启动=1	

图3-133　参考程序

7. 调试与运行

① MCGS组态软件模拟运行完成后，下载本工程到TPC。

② 编写PLC程序，并写入PLC。

③ 用通信线连接PLC编程口和TPC。

④ 联机操作，填写功能测试表。

a. 单击"交通灯启动"按钮，观察十字路口的东西绿灯是否亮，南北红灯是否亮，观察整个交通灯的控制是否满足要求。

b.单击"启动"按钮，观察由西向东行驶小车是否从西向东行驶，在十字路口遇到东西红灯亮或东西黄灯亮时，是否停止行驶。若现象不正确，应检查并排除故障。观察由东向西行驶小车是否从东向西行驶，在十字路口遇到东西红灯亮或东西黄灯亮时，是否停止行驶。若现象不正确，应检查并排除故障。观察由南向北行驶小车是否从南向北行驶，在十字路口遇到南北红灯亮或南北黄灯亮时，是否停止行驶。若现象不正确，应检查并排除故障。观察由北向南行驶小车是否从北向南行驶，在十字路口遇到南北红灯亮或南北黄灯亮时，是否停止行驶。若现象不正确，应检查并排除故障。

⑤ 根据调试现象，完成功能测试表（表3-22和表3-23）。

表3-22 功能测试表1

系统状态		东西方向的交通灯状态			南北方向的交通灯状态		
		东西红灯	东西黄灯	东西绿灯	南北红灯	南北黄灯	南北绿灯
启动	0~<10 s						
	10~<13 s						
	13~<16 s						
	16~<26 s						
	26~<29 s						
	29~<32 s						
停止							

表3-23 功能测试表2

系统状态		由西向东行驶小车状态		由东向西行驶小车状态		由南向北行驶小车状态		由北向南行驶小车状态	
		斑马线	非斑马线	斑马线	非斑马线	斑马线	非斑马线	斑马线	非斑马线
启动	东西红灯亮								
	东西黄灯亮								
	东西绿灯亮								
	南北红灯亮								
	南北黄灯亮								
	南北绿灯亮								

✏️ **任务评价（表3-24）**

表 3-24　任务评价表

评分表 _____学年		工作形式：□个人　□小组分工　□小组	评分		工作时间
任务	训练内容与分值	训练要求	学生自评	教师评分	
交通灯PLC控制及组态监控	1. PLC控制程序编写（30分）	东西方向交通灯和南北方向交通灯按控制要求动作（30分）			
	2. 触摸屏设备窗口组态（20分）	正确添加设备驱动，设置设备的相关参数，进行正确的设备数据连接（20分）			
	3. 组态窗口设计及数据关联（20分）	利用控件进行窗口设计，并按要求正确建立相关的数据变量（20分）			
	4. 后台控制策略编写（20分）	按照控制策略要求，编写循环策略，实现要求的动画效果（20分）			
	5. 职业素养与安全意识（10分）	现场安全保护；工具、器材、导线等处理操作符合职业要求（5分） 分工合作，配合紧密；遵守纪律，保持工位整洁（5分）			
总分：100分		学生：　　　　教师：　　　　　日期：			

📝 **项目小结**

　　通过本项目的学习，读者可以了解交通灯监控系统的结构组成，能按照交通灯信号的运行时序，使用 MCGS 组态软件模拟交通灯监控系统，同时能进行交通灯监控系统的 PLC 接线、编程，并能通过 MCGS 组态软件进行监控触摸屏界面设计、设备组态，以及控制策略编写，从而实现对交通灯的远程监控。请读者进行本项目各任务的操作，为后续学习打下基础。

💭 **思考与练习**

　　1. 思考题
　　（1）模拟调试 MCGS 时，应该注意哪些方面？
　　（2）使用定时器时应该注意的问题有哪些？
　　（3）如果连接外部设备，如何进行设备组态设置？如何使用 PLC 定时器来控制交通灯？
　　（4）在本项目的脚本程序中，斑马线的位置和变量之间的对应关系是如何确定的？

2. 操作题

（1）红、黄、绿灯的亮灭动画连接方法，除了采用"填充颜色"外，还可以采用"可见度"，请自行设计。

（2）水平移动的两辆小车能否连接在不同变量上，让其同步相向运动？垂直移动的两辆小车能否连接在不同变量上，让其同步相向运动？请自行设计。

模块四
云平台工业控制网络

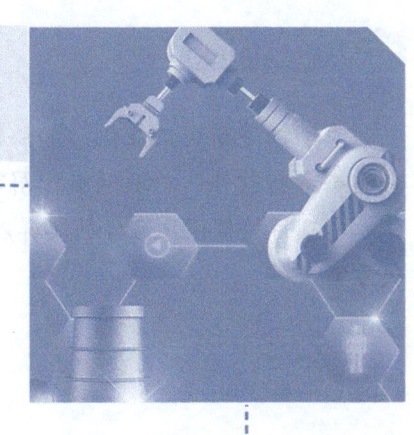

项目一
智能分拣控制工程

👍 项目引入

为了推进新型工业化，加快建设制造强国，助推企业上云，降本增效，本项目采用昆仑通态最新软件、物联网触摸屏和阿里云技术，实现系统的仿真运行，并进行远程传输调试。本项目将提供PLC与触摸屏以太网通信、变频器模拟量输入PLC、远程云端控制调试解决方案。

📋 项目描述

企业客户需要为智能分拣控制系统设计触摸屏仿真界面，并要能通过PLC与触摸屏的通信控制智能分拣控制系统。为实现高质量发展，企业要求能够实现远程云端控制与调试，节省时间、人力成本。

✂ 项目目标

➤ **知识目标**

1. 掌握数据库数据类型及建立方法。
2. 掌握策略组态中函数的使用方法。

➤ **能力目标**

1. 能使用策略组态完成传送带工件动作。
2. 能使用模拟下载方式完成系统模拟调试。
3. 能实现远程Web端监控功能。

➤ **素养目标**

1. 培养良好的安全、质量、时间意识。
2. 培养精益求精的工匠精神。
3. 提升审美素养，增强强国有我的责任感。

🔍 项目分析

智能分拣控制系统采用西门子S7-1500 PLC作为控制器，使用McgsPro软件、云端服务器，与昆仑通态TCP1021Ni触摸屏采用以太网通信，利用电容传感器、金属传感器和光电传感器分别检测出金属物料、白色物料和黑色物料信息，PLC根据传感器的检测控制气缸推进相应料仓，变频器控制传送带速度，实现分拣功能，物联网触摸屏能够实现远程操作以及远程监控。

本项目分3个任务实施：任务一为智能分拣触摸屏设计与仿真，任务二为远程云端控制与调试，任务三为智能分拣控制系统控制与运行。

智能分拣触摸屏设计与仿真

任务描述

触摸屏界面除了满足基本控制要求外，还可增加企业 Logo、品牌文化、二维码操作说明书及用户界面转换按钮，方便操作员设定、读写变频器参数和查阅电气图等资料，提供方便、及时、准确的现场设备远程维护服务，提高系统的性价比，奠定设备数字化的竞争优势。触摸屏设计构成如图 4-1 所示。

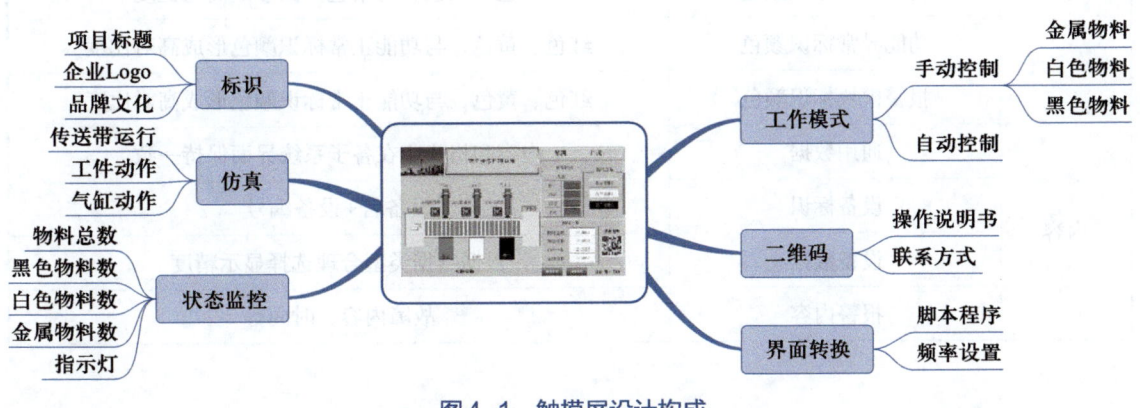

图 4-1　触摸屏设计构成

任务分析

本系统采用触摸屏实时监控智能分拣控制系统，使用多类别传感器降低分拣误差。智能分拣控制系统实现了自动供料和物料分拣，实时监控记录分拣运行情况。根据控制要求，电气原理图如图 4-2 所示。

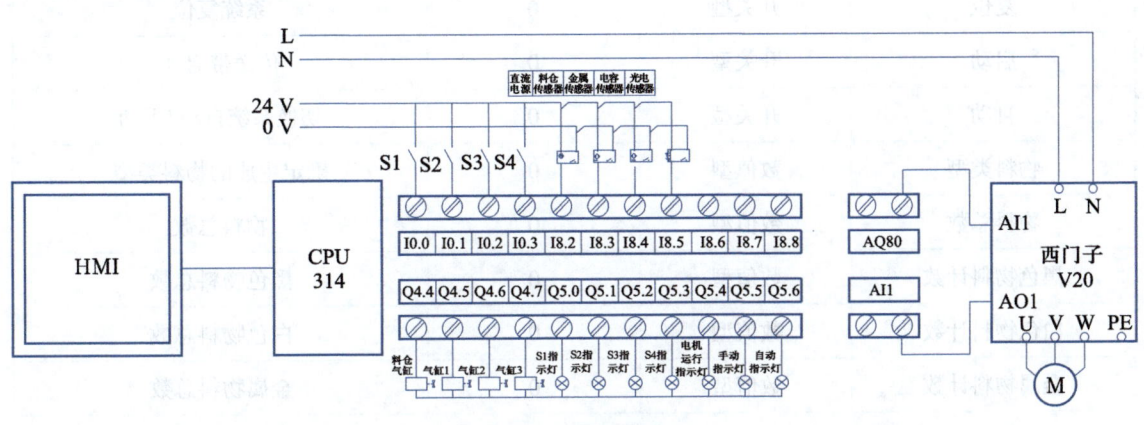

图 4-2　电气原理图

触摸屏界面设计原则如表4-1所示，布局要合理，方便操作；对于功能正常和异常、报警模块等的标识颜色要醒目；内容要全面，满足客户要求。

表4-1 触摸屏界面设计原则

类别	设计内容	设计方案
布局	功能模块布局	对同一功能的模块进行分块归类
	界面整体布局	根据界面内容，选择合适的布局方案
色彩	界面整体色彩	灰黑色、暗色
	参数显示标识颜色	白色，与暗色界面形成高对比度
	功能正常标识颜色	绿色、白色，与暗色界面形成高对比度
	功能异常标识颜色	红色、黄色，与功能正常标识颜色形成高对比度
	报警模块标识颜色	红色、黄色，与功能正常标识颜色形成高对比度
内容	通用数据	内容和格式应在各子系统界面保持一致
	设备标识	设备名+设备编号
	设备数据	根据数据类型合理选择显示精度
	报警内容	故障内容、时间等

任务实施

1. 实时数据库组态

新建工程"智能分拣控制系统"，在实时数据库中建立变量，如表4-2所示。

表4-2 实时数据库变量表

名称	类型	对象初值	数据说明
复位	开关型	0	系统复位
启动	开关型	0	传送带启动
自动	开关型	0	切换系统自动/手动
物料类型	数值型	0	确定生成的物料类型
物料总数	数值型	0	物料总数
黑色物料计数	数值型	0	黑色物料总数
白色物料计数	数值型	0	白色物料总数
金属物料计数	数值型	0	金属物料总数

名称	类型	对象初值	数据说明
随机数	数值型	0	产生一个随机数
随机数取整	数值型	0	随机数取整作为物料类型
气缸1上下移动	数值型	0	气缸1动作
气缸2上下移动	数值型	0	气缸2动作
气缸3上下移动	数值型	0	气缸3动作
物料水平位置	数值型	0	物料水平移动位置
物料水平位移设定值	数值型	0	物料位置设定值
物料上下位置	数值型	0	物料上下移动位置
传送带运行	数值型	0	传送带运行位置
程序步骤	数值型	0	程序步骤

实时数据库数据设置完成后，返回用户窗口，完成用户窗口的组态设计。

2. 用户窗口组态

用户窗口组态界面如图4-3所示，左侧为图形显示区，反映实体设备的运行状况；右侧为功能区，提供系统控制、系统状态监控及参数显示功能，可以实现系统复位、启停以及物料类型的自动生成，同时进行物料计数和对系统中的传感器状态进行监控。

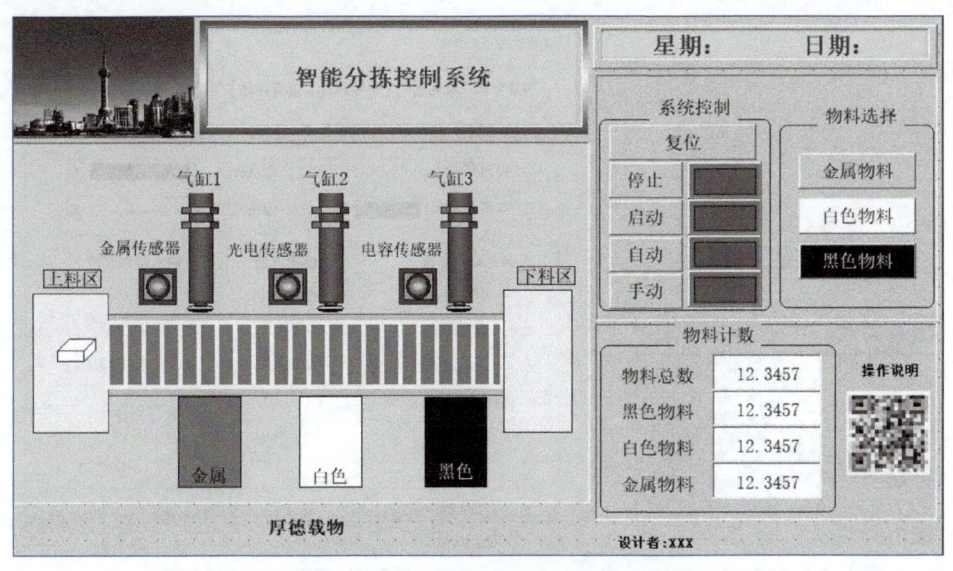

图4-3　用户窗口组态界面

（1）制作传送带

单击工具箱中的"矩形"按钮，在用户窗口空白处单击并拖动鼠标，画出一个大小合

适的矩形框，双击该矩形框，修改"填充颜色"为浅蓝色。单击工具箱中的"流动块"按钮
🔲，画出大小合适的流动块，并关联"启动"变量。

（2）制作气缸

单击公共图库中的"传感器15"，通过分解、绘制和组合等操作完成气缸推杆和气缸的绘制，如图4-4和图4-5所示。具体操作步骤可扫描二维码查看。读者可自行选择图片或采用图库中已有的图片进行绘制。

演示视频
制作气缸

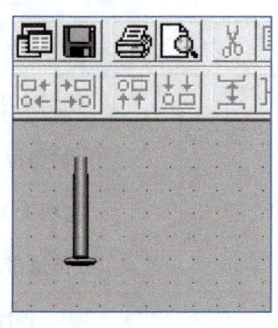

图4-4　制作气缸推杆

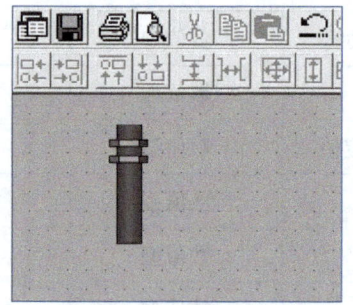

图4-5　制作气缸

（3）工件制作

单击常用图符工具箱中的"立方体"按钮，在用户窗口空白处绘制一个长方体，如图4-6所示。按照图4-7所示进行工件的属性设置，在"属性设置"选项卡中设置"填充颜色"为白色，选中"填充颜色""水平移动""垂直移动""可见度"复选框。其余属性设置如图4-8、图4-9所示。

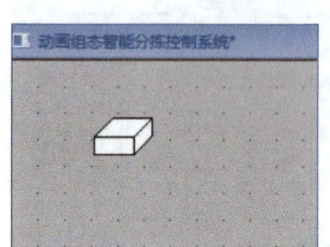

图4-6　制作工件

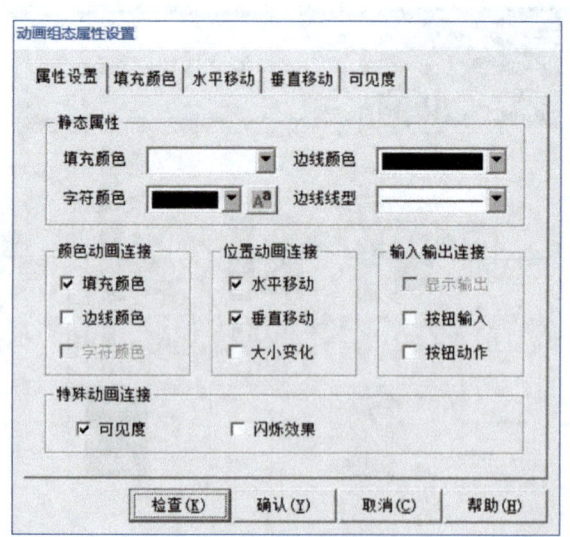

图4-7　工件的属性设置

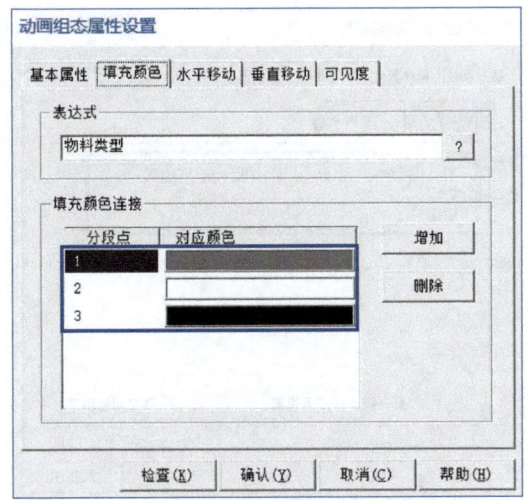

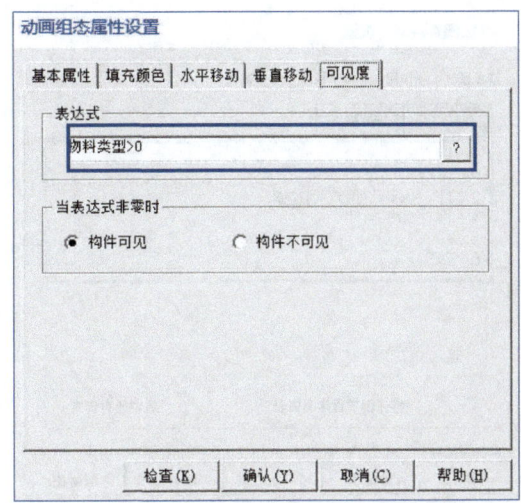

图4-8 工件的填充颜色设置　　　　　　　图4-9 工件的可见度设置

（4）功能区设计

①"系统控制"区制作。依次完成"复位"按钮、"启动"按钮、"停止"按钮、"自动"按钮和"手动"按钮的制作。其中，"启动"按钮连接变量"启动"并"置1"，脚本程序如图4-10所示。"复位"按钮连接变量"复位"并"置1"。请读者自行制作"启动"指示灯、"停止"指示灯、"自动"指示灯、"手动"指示灯。

②"物料选择"区制作。在用户窗口空白处绘制"黑色物料"按钮，设置按钮属性，切换到"脚本程序"选项卡，输入图4-11所示的脚本程序。使用同样的方法制作"白色物料"按钮和"金属物料"按钮。经过调整、排列等操作，将"物料选择"区制作完成。

③"物料计数"区制作。在用户窗口空白处绘制输入框作为"物料总数"的计数显示框，设置输入框属性，切换到"操作属性"选项卡，单击"对应数据对象的名称"选项区域中的 ? 按钮，选择数据对象"物料总数"。使用相同的方法再绘制3个输入框分别作为"黑色物料""白色物料"和"金属物料"的计数显示框，在"操作属性"选项卡中分别连接变量"黑色物料计数""白色物料计数"和"金属物料计数"。最后将文字标签和输入框进行整齐排列。具体操作步骤可扫描二维码查看。

演示视频
"物料计数"区
制作

④传感器状态制作。在用户窗口合适位置绘制电容传感器状态监控指示灯。在"单元属性设置"对话框中切换至"动画连接"选项卡，选中第一个"三维圆球"选项，如图4-12所示，单击 > 按钮，弹出"动画组态属性设置"对话框，在"可见度"选项卡下的"表达式"文本框中输入"物料类型=1 AND（物料水平位置+12）>物料水平位移设定值"，并选中"构件可见"复选框，如图4-13所示。

绘制另外两个指示灯，分别用来监控光电传感器和金属传感器的运行状态，使用相同的方法进行属性设置，在"表达式"文本框中分别输入"物料类型=2 AND（物料水平位置+12）>物料水平位移设定值"和"物料类型=3 AND（物料水平位置+12）>物料水平位移设定值"。

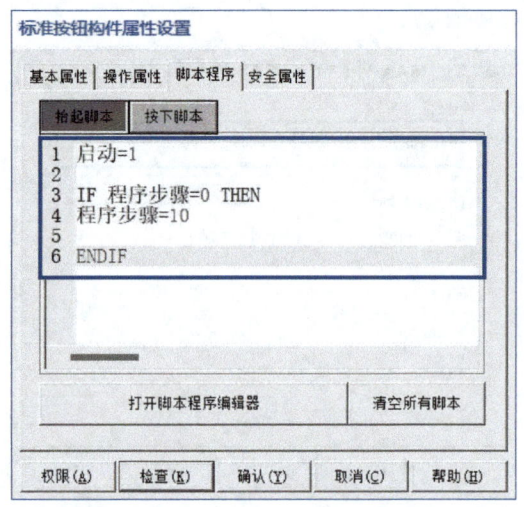

图4-10 "启动"按钮的脚本程序

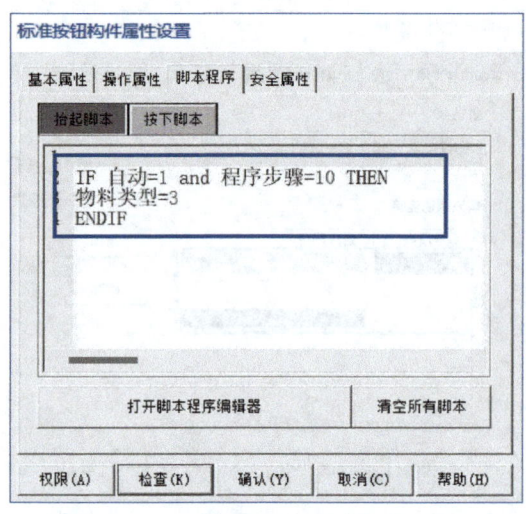

图4-11 "黑色物料"按钮的脚本程序

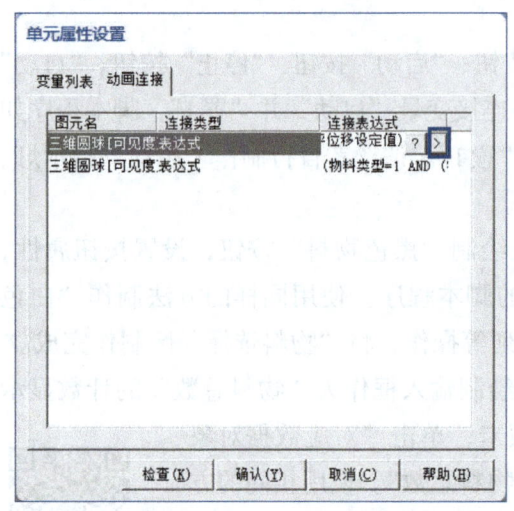

图4-12 电容传感器指示灯的动画连接设置

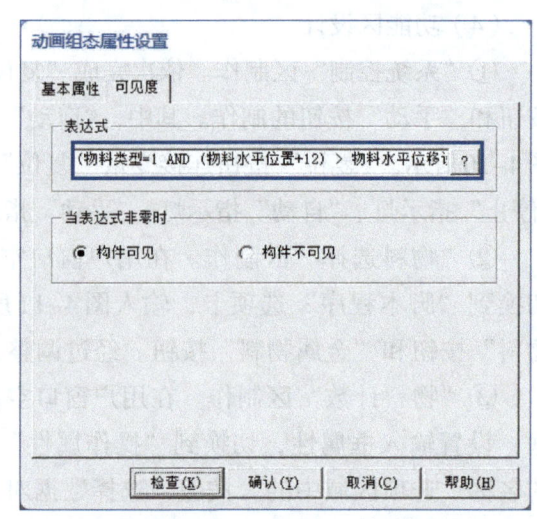

图4-13 电容传感器指示灯的可见度设置

（5）建立完整的用户窗口

经过以上几个步骤，可以制作出用户窗口所需的所有图元，其他辅助图元都由不同底色或者无底色的矩形、圆角矩形等图元和文字标签组成，参照图4-3，经过调整大小、排列等操作，即可制作完成一个完整美观的"智能分拣控制系统"用户窗口。

3. 运行策略组态

图4-14所示为系统运行脚本程序流程图。仿真系统自动随机产生不同类型的物料，根据物料类型确定不同物料在传送带上被送入料仓的位置；物料产生后，在传送带上进行水平移动，过程中传感器进行检测，根据检测结果，各个气缸动作，将物料推入正确料仓，等新的物料随机生成，进入下一轮循环。完整脚本程序可扫描二维码查看。

源代码
智能分拣控制
系统完整脚本
程序

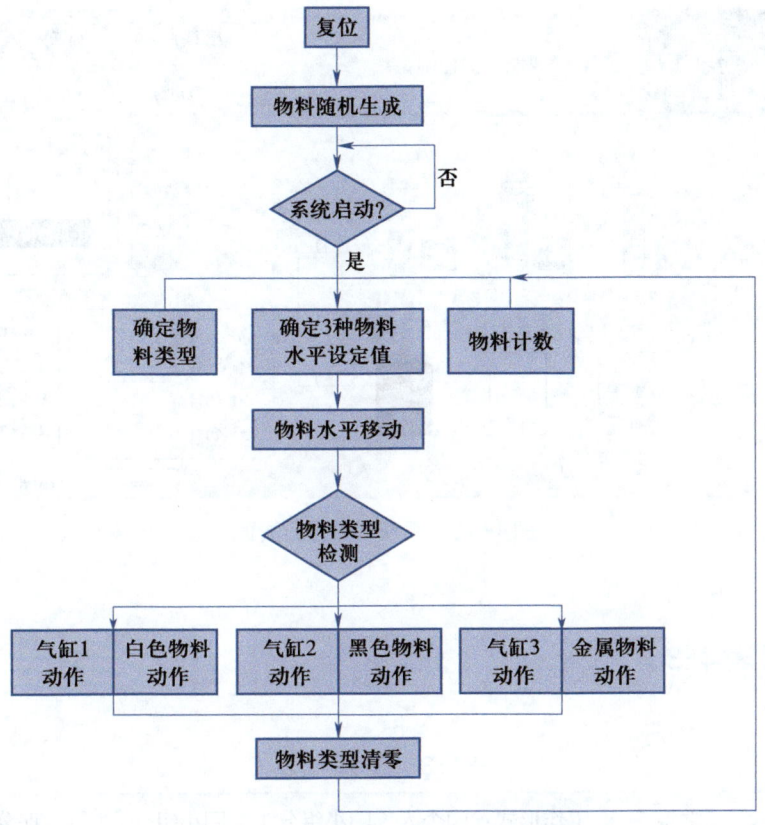

图4-14　系统运行脚本程序流程图

4. 调试运行

① 自动模式：点击"自动"按钮，"自动"指示灯显示为绿色。点击"启动"按钮，传送带开始运行，系统随机生成各种类型的工件在传送带上移动，观察不同类型物料被推入不同料仓，同时开始物料计数。点击"停止"按钮，传送带停止，工件复位，系统停止运行。

演示视频
智能分拣控制
系统运行效果

② 手动模式：点击"手动"按钮，"手动"指示灯显示为绿色。点击"启动"按钮，传送带开始运行，没有物料产生。点击"黑色物料"按钮，黑色物料开始随传送带动作并正确分拣，系统能够正常运行，运行效果可扫描二维码查看。

图4-15所示为"下载配置"对话框，图4-16所示为系统模拟运行界面。

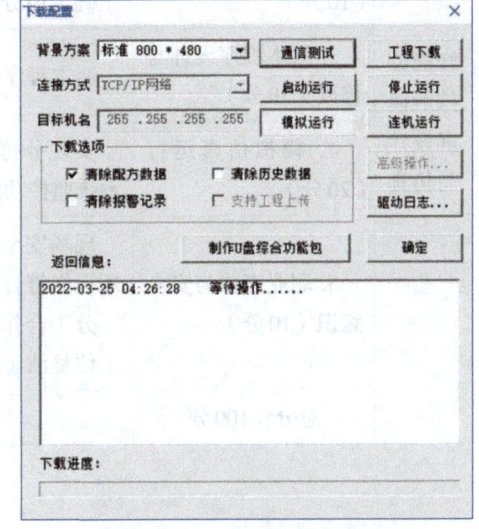

图4-15　"下载配置"对话框

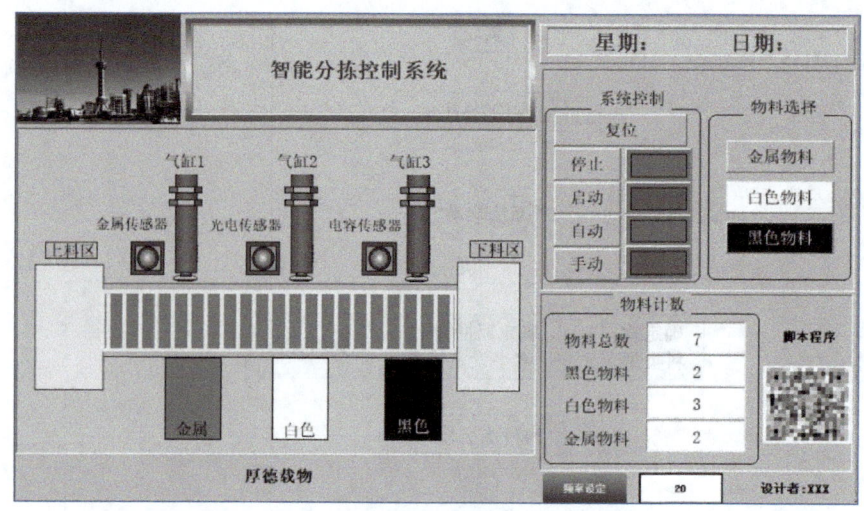

图4-16 系统模拟运行界面

任务评价（表4-3）

表4-3 任务评价表

评分表	_____学年	工作形式：□个人 □小组分工 □小组	评分		工作时间
任务	训练内容与分值	训练要求	学生自评	教师评分	
智能分拣触摸屏设计与仿真	1. 组态界面制作（30分）	窗口组态布局合理，色彩搭配合理，内容正确，包含任务要求中的所有元素（30分）			
	2. 数据库变量建立（10分）	窗口中进行连接的变量名称和类型设置正确（10分）			
	3. 脚本程序设计与修改（30分）	脚本程序书写规范，功能正确（30分）			
	4. 模拟仿真运行（20分）	实现分拣功能、手动模式和自动模式、系统监控功能（20分）			
	5. 职业素养与安全意识（10分）	现场安全保护；工具、器材、导线等处理操作符合职业要求（5分） 分工合作，配合紧密；遵守纪律，保持工位整洁（5分）			
	总分：100分	学生：	教师：	日期：	

远程云端控制与调试

任务描述

根据客户要求，在云端控制智能分拣控制系统，节约运维成本。

任务分析

现场工程师将服务器部署好后，根据客户要求，首先要进行触摸屏端设备组态配置、触摸屏端用户窗口设置，然后在云端开发控制界面，并完成变量连接，通过手机/计算机监控触摸屏，大大节约客户设备的运维成本。

任务实施

1. 触摸屏端设备组态配置

将云服务器部署好后，可以在McgsWeb上开发可视化界面，通过配套组态软件组态工程的mlink驱动，将触摸屏数据上报至服务器。

（1）添加mlink驱动

在工作台中激活设备窗口，双击 设备窗口 按钮进入设备组态界面。单击工具条中的 按钮，打开"设备工具箱"对话框，双击"mlink"，将其添加至选定设备中，再单击"确认"按钮。

（2）mlink驱动配置

双击mlink驱动，连接变量，如图4-17所示。这里需要注意的是，"设备名称""服务地址""服务端口"这3个通道必须连接变量，连接变量后可以在触摸屏上进行相应的设置，从而将触摸屏连接到云端服务器。

（3）属性设置

第1步，单击"设置设备内部属性"按钮 ，打开"McgsLink驱动"对话框，如图4-18所示；第2步，在"访问控制"选项区域中输入McgsWeb页面"访问控制"中的用户名和密码，如图4-19所示；第3步，单击"关联"按钮，将智能分拣控制系统变量选中；第4步，单击"确定"按钮。

2. 触摸屏端用户窗口组态

首先在用户窗口中新建图4-20所示的窗口，其中，"通信状态""服务器地址""端口""设备名称"标签的"显示输出"属性分别连接同名的数据库变量；然后在触摸屏中运行工程，并输入服务器地址、设备名称和端口，如设置服务器地址为"139.196.40.135"，设备名称为"大国工匠"，端口为"35007"，设置好后，通信状态会跳变为"0"，说明触摸屏已经和云端连接成功。

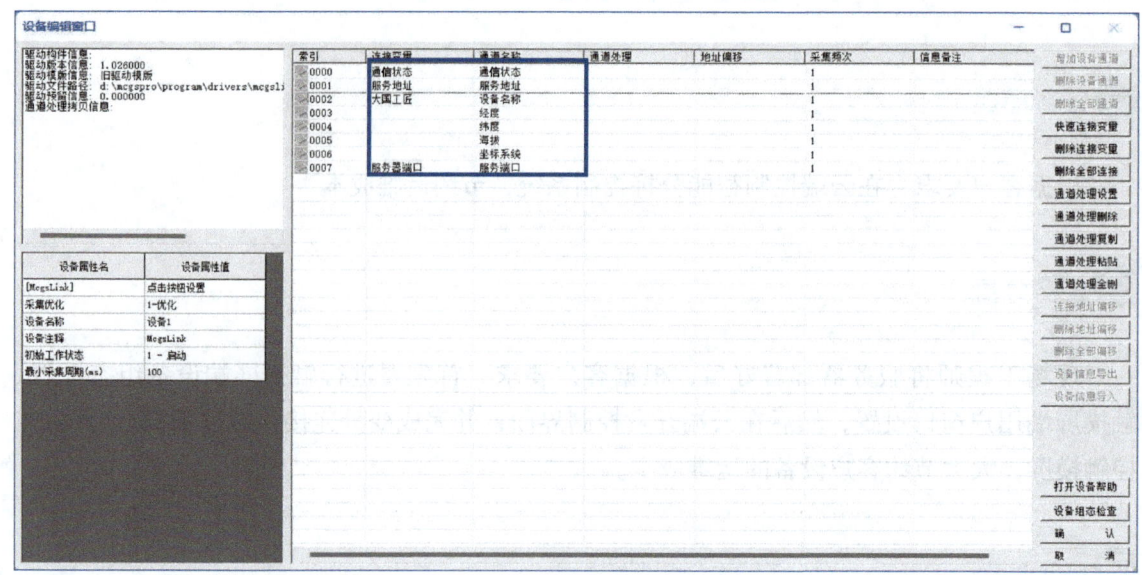

图4-17　mlink驱动连接变量

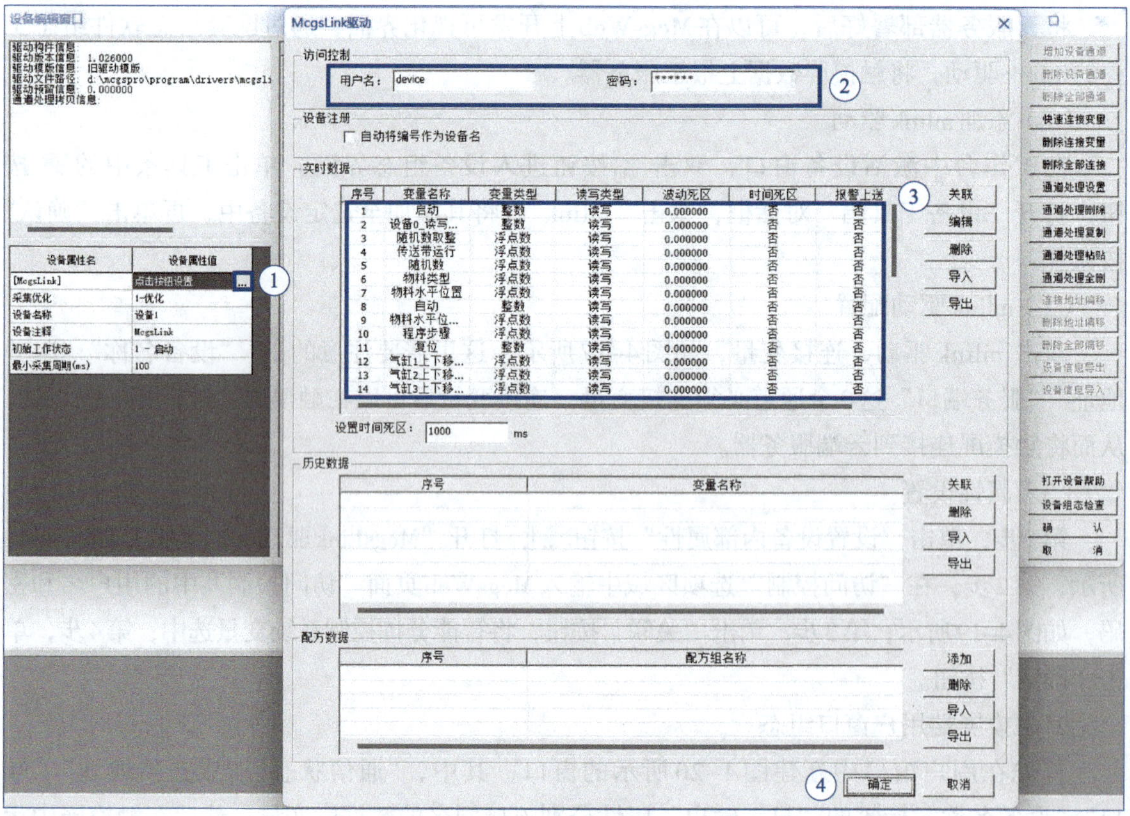

图4-18　"McgsLink驱动"对话框

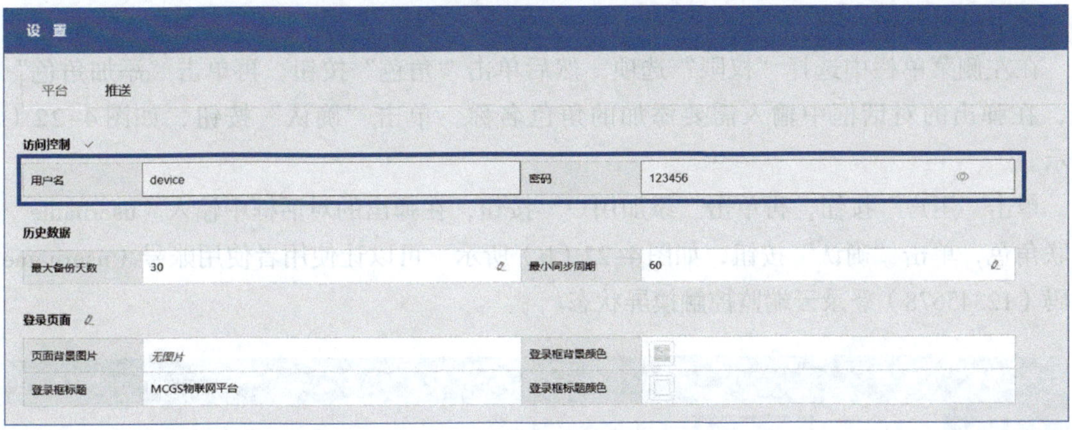

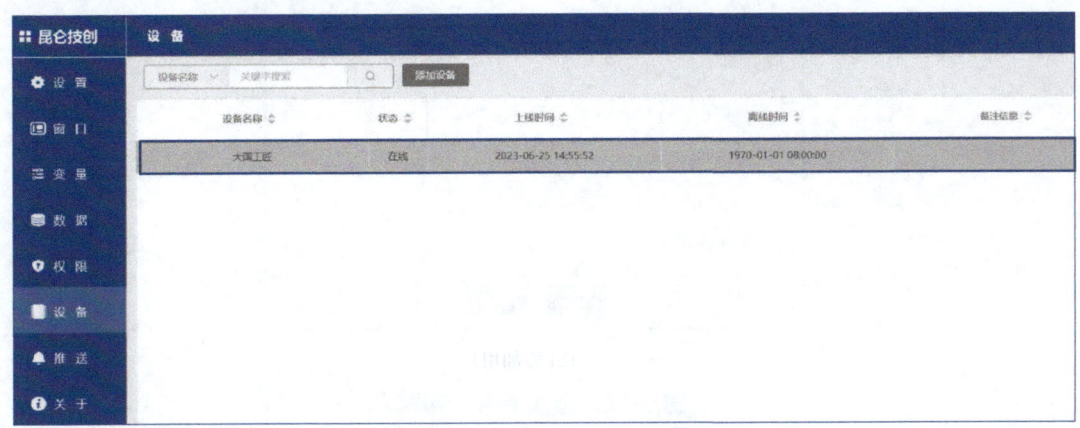

图4-19 McgsWeb页面的"访问控制"设置

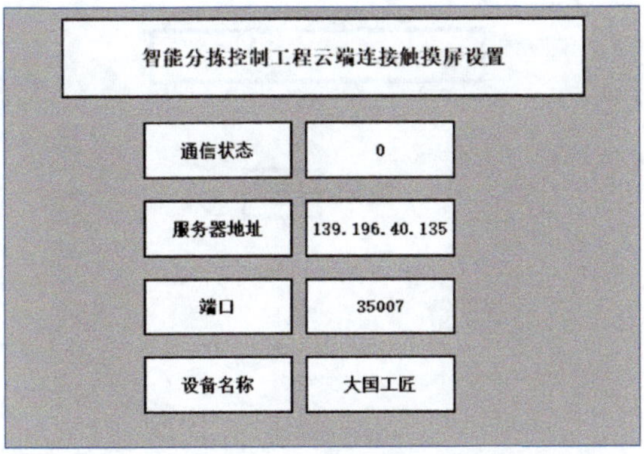

智能分拣控制工程云端连接触摸屏设置

通信状态	0
服务器地址	139.196.40.135
端口	35007
设备名称	大国工匠

图4-20 触摸屏用户窗口

3. 云端组态

在浏览器中访问McgsWeb的组态网络地址，登录网页，用户名称为"admin"，用户密码为"4006007062"，切换到"设备"页面，可以看到"大国工匠"设备已上线，如图4-21所示。

图4-21 云端组态设备查看

（1）权限管理

在左侧菜单栏中选择"权限"选项，然后单击"角色"按钮，再单击"添加角色"按钮，在弹出的对话框中输入需要添加的角色名称，单击"确认"按钮，如图4-22（a）所示。

单击"用户"按钮，再单击"添加用户"按钮，在弹出的对话框中输入"username"并关联角色，单击"确认"按钮，如图4-22（b）所示，可以让使用者使用账号（username）、密码（12345678）登录云端监控触摸屏状态。

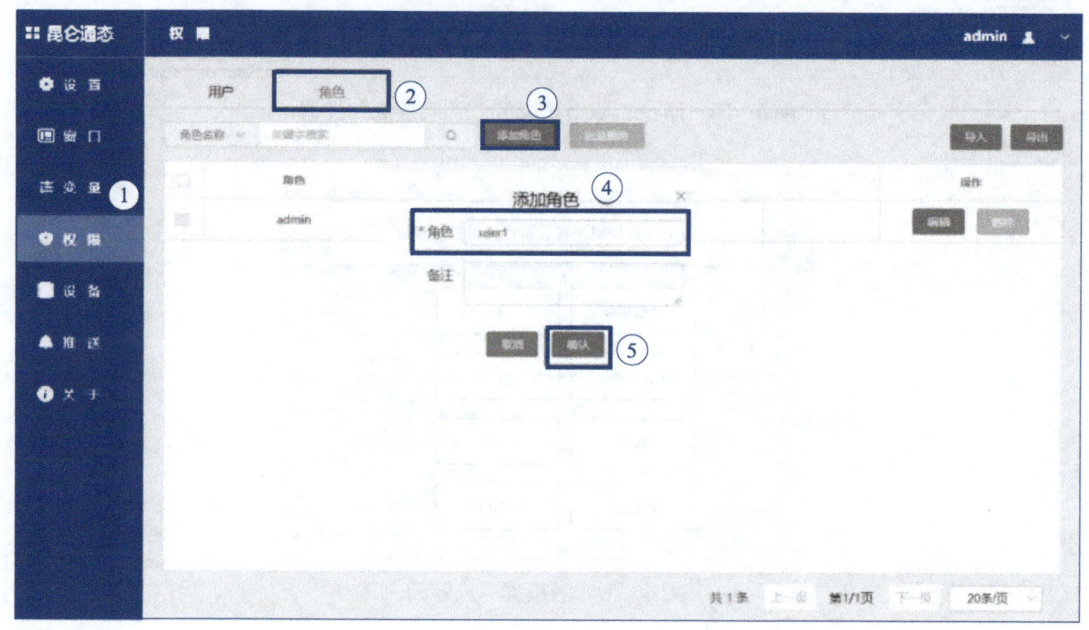

(a) 添加角色

(b) 添加用户

图4-22　添加角色、用户

（2）添加窗口

在左侧菜单栏中选择"窗口"选项，单击"添加窗口"按钮，可以在弹出的对话框中对窗口的名称进行修改，并关联角色，单击"确认"按钮，关联的角色可以对该窗口进行查看。单击"编辑"按钮，可以进入窗口组态页面。

（3）编辑窗口

添加构件：从左侧"基础组件"中选择"标签"拖曳至组态画面，在右侧"样式"选项卡中将"文本内容"修改为"物料总量"，如图4-23所示。用同样的方法添加"黑色物料""白色物料""金属物料"文本。照此方法，编辑如图4-24所示的界面。

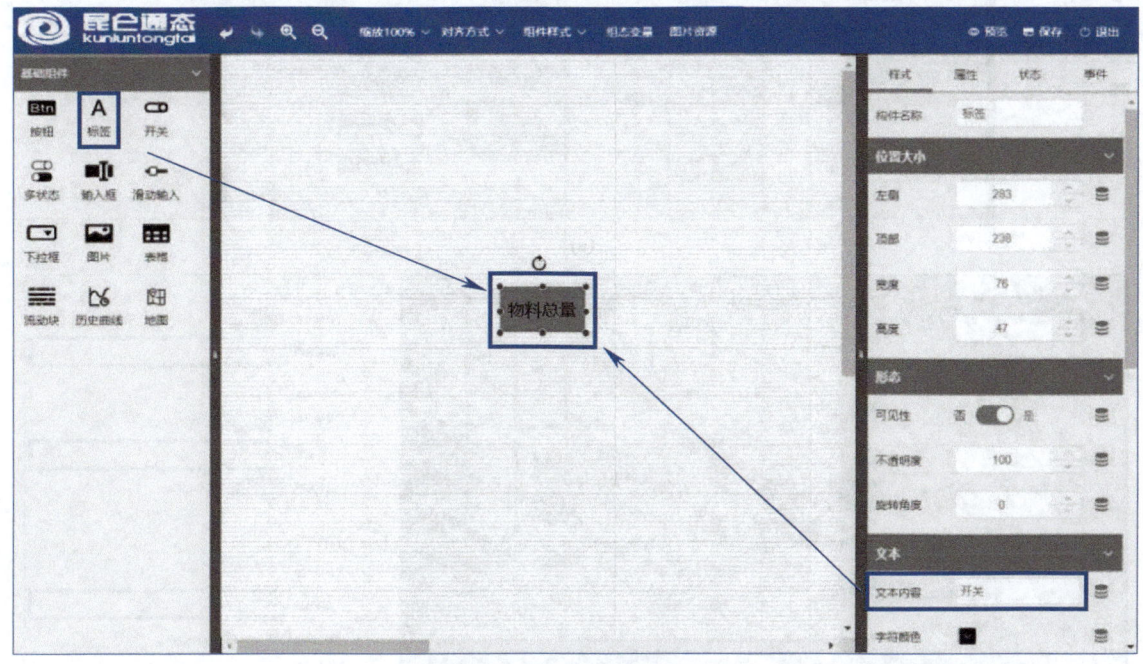

图4-23　添加标签

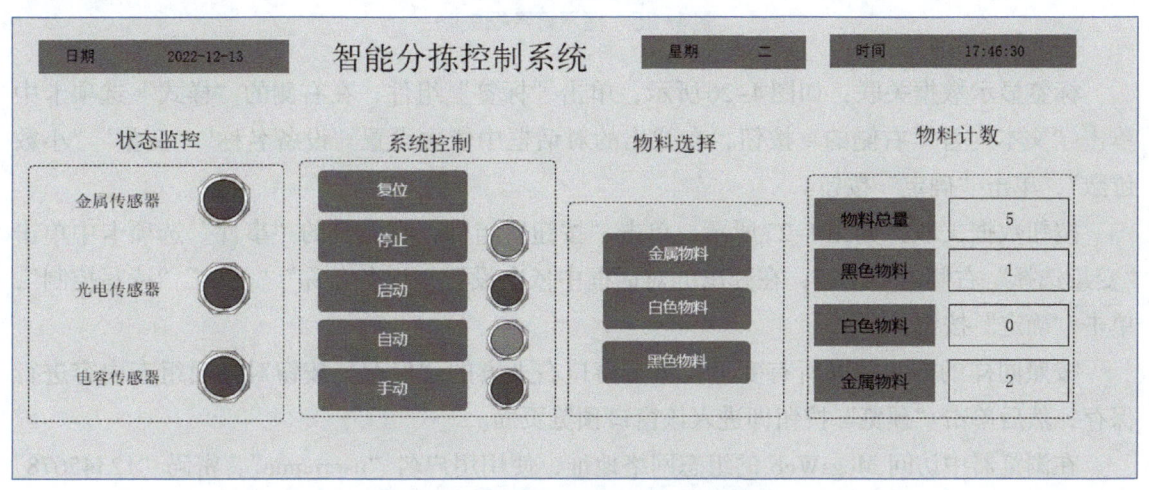

图4-24　智能分拣控制系统云端界面

（4）数据关联

指示灯数据关联：单击"多状态"控件，在"属性"选项卡中单击"运行状态"右侧的 按钮，在弹出的对话框中依次设置"设备名称""变量"，将"类型转换"设置为"自动"，单击"确定"按钮，如图4-25所示。具体操作步骤可扫描二维码查看。

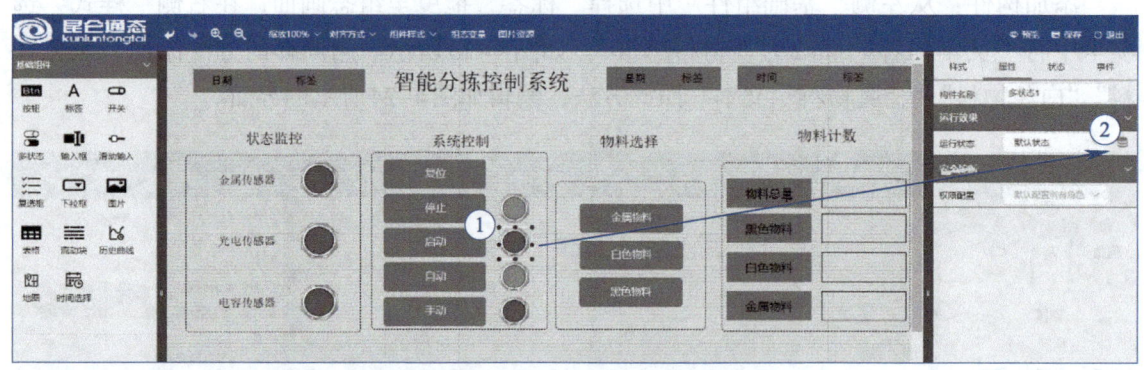

(a)

(b)

图4-25　指示灯数据关联

标签显示数据关联：如图4-26所示，单击"标签"组件，在右侧的"样式"选项卡中单击"文本内容"右侧的 按钮，在弹出的对话框中依次设置"设备名称""变量""小数位数"，单击"确定"按钮。

按钮数据关联：如图4-27所示，单击"按钮"组件，在右侧的"事件"选项卡中单击"变量选择"右侧的 按钮，在弹出的对话框中依次设置"设备名称""变量""读写控制"，单击"确定"按钮。

按照同样的方法关联所有变量，单击窗口右上方的"保存"按钮对画面组态内容进行保存，然后单击"预览"按钮即进入该窗口预览页面。

在浏览器中访问 McgsWeb 的组态网络地址，使用用户名"username"、密码"12345678"即可登录图4-24所示的界面，对"智能分拣控制系统"进行监控。

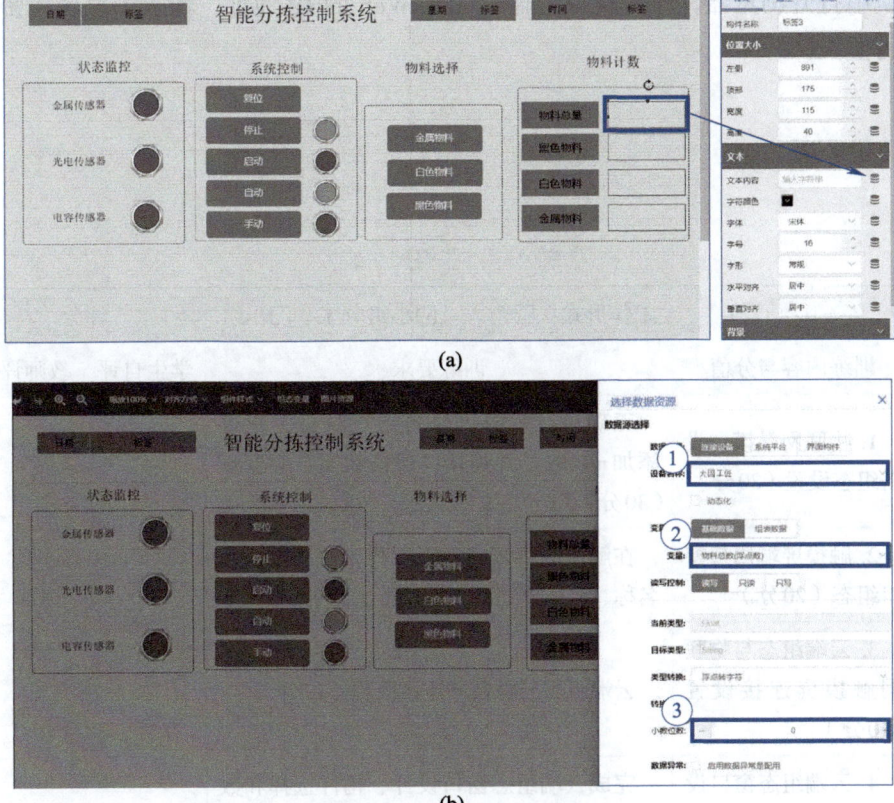

图4-26 标签显示数据关联

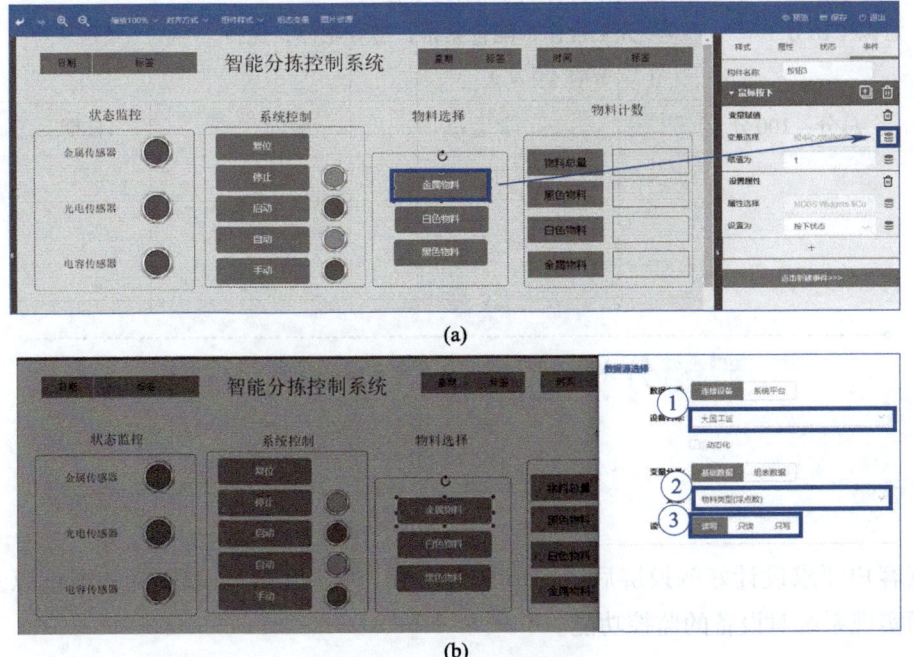

图4-27 按钮数据关联

在手机中打开浏览器，在地址栏中输入 McgsWeb 的 IP 地址，输入用户名和密码也可以用手机进行监控。

任务评价（表4-4）

表4-4 任务评价表

评分表 _____学年		工作形式：□个人 □小组分工 □小组		评分		工作时间
任务	训练内容与分值	训练要求		学生自评	教师评分	
远程云端控制与调试	1. 物联网触摸屏设备组态设置（30分）	正确进行触摸屏设备组态设置，正确添加mLink，并连接"通信状态"等变量（30分）				
	2. 触摸屏端用户窗口组态（20分）	在触摸屏中正确运行工程，并设置设备名称、服务器地址、端口等（20分）				
	3. 云端组态与物联网触摸屏连接设置（10分）	云端组态与触摸屏连接成功（10分）				
	4. 云端组态窗口设计及数据关联（30分）	完成云端组态窗口设计、构件选择和数据关联，正确运行云端组态界面（30分）				
	5. 职业素养与安全意识（10分）	现场安全保护；工具、器材、导线等处理操作符合职业要求（5分） 分工合作，配合紧密；遵守纪律，保持工位整洁（5分）				
	总分：100分	学生：	教师：		日期：	

任务三
智能分拣控制系统控制与运行

任务描述

根据客户要求设计好触摸屏后，完成PLC编程，实现PLC与触摸屏的通信以及系统调试，从而实现系统对设备的监控功能。

任务分析

为实现系统联调，首先通过McgsPro软件进行触摸屏设备组态设置并在触摸屏界面中正确连接PLC变量，然后根据功能要求进行PLC编程，最后正确设置变频器参数，进行系统调试并实现智能分拣控制系统的手动/自动功能。

任务实施

1. 设备组态

设备使用西门子S7-1500 PLC，输入指令信号包括传感器信号、变频器输入信号等，输出控制信号包括变频器驱动信号、状态显示信号、气缸控制信号等。PLC I/O信号分配如表4-5所示。

表4-5 PLC I/O信号分配

PLC变量	触摸屏变量	PLC变量	触摸屏变量
料仓传感器	I8.2	手动	M20.1
金属传感器	I8.3	自动	M20.2
电容传感器	I8.4	复位	M20.3
光电传感器	I8.5	送料气缸按钮	M10.0
急停	I12.6	金属气缸按钮	M10.1
S1按钮	I0.0	白色气缸按钮	M10.2
S2按钮	I0.1	黑色气缸按钮	M10.3
S3按钮	I0.2	电机启动按钮	M10.5
S4按钮	I0.3	系统自动按钮	M10.6
频率设定	AQ80	电机运行指示灯	Q5.4
频率反馈	AI1	手动指示灯	Q5.5
S1指示灯	Q5.0	自动指示灯	Q5.6
S2指示灯	Q5.1	送料气缸	Q4.4
S3指示灯	Q5.2	气缸1	Q4.5
S4指示灯	Q5.3	气缸2	Q4.6
急停	M20.0	气缸3	Q4.7

在设备窗口中，先后双击"通用TCP/IP父设备"和"西门子_1500"，将其添加至设备组态窗口中。参照表4-5增加相应的PLC寄存器通道，完成设备组态设置。

2. PLC编程

根据控制要求，系统程序流程图如图4-28所示。程序设计可采用状态转移程序，按照控制要求执行。

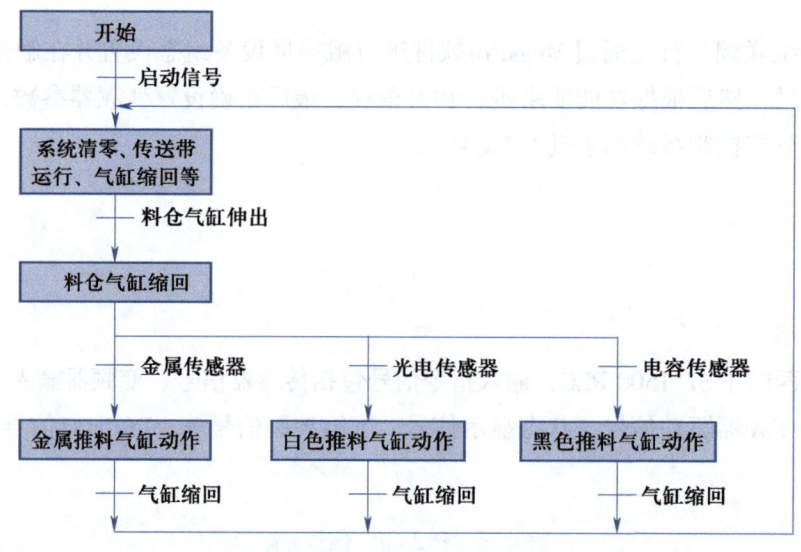

图4-28　系统程序流程图

图4-29所示为频率给定程序段，触摸屏频率给定输入框与PLC数据寄存器变量相连接，通过输入框可以对变频器进行频率设定，范围是0~50 Hz。读者可自行完成PLC程序编写。

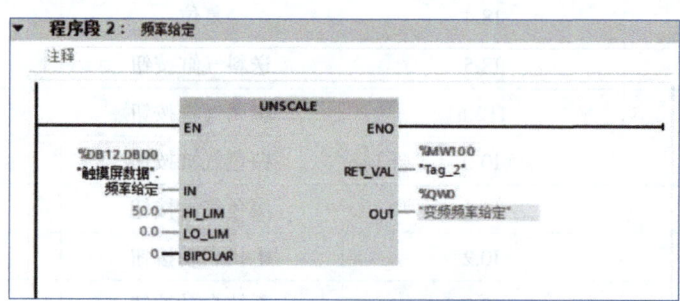

图4-29　频率给定程序段

3. 变频器参数设置

变频器参数设置如表4-6所示。设置变频器参数，设置连接宏Cn002。

表4-6　变频器参数设置

参数	描述	工厂默认值	Cn002默认值	备注
P0700[0]	选择命令源	1	2	以端子为命令源
P1000[0]	选择频率	1	2	模拟量设定值1
P0701[0]	数字量输入1的功能	0	1	ON/OFF命令
P0702[0]	数字量输入2的功能	0	12	反转
P0703[0]	数字量输入3的功能	9	9	故障确认

参数	描述	工厂默认值	Cn002默认值	备注
P0704[0]	数字量输入4的功能	15	10	正向点动
P0771[0]	CI：模拟量输出	21	21	实际频率
P0731[0]	BI：数字量输出1的功能	52.3	52.2	变频器正在运行
P0732[0]	BI：数字量输出2的功能	52.7	52.3	变频器故障激活

4. 测试联机功能

将组态程序下载到触摸屏中，再通过以太网方式连接PLC与触摸屏，测试步骤如下。进行测试时设备实际动作应该与触摸屏上的仿真动作一致。

① 自动模式：点击"自动"按钮，"自动"指示灯显示为绿色。点击"启动"按钮，传送带开始运行，送料气缸将料仓中的工件推入传送带中，不同类型物料被分拣，同时触摸屏上开始物料计数。点击"停止"按钮，传送带停止，工件复位，系统停止运行。

② 手动模式：点击"手动"按钮，"手动"指示灯显示为绿色。点击"启动"按钮，传送带开始运行，没有物料产生。点击"黑色物料"按钮，黑色物料开始随传送带动作并正确分拣，系统能够正常运行。

📝 **任务评价（表4-7）**

表4-7　任务评价表

评分表 _____ 学年		工作形式：□个人　□小组分工　□小组		评分		工作时间
任务	训练内容与分值	训练要求		学生自评	教师评分	
智能分拣控制系统控制与运行	1. 组态下载（10分）	将组态工程正确下载至触摸屏中（10分）				
	2. 通信连接（15分）	PLC和触摸屏通信成功（15分）				
	3. 脚本程序与PLC程序编写（30分）	PLC程序编写正确（30分）				
	4. PLC变量连接（15分）	将PLC变量与组态中的构件正确连接（15分）				
	5. 功能测试（20分）	正确实现分拣功能，正确运行手动控制和自动控制功能（20分）				
	6. 职业素养与安全意识（10分）	现场安全保护；工具、器材、导线等处理操作符合职业要求（5分）　分工合作，配合紧密；遵守纪律，保持工位整洁（5分）				
	总分：100分	学生：	教师：		日期：	

项目小结

通过本项目的学习，读者可以了解智能分拣控制系统的工艺流程，掌握智能分拣控制系统触摸屏界面设计，能够进行系统模拟，掌握PLC与触摸屏变量连接方法，并能在云端实现对设备的远程监控。请读者进行本项目各任务的操作，为后续学习打下基础。

思考与练习

1. 思考题

（1）工件的水平移动和垂直移动动画是如何实现的？请找出工件垂直移动相关的程序语句。

（2）工件是如何随机生成的？使用什么函数？

（3）如何进行mlink内部属性的设置？

（4）任务实施过程中气缸的推出动作是否会和工件到位不一致？如果有此情况，如何调整？

（5）思考PLC与触摸屏通信连接的参数设置方法。

2. 操作题

（1）使用McgsPro完成智能分拣控制系统界面仿真。

（2）使用McgsWeb完成云端组态构建及与设备的连接。

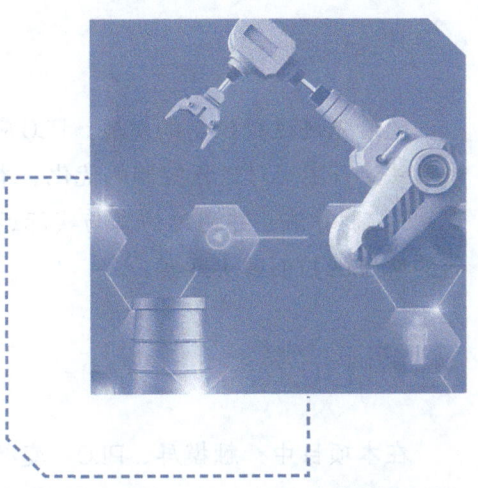

PID 智能液位控制系统

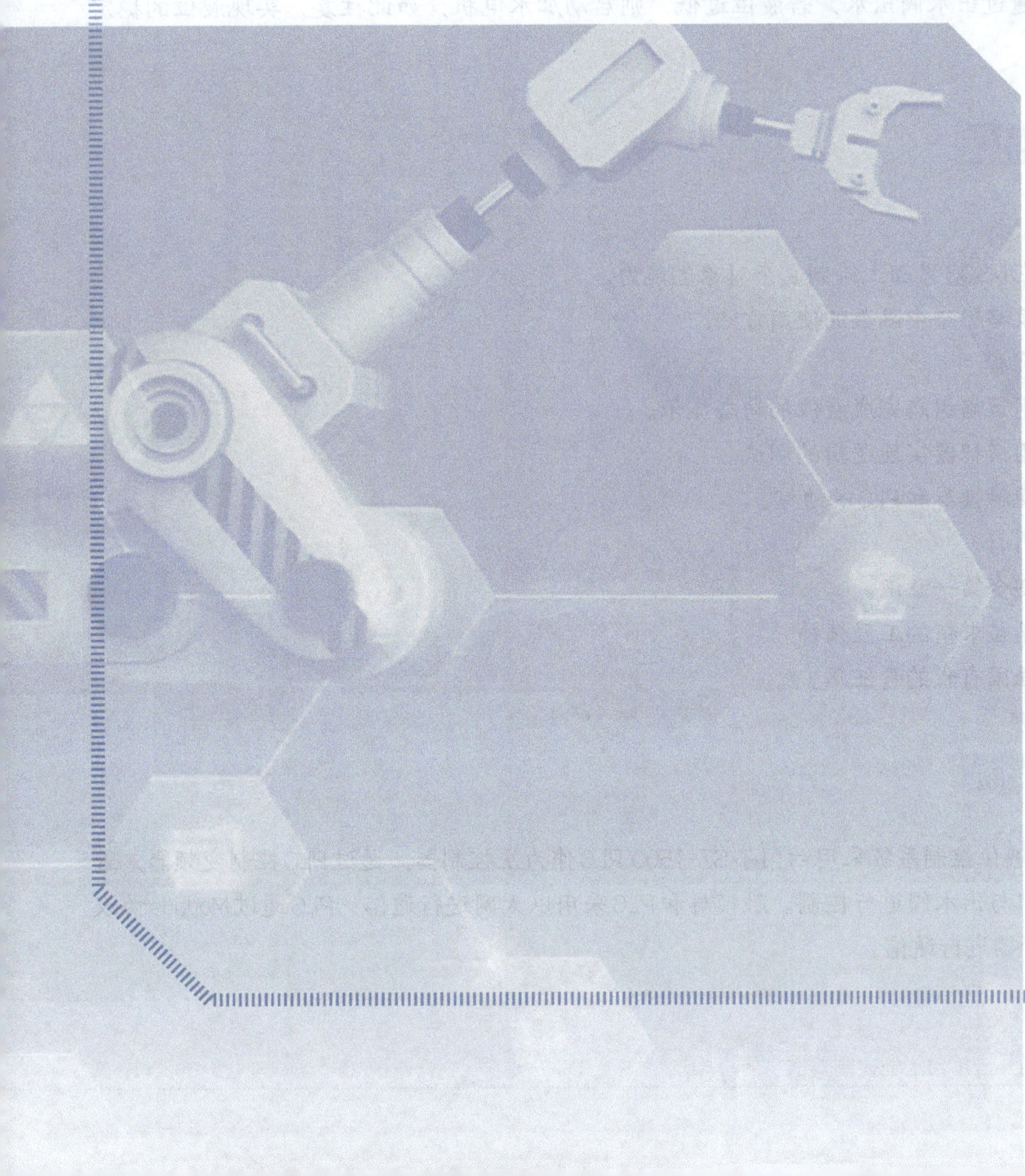

随着先进过程控制的发展，PLC应用技术广泛应用于过程控制系统。PID作为典型的控制算法，可实现对过程控制的优化。本项目采用昆仑通态软件、物联网触摸屏，在PLC中实现PID控制算法，并通过仿真与实际运行实现控制效果。本项目将提供触摸屏、PLC、变频器的Modbus控制解决方案。

📃 项目描述

在本项目中，触摸屏、PLC、变频器之间采用Modbus通信，触摸屏通过以太网协议与S7-1500 PLC通信，S7-1500 PLC通过Modbus协议与G120C变频器通信，实现电机的调速，以及电机对出水阀与进水阀的开度调节。系统采用超声波雷达液位传感器检测当前液位，在触摸屏中设置液位期望高度，PLC检测实际液位，并对比实际液位值与预设液位值，若液位过高，则通过出水阀出水，若液位过低，则启动加水电机，如此往复，实现液位的稳定控制。

⛓ 项目目标

➢ **知识目标**

1. 掌握在MSCG界面上绘制复杂对象的能力。
2. 掌握策略组态中函数的使用方法。

➢ **能力目标**

1. 能使用策略组态完成液位的动态显示。
2. 能使用模拟器实现逻辑的调试。
3. 能实现触摸屏和PLC的通信。

➢ **素养目标**

1. 增强安全第一意识。
2. 培养精益求精的工匠精神。
3. 增强强国有我的责任感。

🔍 项目分析

PID智能液位控制系统采用西门子S7-1500 PLC作为主控制器，通过PLC控制变频器，进而对加水电机与出水阀进行控制。触摸屏和PLC采用以太网进行通信，PLC通过Modbus协议与G120C变频器进行通信。

通过PLC控制变频器的方案，实现操作以及系统监控；使用超声波传感器检测液位，变频器电机控制加水电机与出水阀，最终实现对液位的智能化控制。

本项目分2个任务实施：任务一为PID智能液位控制系统设计与仿真；任务二为PID智能液位控制系统控制与运行。

任务一
PID智能液位控制系统设计与仿真

📠 任务描述

触摸屏主要用于满足基础的控制要求，并显示软件版本、功能介绍等信息，提高系统的可读性，增强系统在操作过程中的可操作性。触摸屏主要界面构成如图4-30所示。

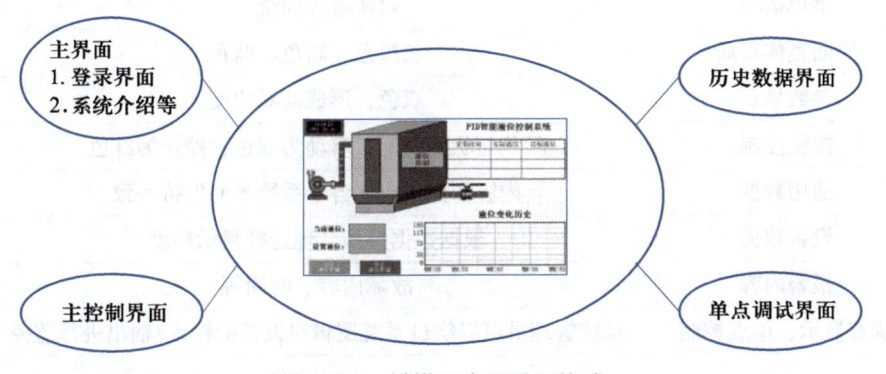

图4-30 触摸屏主要界面构成

📖 任务分析

本系统采用PLC实时采集传感器数据，并通过触摸屏进行展示；采用变频器控制相应的电机实现液体添加的控制、水的释放控制等，并监控记录分拣运行情况。根据控制要求，电气系统控制框图如图4-31所示。

触摸屏界面在功能上应尽可能全面，满足不同的应用场景，如表4-8所示。

项目资料
MCGS安装
配置手册

项目资料
MCGS画面
操作说明

源代码
液位控制系统
MCGS画面
程序

源代码
液位控制系统
PLC程序

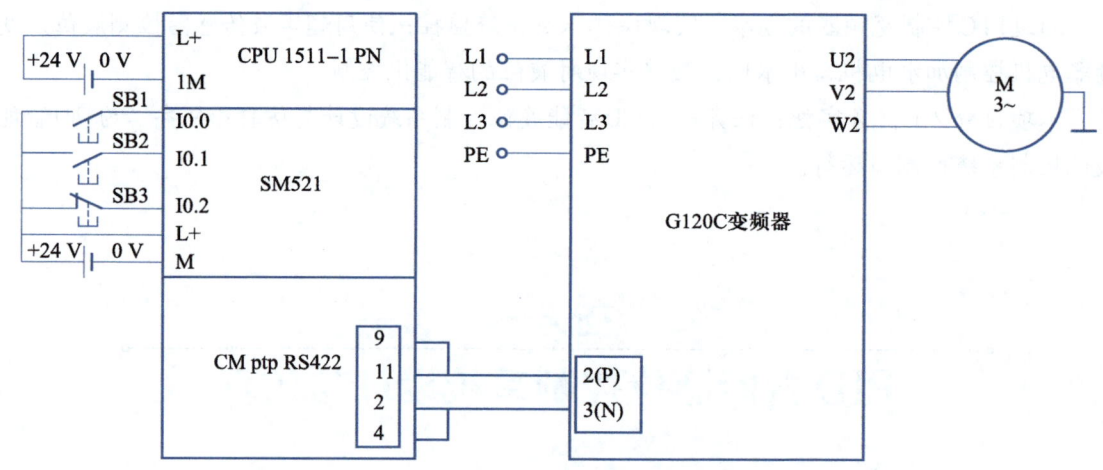

图 4-31　电气系统控制框图

表 4-8　触摸屏界面功能模块设计

类别	设计内容	设计方案
主界面	密码登录	设置密码权限，不同权限的用户有不同的操作权限
	菜单选项	对所有界面统一
主控制界面	界面整体布局	灰黑色、暗色、蓝色
	参数显示	双色，形成高对比度
	按钮控制	颜色与状态匹配，启动为绿色，停止为红色
历史数据界面	通用数据	内容和格式应在各子系统界面保持一致
	设备数据	根据数据类型合理选择显示精度
	报警内容	故障内容、时间等
单点调试界面	状态显示、单点控制	系统管理员可以绕过系统逻辑对设备的输入/输出进行监控

任务实施

演示视频
MCGS操作

1. 实时数据库组态

新建工程"PID智能液位控制系统"，在实时数据库中建立变量，如表4-9所示。

表 4-9　实时数据库变量表

名称	类型	对象初值	数据说明
实际液位	浮点数	0.0	液位的实际值
设置液位	浮点数	0.0	液位的设定值
启动液位控制系统	布尔型	1	液位控制系统启动
关闭液位控制系统	布尔型	0	液位控制系统关闭

名称	类型	对象初值	数据说明
变频器频率	浮点数	0	变频器高频段
出水阀开关	布尔型	0	出水阀开关
变频器启动	布尔型	0	变频器启动信号

实时数据库数据设置完成后，进入用户窗口，进行用户窗口的组态设计。在设计之初，需要完成界面设计，使之在功能上达到要求。

2. 用户窗口组态

图4-32所示为用户主界面窗体，启动按钮为系统启动的主控按钮，即通过启动按钮打开液位控制系统，自动设置液位的高度，变频器电机工作，水阀工作，并在界面上实时显示设备状态与液位，同时对系统的其他数据进行监控，对历史数据进行显示。

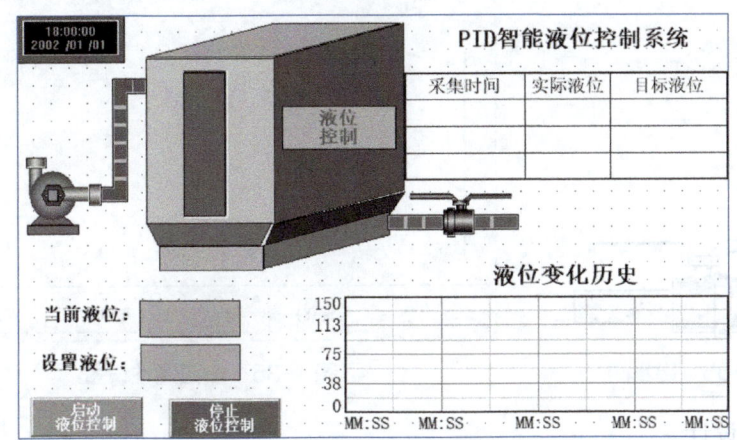

图4-32　用户主界面窗体

（1）加水电机与蓝色管道的制作

加水电机与蓝色管道如图4-33所示。其中加水电机主要由两个图形组合而成，先通过导入SVG格式图片的方式实现加水电机，再使用工具绘制一个圆形放在加水电机的图层之上，通过该圆形的颜色填充来显示加水电机的状态。

（2）水箱的制作

单击公共图库中的"矩形"，将其拉入显示区，调整大小并调整背景色，完成水箱的制作并显示液位高度柱，如图4-34所示。

（3）出水阀的制作

出水阀由多个图形组成，单击公共图库中的"矩形"，将其拉入显示区，调整大小并调整背景色，完成出水阀的制作，如图4-35所示。

（4）按钮属性设置

右击按钮，在弹出的快捷菜单中选择"属性"，弹出图4-36所示的对话框，设置数据连接对象。

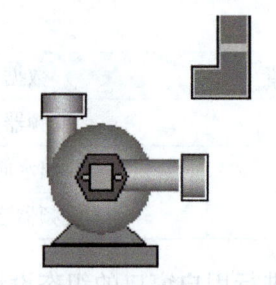

图4-33 加水电机与蓝色管道

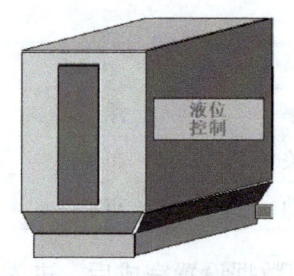

图4-34 水箱及液位高度柱

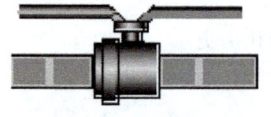

图4-35 出水阀

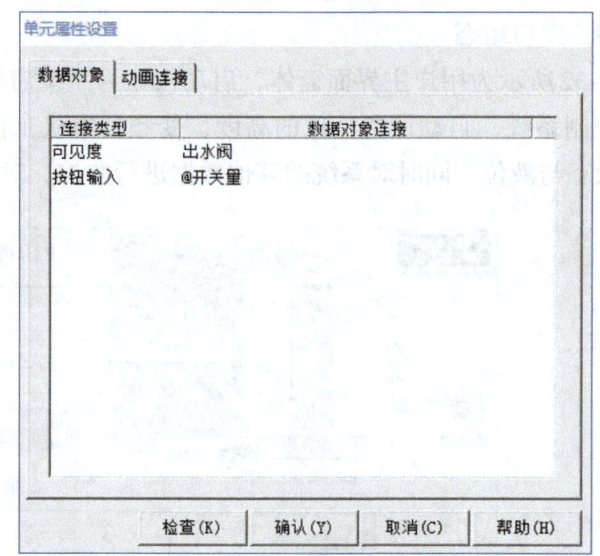

图4-36 按钮属性设置

（5）功能区设计

① 系统功能设计。如图4-37所示，点击"启动液位控制"按钮后，触摸屏给PLC发送PID方式启动液位控制系统的控制指令，在PLC的控制逻辑中就开始使能PID控制系统。如图4-38所示，点击"停止液位控制"按钮后，PID控制失效，只能通过手动按钮对系统进行控制，即管理员切换至单点调试界面，通过单点调试界面上的功能对系统进行调试。

② 历史数据区绘制。在右侧空白区域绘制历史曲线，这样就可以在触摸屏界面中看到液位的变化趋势，图形化表示使之更容易理解。

③ 当前液位、设置液位显示。在界面中添加标签，并将标签中的数据值显示在界面上，设置步骤如图4-39和图4-40所示。

3. 调试运行

单击"模拟运行"按钮，使界面进入模拟运行模式，在模拟运行条件下测试系统功能，如图4-41和图4-42所示。

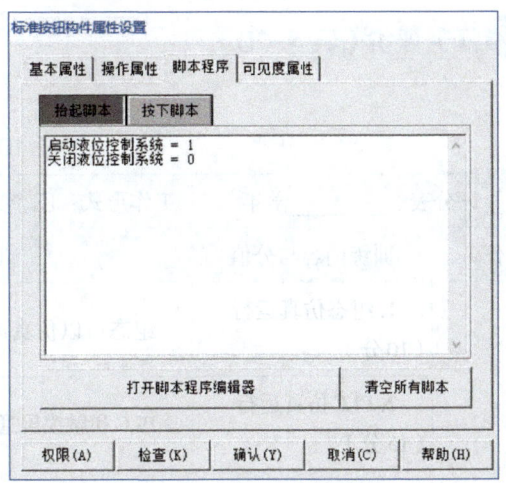

图4-37　启动液位控制

图4-38　停止液位控制

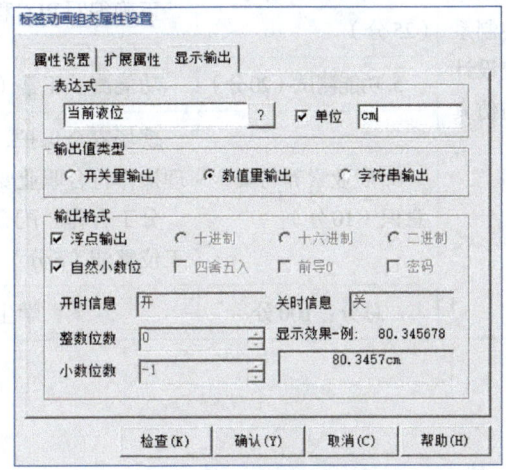

图4-39　设置液位显示

图4-40　当前液位显示

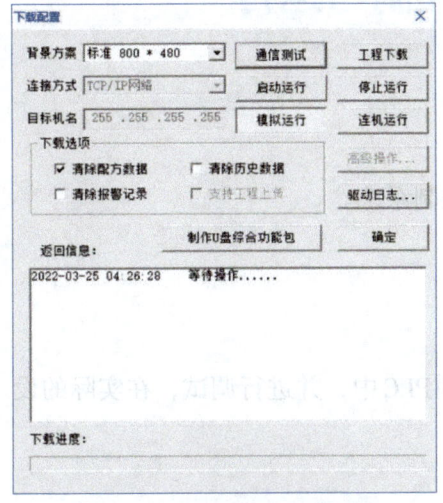

图4-41　"下载配置"对话框

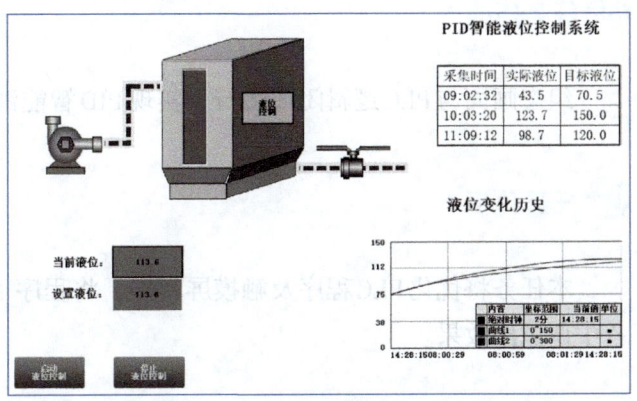

图4-42　系统模拟运行界面

✎ 任务评价（表4-10）

表4-10 任务评价表

评分表 _____学年		工作形式：□个人　□小组分工　□小组	评分		工作时间
任务	训练内容与分值	训练要求	学生自评	教师评分	
PID智能液位控制系统设计与仿真	1. 组态仿真运行（10分）	组态可以仿真运行（10分）			
	2. PLC仿真运行（15分）	PLC和触摸屏通信成功（15分）			
	3. 画面美化（20分）	画面生动美观（20分）			
	4. PLC程序编写（25分）	正确编写PLC程序（25分）			
	5. 功能测试（20分）	功能测试正常（20分）			
	6. 职业素养与安全意识（10分）	现场安全保护；工具、器材、导线等处理操作符合职业要求（5分） 分工合作，配合紧密；遵守纪律，保持工位整洁（5分）			
	总分：100分	学生：　　　　　教师：　　　　　日期：			

任务二

PID智能液位控制系统控制与运行

▣ 任务描述

组态画面与PLC逻辑闭环运行，实现PID智能液位控制系统。

▣ 任务分析

本任务将优化PLC程序及触摸屏程序，将程序下载到PLC中，并进行调试，在实际的设备中调试出效果。

任务实施

1. 设备组态

本项目使用的设备是西门子S7-1500 PLC，输入信号包括液位传感器信号，输出信号包括出水阀控制信号、变频器控制设定值等。PLC I/O信号分配如表4-11所示。

表4-11　PLC I/O 信号分配

PLC变量	触摸屏变量	功能描述
液位传感器	IW0	液位传感器
启动液位控制系统	M100.0	开启
关闭液位控制系统	M100.1	关闭
出水阀	Q0.0	出水阀控制开关
进水阀	Q0.1	进水阀控制开关
水位设定值	MD50	金属气缸按钮
变频器给定值	MD200	变频器给定频率

在设备窗口中，先后双击"通用TCP/IP父设备"和"西门子_1500"，将其添加至设备组态窗口中。参照表4-11增加相应的PLC寄存器通道，完成设备组态，将设备添加到系统中。

2. PLC编程

根据控制要求，系统流程图如图4-43所示。程序设计可采用状态转移程序，按照控制要求执行。

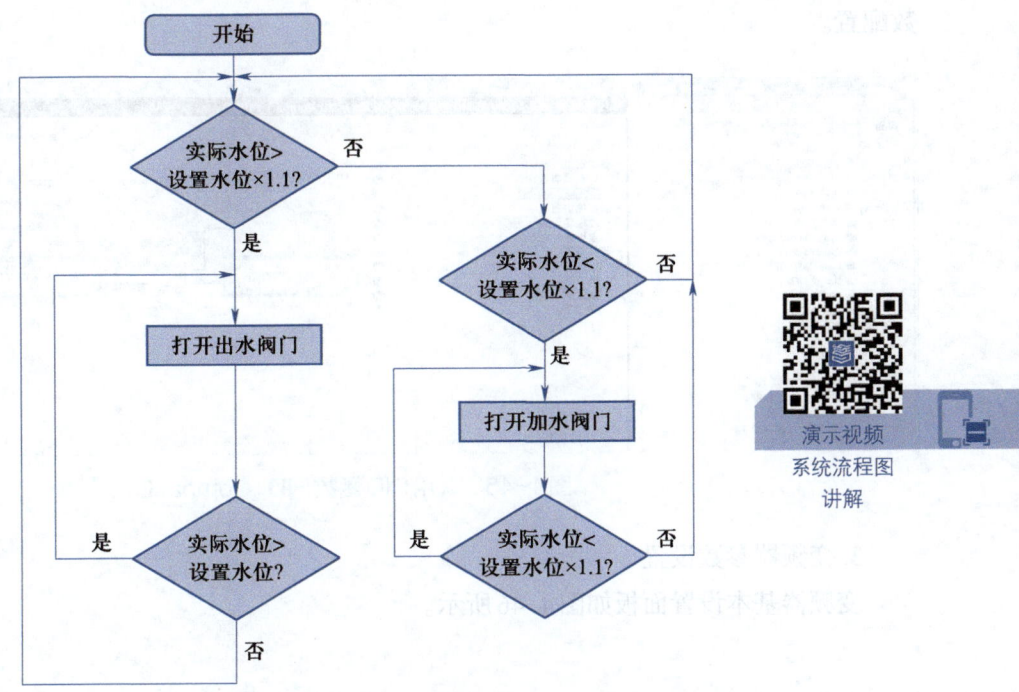

演示视频
系统流程图
讲解

图4-43　系统流程图

通过西门子的PID算法模块实现控制。在CPU 1511中创建一个循环中断，并设定循环时间为200 ms，如图4-44所示。

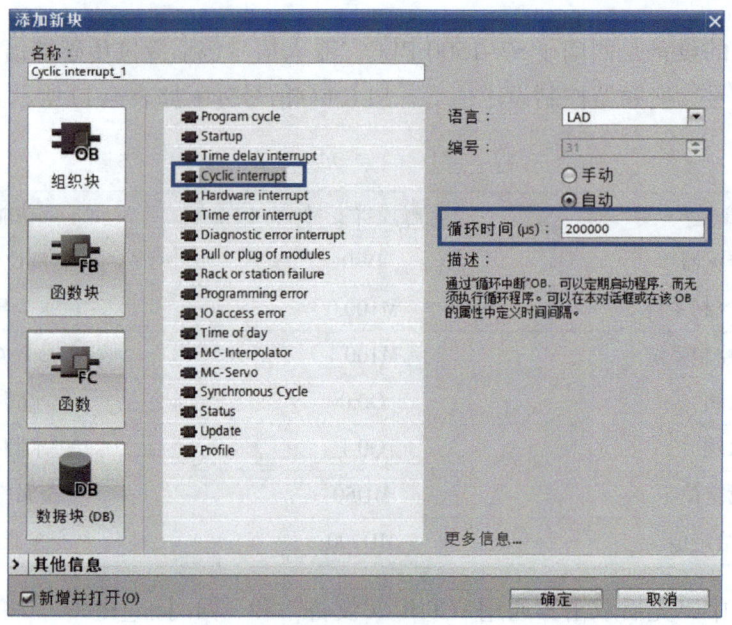

图4-44 创建循环中断

在OB31中调用PID函数PID_Compact，然后在全局库中打开库文件。在"工艺对象"中选择对应的工艺对象（PID控制函数的背景数据块），在"组态"界面中设置PID参数，这里只设置PID的输入和输出，其他参数保持默认设置，如图4-45所示。最后下载程序和参数配置。

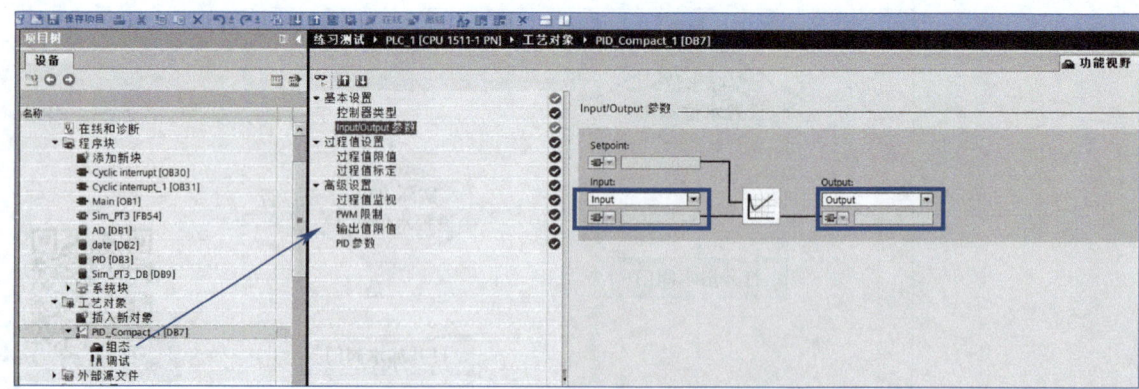

图4-45 调用PID函数PID_Compact

3. 变频器参数设置

变频器基本设置面板如图4-46所示。

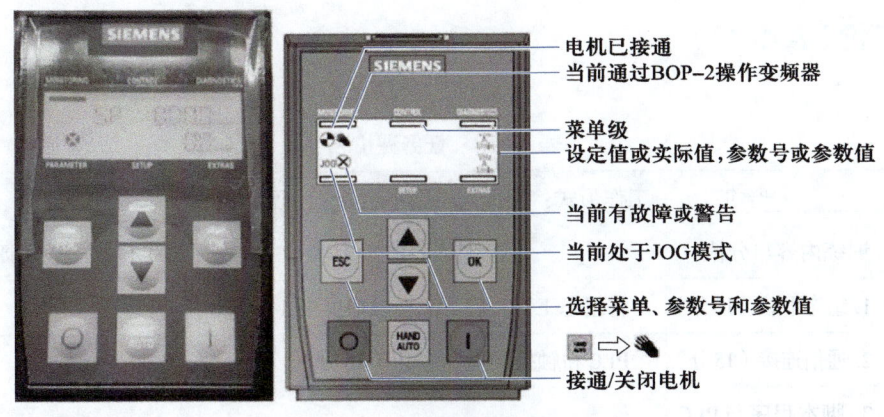

图4-46　变频器基本设置面板

变频器参数设置表如表4-12所示。设置变频器参数，设置连接宏Cn002。

表4-12　变频器参数设置表

参数	描述	设定值	设定说明
P730	端子DO0的信号源（端子19/20常开）	52.2	变频器运行使能
P0732	端子DO2的信号源（端子23/25常闭）	52.3	变频器故障
P845[0]	停车命令指令源2	722.1	数字量输入DI1定义为OFF2命令
P1080	最低频率	0	根据实际需要修改
P1082	最高频率	50	
P1120	加速时间	0.5	
P1121	减速时间	0.5	

4.测试联机功能

将PID控制程序下载到PLC中，实现PLC逻辑的控制，再将触摸屏程序下载到触摸屏中，触摸屏与PLC使用网线连接。

① 启用自动控制模式：点击"启动液位控制"按钮，设置一个高于当前液位的液位高度，可以看到进水阀开启，水箱开始进水；设置一个低于当前液位的液位高度，可以看到出水阀出水，系统运行稳定。

② 关闭自动控制模式：点击"停止液位控制"按钮，使用手工控制，可以实现手动打开进水阀与手动打开出水阀，系统稳定输出。

任务评价（表4-13）

表4-13 任务评价表

评分表 _____学年		工作形式：□个人 □小组分工 □小组	评分		工作时间
任务	训练内容与分值	训练要求	学生自评	教师评分	
PID智能液位控制系统的控制与运行	1.组态下载（10分）	将组态工程正确下载至触摸屏中（10分）			
	2.通信连接（15分）	PLC和触摸屏通信成功（15分）			
	3.脚本程序与PLC程序编写（30分）	PLC程序编写正确（30分）			
	4.PLC变量连接（15分）	将PLC变量与组态中的标签正确连接（15分）			
	5.功能测试（20分）	正确实现系统运行（20分）			
	6.职业素养与安全意识（10分）	现场安全保护；工具、器材、导线等处理操作符合职业要求（5分） 分工合作，配合紧密；遵守纪律，保持工位整洁（5分）			
	总分：100分	学生： 教师： 日期：			

项目小结

通过本项目的学习，读者可以实际验证PID控制算法在智能液位控制系统中的应用，有效理解PID控制在过程控制系统中的应用，为PLC服务于过程控制系统打下基础。

通过PLC控制变频器、出水阀与进水阀，可以实现水位的恒定控制，但是受到液位传感器精度的影响，液位会有一定的波动，通过提高传感器的精度可以提高系统的准确度。

思考与练习

1.思考题

（1）PID的控制原理是什么？P、I、D各代表什么意思？

（2）PLC程序有哪几种下载方式？

（3）PLC与触摸屏的通信连接有几种方式？

2.操作题

（1）使用McgsPro完成PID智能液位控制系统的仿真。

（2）设置变频器各项参数。

模块五
现代工业控制网络

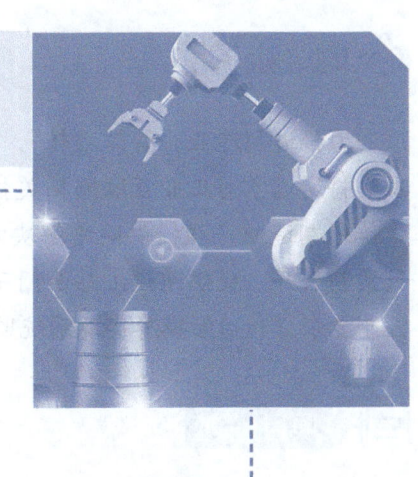

项目一
码垛机器人包装工程

为推进制造业"智改数转"，助推产线智能化转型，提高产线生产效率，降低成本，本项目将通过学习工业互联网相关技术，进一步提升多种设备之间的工业网络综合通信技能，为传统制造业产线提供网络解决方案。本项目围绕一个码垛机器人包装功能的实际竞赛项目案例展开，提供通过主站西门子S7-300 PLC和两台S7-200 SMART PLC通信实现项目基本控制要求，利用触摸屏实现系统监控功能的解决方案。

项目描述

货物通过高低速运行的传送带被搬运到机器人码垛区域，直角坐标系码垛机器人分别有X、Y、Z轴，3个轴分别由步进电机、伺服电机和三相异步电机控制，机械手由旋转气缸和抓取气缸控制，在码垛完成后运送至包装处进行纸箱包装，再由小车进行运送，达到节省时间、人力成本的效果。

项目目标

➢ **知识目标**

1. 掌握PROFIBUS-DP通信的基本原理。
2. 掌握基于以太网的S7通信的基本原理。
3. 掌握触摸屏与PLC通信的以太网通信方式。

➢ **能力目标**

1. 能实现PLC对3种电机的控制。
2. 能实现S7-300 PLC与S7-200 SMART PLC的PROFIBUS-DP通信。
3. 能实现S7-300 PLC与S7-200 SMART PLC的S7以太网通信。

➢ **素养目标**

1. 培养良好的安全、质量、时间意识。
2. 培养精益求精的工匠精神。
3. 增强民族自豪感和强国有我的责任感。

项目分析

码垛机器人包装系统由直角坐标系码垛机器人、货物传送带、纸箱码垛、送料小车和检测装置组成，系统俯视图如图5-1（a）所示。

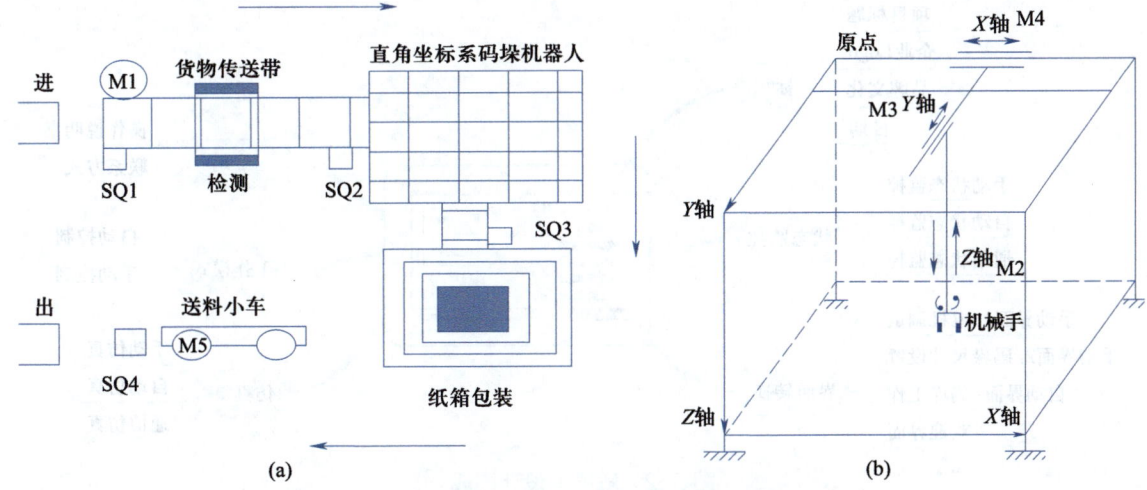

图5-1 码垛机器人包装系统俯视图和码垛机器人示意图

系统运行过程为：货物首先从进口进入→到达SQ1位置后通过货物传送带（M1）→到达SQ2位置后检测货物的尺寸（检测装置输出模拟量）→通过直角坐标系码垛机器人完成货物的码垛→码垛封箱→通过送料小车（M5）运到SQ4位置后从出口送出。直角坐标系码垛机器人［见图5-1（b）］分别有X、Y、Z轴，3个轴分别由步进电机、伺服电机和三相异步电机控制，机械手由旋转气缸和抓取气缸控制。本系统使用3台PLC、1台变频器，其中西门子S7-300 PLC作为控制器主站，2台S7-200 SMART PLC及变频器作为从站，MCGS触摸屏和主站PLC采用以太网模式进行通信。

本项目分3个任务实施：任务一为触摸屏画面设计与通信，任务二为码垛机器人控制与运行，任务三为码垛机器人通信设计。

任务一
触摸屏界面设计与通信

📋 任务描述

在本任务中，触摸屏界面以控制功能为主，由于码垛机器人包装系统具备两种工作模式，分别是手动调试检测模式和码垛机器人包装模式（自动运行模式），因此在设计触摸屏界面时需要包括这两种模式，同时设备上电后触摸屏还需要显示欢迎界面，展示触摸屏与PLC的通信状态。触摸屏界面设计除了满足基本控制要求外，还可增加企业Logo、品牌文化等元素，提升触摸屏界面的美观度。触摸屏设计构成如图5-2所示。

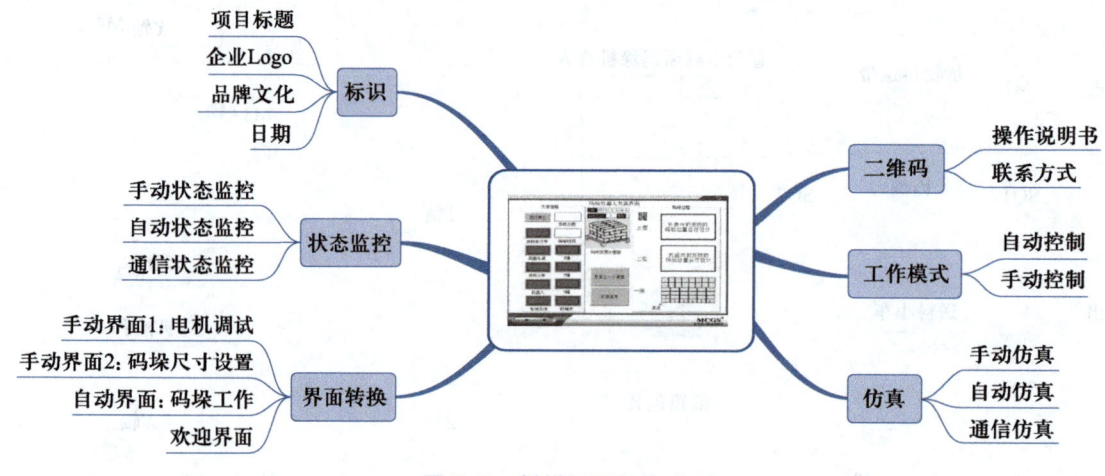

图5-2 触摸屏设计构成

本系统采用西门子S7-300 PLC作为控制器主站,主站S7-300 PLC与从站S7-200 SMART PLC 1进行PROFINET通信,主站S7-300 PLC与从站S7-200 SMART PLC 2进行PROFINET-DP通信,触摸屏与西门子S7-300 PLC之间通过网线连接,进行以太网通信。触摸屏实时监控智能分拣控制系统,可以通过触摸屏手动控制码垛机器人的运行参数,并实时监控记录码垛机器人运行情况。根据控制要求,电气系统控制框图如图5-3所示。

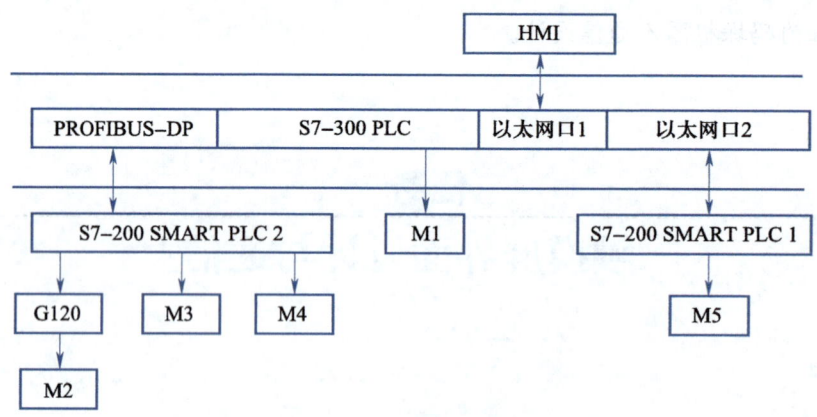

图5-3 电气系统控制框图

任务实施

1. 欢迎界面组态

设备上电后触摸屏进入欢迎界面,需要展示触摸屏与PLC的通信状态,如图5-4所示,点击"进入调试状态"按钮，设备进入手动调试检测模式。

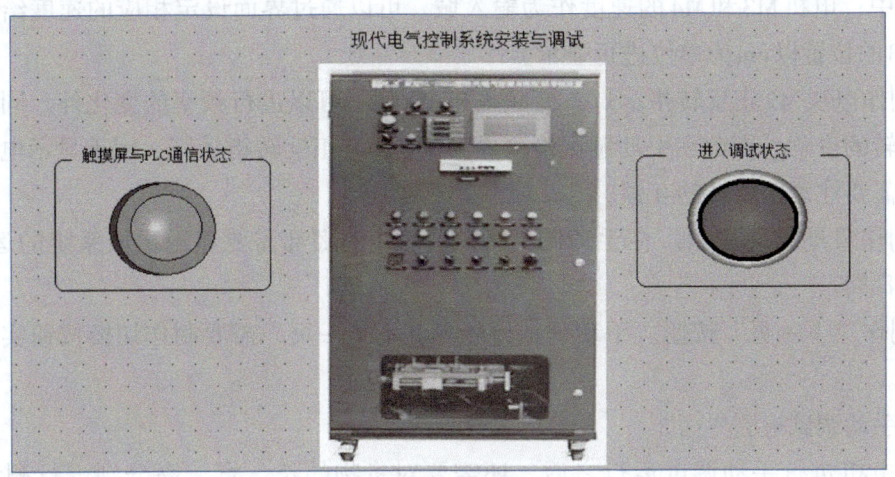

图5-4　欢迎界面

可在欢迎界面中添加公司Logo或企业品牌文化，制作界面切换功能，根据需求进行设计。

2. 手动调试检测界面组态

（1）手动调试检测界面1

设备进入手动调试检测模式后，触摸屏进入手动调试检测界面1，可参考图5-5进行制作。通过按下各电机的启停按钮来控制电机，被控制的电机的运行状态可以通过触摸屏上相应的电机指示灯来显示。对于调试完成的电机，相应的指示灯将熄灭。

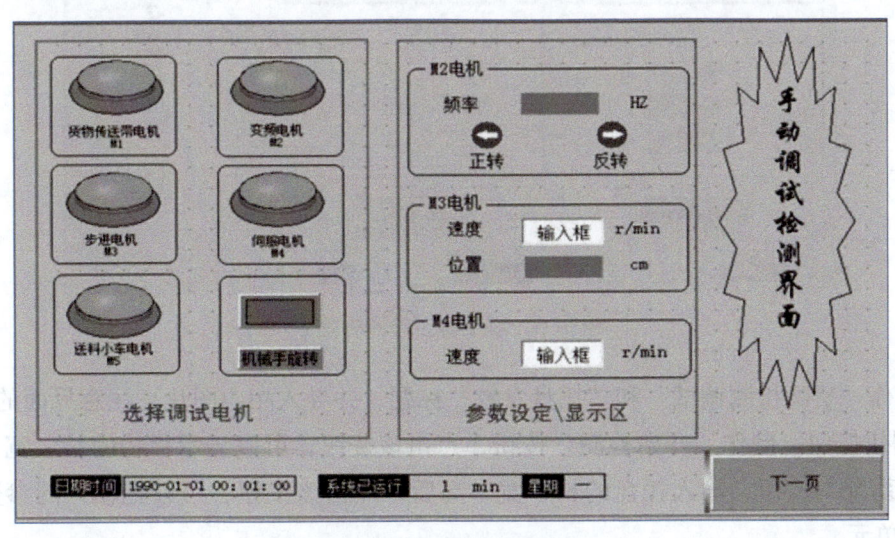

图5-5　手动调试检测界面1

① 制作电机指示灯。手动调试检测界面1中不同电机的运行情况需要用指示灯来显示，读者可根据前面学习的触摸屏控件知识进行制作。

② 制作参数设定输入/输出域。选择输入/输出域，将电机M2的输出频率作为输出域显示在界面中；电机M3和M4的速度作为输入域，可以通过界面设定相应的速度给电机，其中电机M3的位置以cm为单位进行显示。

③ 制作电机M2正反转指示灯。变频电机M2除了可以进行频率的变化外，同时也可以进行正反转的变化，因此在手动调试检测界面1中设有正反转指示灯，用于显示电机的正反转状态，需要注意正反转的互锁。

④ 制作日期时间显示。在手动调试检测界面1的底部需要显示出该系统的运行时间，以及当前日期。

⑤ 制作"下一页"按钮。手动调试检测界面不止一页，需要制作切换按钮实现界面之间的切换。

（2）手动调试检测界面2

在对电机进行手动调试运行之后，还需要对货物的长、宽、高分别进行测量，手动调试检测界面2如图5-6所示。点击"开始检测"按钮，可以通过旋转电位器记录货物的长、宽、高，并显示在触摸屏上，单位为cm。此外，还需要对托盘码货要求进行设置，即通过触摸屏设定托盘参数（长、宽、高），例如可以将托盘码货要求设置为长×宽×高＝36×24×30，单位为cm。

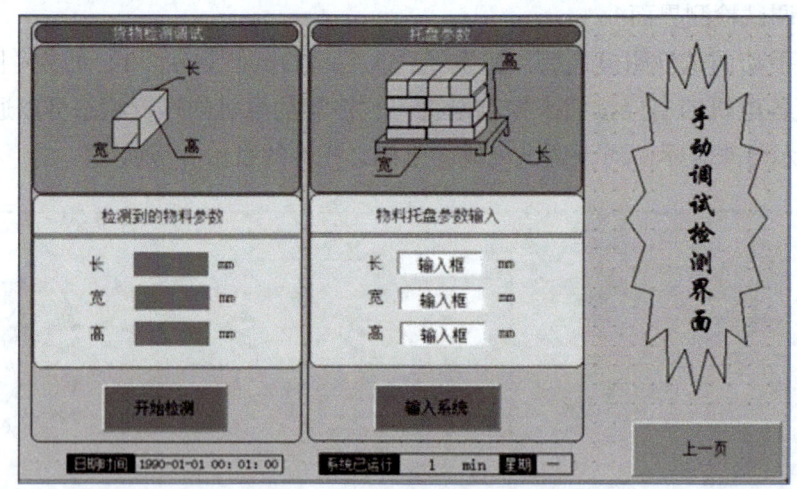

图5-6 手动调试检测界面2

① 制作"货物检测调试"和"托盘参数"标题，并导入相应图片，注意界面的美观性。

② 制作按钮。制作"开始检测"按钮，点击该按钮，可以显示货物的长、宽、高。制作"输入系统"按钮，输入托盘的长、宽、高后，点击该按钮，可以把输入的参数给到相应的存储单元。

③ 制作输入/输出域。检测到的货物的长、宽、高作为输出域，数据类型为浮点型，显示到小数点后1位。托盘的长、宽、高作为输入域，数据类型为浮点型，显示到小数点后1位，输入的参数需要大于检测到的货物参数。

④ 制作"上一页"按钮。点击该按钮，可以切换到手动调试检测界面1。

3. 码垛机器人包装界面组态

当系统切换进入码垛机器人包装模式后，触摸屏自动进入码垛机器人包装界面，如图5-7所示。

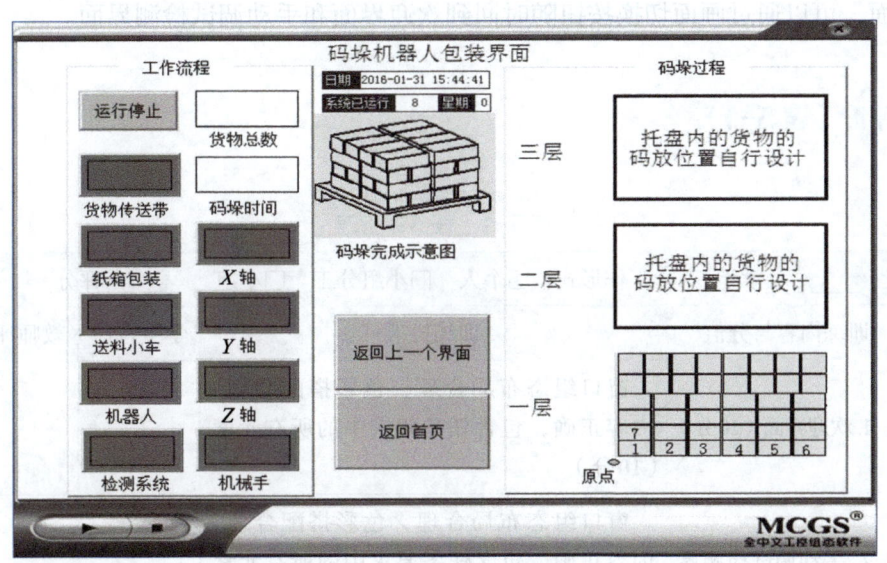

图5-7 码垛机器人包装界面

① 自动运行模式。当码垛机器人进入自动运行模式时，需要自动出现图5-7所示的界面，且在界面上显示"码垛机器人包装界面"字样。需要对画面触发进行相应的设置。

② 工作流程显示。码垛机器人在运行过程中按照一定顺序进行设备的启停，需要在码垛机器人包装界面上显示当前运行的设备，利用指示灯来显示当前运行情况；同时在工作流程开始时，需要利用输出域显示当前运送货物的数量和完成一次托盘码货所需的时间，并且在触摸屏界面上设置有"运行停止"按钮来控制整个工作流程的启停。

③ 码垛过程显示。随着码垛流程的进行，在一层中需要在对应位置显示已存放货物的顺序号，二层和三层的货物码放位置可以自行设计。码垛过程中，在触摸屏中显示数字的窗口要体现货物的长宽位置和码放位置。

④ 报警画面弹窗。当测温仪表出现温度报警，即温度显示为35 ℃以上时，触摸屏中会自动弹出报警画面，显示"电机温度报警，请检查电机"，直至报警信号消除，报警画面自动消除。

⑤ 画面切换按钮。码垛机器人包装界面中需要设置两个画面切换按钮，分别可以回到手动调试检测界面和欢迎界面，方便调试。

4. 调试运行

① 欢迎界面：通过欢迎界面可以观察PLC与触摸屏的通信是否正常，可以通过欢迎界面进入手动调试检测界面。

② 手动调试检测模式：设备进入手动调试检测模式后，触摸屏上显示手动调试检测界

面1，所有电机调试结束后，点击"下一页"按钮，系统进入手动调试检测界面2，手动调试检测界面2设置完成后，按下SB3按钮，系统将切换进入码垛机器人包装模式。在未进入码垛机器人包装模式时，可以反复调试单台电机。

③ 码垛机器人包装模式：切换进入码垛机器人包装模式后，触摸屏自动进入码垛机器人包装界面，可以通过画面切换按钮随时回到欢迎界面和手动调试检测界面。

✎ 任务评价（表5-1）

表5-1　任务评价表

评分表　　　　学年		工作形式：□个人　□小组分工　□小组	评分		工作时间
任务	训练内容与分值	训练要求	学生自评	教师评分	
触摸屏界面设计与通信	1.欢迎界面（10分）	窗口组态布局合理，色彩搭配合理，内容正确，包含任务要求中的所有元素（10分）			
	2.手动调试检测界面1（20分）	窗口组态布局合理，色彩搭配合理，内容正确，包含任务要求中的所有元素（10分） 静态及动画组态属性设置正确（10分）			
	3.手动调试检测界面2（20分）	窗口组态布局合理，色彩搭配合理，内容正确，包含任务要求中的所有元素（10分） 静态及动画组态属性设置正确（10分）			
	4.码垛机器人包装界面（20分）	窗口组态布局合理，色彩搭配合理，内容正确，包含任务要求中的所有元素（10分） 静态及动画组态属性设置正确（10分）			
	5.模拟仿真运行（20分）	手动调试检测模式正确（10分） 自动运行模式码垛功能正确，能实现系统监控功能（10分）			
	6.职业素养与安全意识（10分）	现场安全保护；工具、器材、导线等处理操作符合职业要求（5分） 分工合作，配合紧密；遵守纪律，保持工位整洁（5分）			
	总分：100分	学生：　　　　　教师：　　　　　日期：			

任务二

码垛机器人控制与运行

任务描述

本任务需要进行PLC编程，将PLC与硬件设备进行正确连接，并实现码垛机器人的相应功能。

任务分析

根据控制要求编写PLC程序。码垛机器人的控制与运行程序分为手动控制和自动控制两部分。在手动控制部分，需要对三相异步电机、步进电机、伺服电机等进行控制，其中需要调速的电机通过变频器进行模拟量控制调速；在自动控制部分，需要通过测量货物大小，进行码垛路径规划。

任务实施

1. 控制功能分析

控制电机和码垛机器人的关系如图5-1所示。货物传送带由电机M1驱动，其中M1为双速电机，可实现低速与高速的切换运行。码垛机器人Z轴由电机M2驱动，M2为三相异步电机，由变频器控制，可以进行多段速或模拟量方式设置，电机正转时Z轴垂直向下运行。码垛机器人Y轴由电机M3驱动，M3为步进电机，参数设置如下：步进电机旋转一周需要1 000个脉冲，可在丝杆行走4 mm，电机正转时Y轴沿正向运行。码垛机器人X轴由电机M4驱动，M4为伺服电机，参数设置如下：伺服电机旋转一周需要1 600个脉冲，可在丝杆行走6 mm，电机正转时X轴沿正向运行。送料小车由电机M5驱动，M5为三相异步电机（带速度继电器），只进行正转运行。

电机旋转以面向电机"顺时针旋转为正向，逆时针旋转为反向"为准。

2. 主站设备组态

设备使用1台主站西门子S7-300 PLC和2台从站S7-200 SMART PLC，输入指令信号包括传感器信号、变频器输入信号等，输出控制信号包括变频器驱动信号、状态显示信号、气缸控制信号等，控制方案设计如表5-2所示。

设备具体安装位置如图5-8所示，其中一台从站S7-200 SMART PLC和G120C变频器安装在一块控制板的正面，另一台从站S7-200 SMART PLC和主站S7-300 PLC安装在控制板的反面。

表 5-2　控制方案设计

电机	西门子S7-300 PLC+S7-200 SMART PLC方案	订货号
HMI、M1	315F-2PN/DP	6ES7 315-2FJ14-0AB0
M5、SB1 ~ SB4、HL1 ~ HL5、SQ1 ~ SQ4	S7-200 SMART PLC 1	6ES7 288-1SR40-0AA0
M3、M4、SA1、SQ11 ~ SQ15	S7-200 SMART PLC 2	6ES7 288-1ST30-0AA0
M2	G120C-PN	G120C-PN

从站：西门子
S7-200
SMART PLC 2
(6ES7 288-
1ST30-0AA0)

变频器：
西门子G120C

从站：西门子
S7-200
SMART PLC 1
(6ES7 288-
1SR40-0AA0)

主站：西门子
S7-300 PLC

(a) 控制板正面　　　　　　　　　(b) 控制板反面

图5-8　PLC和变频器安装位置

项目资料
PLC I/O信号
分配表

根据控制要求列出3台PLC的I/O信号分配表，可扫描二维码查看，部分没有填全或需要增加功能的可自行增加相应的输入/输出变量。读者可根据I/O信号分配表绘制相应的电气原理图。

3. PLC编程要求

根据控制要求，系统程序分为手动调试检测模式和码垛机器人包装模式。

（1）手动调试检测模式

HMI进入手动调试检测界面1，按下启动按钮SB1，选中的电机将进行调试运行。每个电机调试完成后，对应的指示灯熄灭。

① 货物传送带电机M1调试过程：按下SB1后，M1启动低速旋转，SQ1检测到货物时，M1转为高速旋转，SQ1检测不到货物时，M1维持原速，整个过程中按下停止按钮SB2，M1停止。M1调试过程中，高速运行时HL1以1 s的周期闪烁，低速运行时HL1长亮。其中SB1在从站1上，M1在主站上，需要进行主从通信。

② 码垛机器人变频电机M2调试过程：按下SB1后，M2以5 Hz启动，再按下SB1，M2以10 Hz运行，再按下SB1，M2以20 Hz运行，再按下SB1，M2以30 Hz运行，再按下SB1，M2以40 Hz运行，整个过程中按下SB2，M2停止。M2调试过程中，HL1以亮2 s、灭1 s的周期闪烁。不同的频率需要由G120C变频器控制，G120C变频器由模拟量进行控制，通过S7-200 SMART

PLC 2输出的0~20 mA的电流来控制变频器输出0~50 Hz的频率，进而改变M2的转速。

图5-9所示为频率给定程序段。电机M2需要分别以5 Hz、10 Hz、20 Hz、30 Hz、40 Hz的频率运行，因此预留一个频率设置单元，满足不同条件时，分别将不同频率写入该单元，再通过图5-9所示的转换程序转换成变频器可以接收的数据类型，频率设定范围为0~50 Hz。

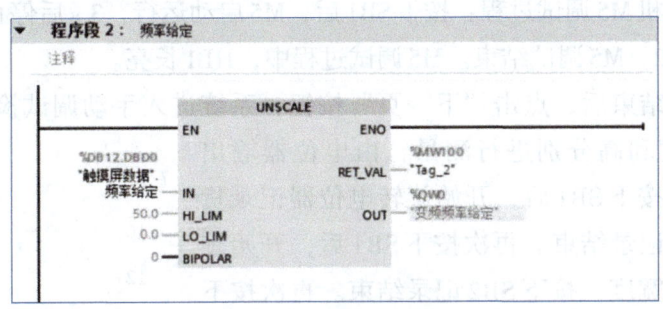

图5-9　频率给定程序段

③ 码垛机器人步进电机M3调试过程：M3安装在丝杠装置上，其安装示意图如图5-10所示，其中SQ13、SQ12、SQ11为直角坐标系Y轴的定位开关，各定位开关根据货物尺寸进行安装调整，SQ14、SQ15为极限位开关。M3开始调试前，手动将码货小车移动至SQ11位置，在触摸屏中设定M3的速度之后（速度应在60~150 r/min之间），按下SB1，小车沿丝杠向左行驶到SQ12处停止，触摸屏显示当前位置（滑块当前位置由编码器测定，由于Y轴轴向受丝杠长度限制，将实际测量长度放大2倍即为触摸屏中显示的位置，单位为cm），3 s后小车开始返回，到SQ11处停止；2 s后小车继续向左运行，至SQ13处停止，触摸屏显示当前位置，3 s后小车开始返回，到SQ11处停止。然后重新设置M3的速度，重复上面的过程一次。整个过程中按下SB2，M3停止，再次按下SB1，小车从当前位置开始继续运行。M3调试过程中，小车运行时HL2长亮，小车停止时HL2以2 Hz的频率闪烁。其中SB1在从站1上，M3在从站2上，需要进行主从通信。

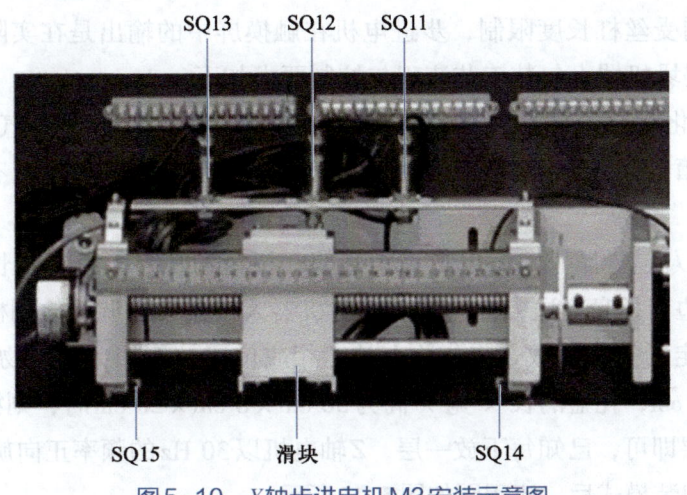

图5-10　Y轴步进电机M3安装示意图

④ 码垛机器人伺服电机M4调试过程：M4不需要安装在丝杠装置上。M4开始调试前，首先在触摸屏中设定M4的速度（速度应在60~150 r/min之间），然后按下SB1，M4以正转5 s—停2 s—反转5 s—停2 s的周期一直运行，按下SB2，M4停止。M4调试过程中，HL2以亮2 s、灭1 s的周期闪烁。其中SB1在从站1上，M4在从站2上，需要进行主从通信。

⑤ 送料小车电机M5调试过程：按下SB1后，M5启动运行，3 s后停止，停2 s后又开始运行，直到按下SB2，M5调试结束。M5调试过程中，HL1长亮。

所有电机调试结束后，点击"下一页"按钮，系统进入手动调试检测界面2。此时需要对货物的长、宽和高分别进行测量，由电位器输出的电流进行表示。按下SB1后，开始旋转电位器记录货物长度，按下SB2记录结束。再次按下SB1后，开始旋转电位器记录货物宽度，按下SB2记录结束。再次按下SB1后，开始旋转电位器记录货物高度，按下SB2记录结束。电位器与长度的对照如图5-11所示。例如，货物的长×宽×高=12 cm×8 cm×10 cm时，要求电位器输出电流分别为16 mA、12 mA、14 mA。其中货物的长、宽、高3个值需要传输至触摸屏进行显示，因此需要进行主从通信。

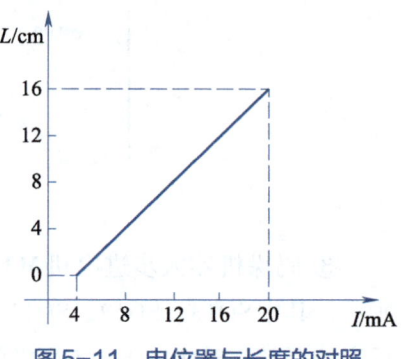

图5-11　电位器与长度的对照

此外，还需要对托盘码货要求进行设置。托盘码货要求的长、宽、高需要由触摸屏进行设定，例如，可以将托盘码货要求设置为长×宽×高=36×24×30，单位为cm。

手动调试检测界面2设置完成后，按下SB3，系统将切换进入码垛机器人自动运行模式。在未进入码垛机器人自动运行模式时，可以反复调试单台电机。

（2）码垛机器人包装模式

在托盘上堆砌货物的要求为：每层堆砌货物最多，托盘外围相邻层之间尽可能互相搭接，以防货物倒塌，内部不做要求，可参考码垛机器人包装界面中的码垛完成示意图。本任务中，Y轴轴向受丝杠长度限制，步进电机在触摸屏中的输出是在实际测量输出的基础上放大了2倍。码垛机器人包装工艺流程与控制要求如下。

① 系统初始化状态：码垛机器人处于原点（SQ11检测有信号），气缸处于初始状态，货物传送带、纸箱包装、送料小车、码垛机器人和检测装置内无货物，有货物时相应流程显示工作状态。

② 码垛机器人包装操作：假定货物刚好放在托盘的顶点上，货物长边与托盘长边方向一致，货物宽边与托盘宽边方向一致，码垛机器人根据手动调试检测模式下所测定的货物体积以及所设定的托盘参数，将货物存放至相应位置。例如，当货物的长×宽×高为12 cm×8 cm×10 cm，托盘的长×宽×高为36 cm×8 cm×20 cm时，则第一个货物直接由原点处放下至一层即可，已知每下放一层，Z轴电机以30 Hz的频率正向旋转5 s。系统切换进入码垛机器人包装模式后，流程图如图5-12所示。

码垛机器人根据货物体积和托盘参数计算码放顺序，托盘上码放货物要求每层堆砌货物最多，托盘外围相邻层之间尽可能互相搭接，码放货物时不能撞倒已经码放好的货物。码垛机器人根据计算的码放顺序进行码放，例如，在码放第二层货物时，当货物被送至原点位置后，机械手首先旋转90°（该动作由PLC的某个输出点来指示即可），然后进行码货动作，以满足相邻层货物相互搭接的要求。码放过程中，在触摸屏中显示各层码放顺序数字和码放货物总量，显示数字的窗口要体现货物的长宽位置和码放位置，同时显示码垛机器人各组成部分的工作状态及完成一次托盘码货所需的时间。

托盘码货完成，则SQ3会被压下，对托盘进行码垛。码垛完成，SQ4有信号后，M5启动正转，5 s后自动停止。一次码垛机器人包装过程完成时，报警指示灯HL3闪烁（周期为0.5 s），系统可以循环运行，按下SB2，系统停止运行。

③ 停止操作：码垛机器人包装过程中，按下SB3，系统完成当前货物的工作后停止运行。当停止后再次启动运行时，系统保持上次运行的记录。

系统发生急停事件按下急停按钮时（SA1被切断），系统立即停止。急停恢复后（SA1被接通），再次按下SB1，系统自动从之前的状态启动运行。

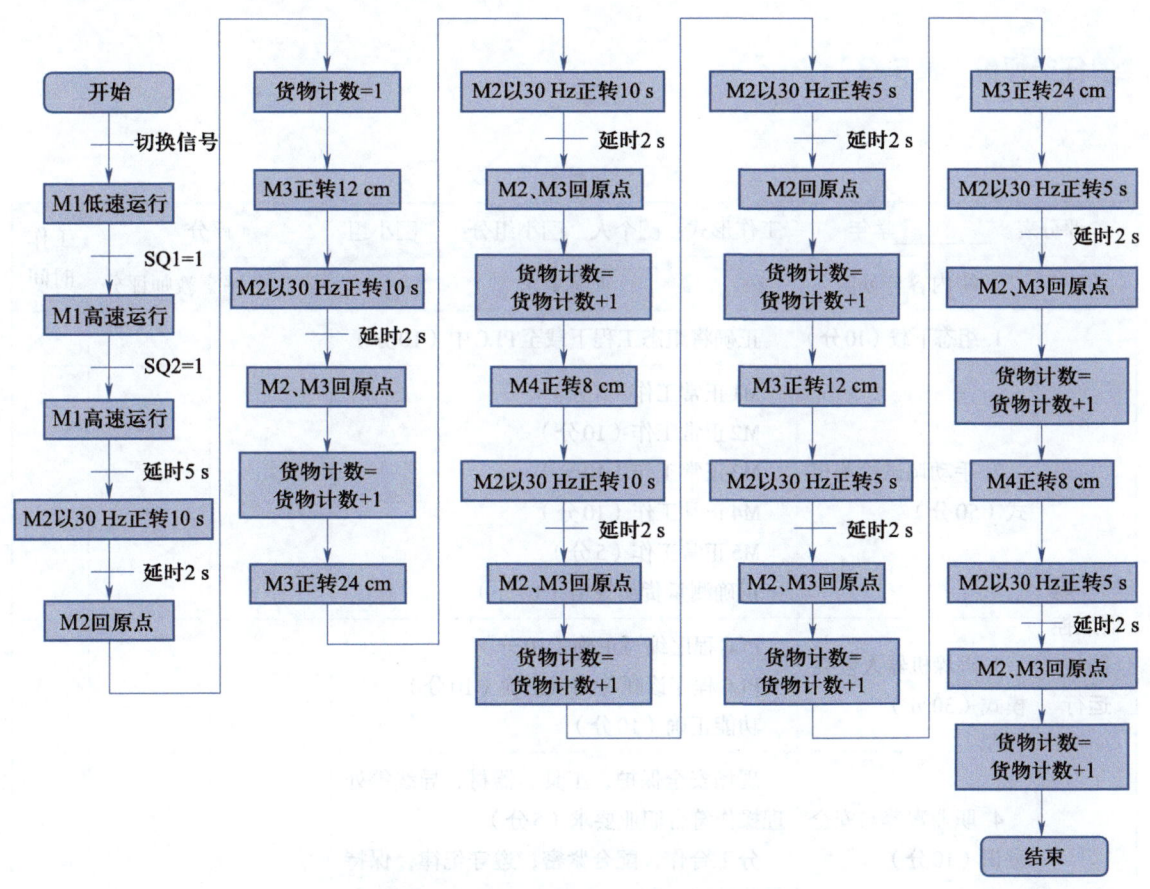

图5-12　码垛机器人包装模式流程图

④ 送料过程的动作要求连贯，执行动作要求顺序执行，运行过程中不允许出现硬件冲突。

⑤ 系统状态显示：系统运行时绿灯 HL4 长亮，机器人码货时绿灯 HL5 闪烁（周期为 1 s），系统停止时红灯 HL3 长亮。

4. 变频器参数设置

变频器参数设置可扫描二维码查看。设置变频器参数，设置连接宏 Cn002。

5. 测试联机功能

将组态程序下载到触摸屏中，再用以太网方式连接 PLC 与触摸屏，测试步骤如下（进行测试时设备实际动作应该与触摸屏上的仿真动作一致）。

① 手动调试检测模式：M1、M2、M3、M4、M5 都能按照具体的要求进行控制并在触摸屏上显示各电机的状态，同时可以在手动调试检测界面 2 上看到测量到的货物参数以及托盘参数。

② 码垛机器人包装模式：切换进入码垛机器人包装模式后，触摸屏自动进入码垛机器人包装界面，码垛机器人可以按照流程正常进行工作。

任务评价（表 5-3）

表 5-3　任务评价表

评分表　＿＿＿＿学年		工作形式：□个人　□小组分工　□小组	评分		工作时间
任务	训练内容与分值	训练要求	学生自评	教师评分	
码垛机器人控制与运行	1. 组态下载（10分）	正确将组态工程下载至 PLC 中（10分）			
	2. 手动调试检测模式（50分）	M1 正常工作（5分） M2 正常工作（10分） M3 正常工作（10分） M4 正常工作（10分） M5 正常工作（5分） 正确测量货品规格（10分）			
	3. 码垛机器人包装模式（30分）	PLC 程序编写正确（10分） PLC 程序诊断与调试正确（10分） 功能正确（10分）			
	4. 职业素养与安全意识（10分）	现场安全保护；工具、器材、导线等处理操作符合职业要求（5分） 分工合作，配合紧密；遵守纪律，保持工位整洁（5分）			
	总分：100分	学生：　　　　　教师：　　　　　日期：			

任务三
码垛机器人通信设计

📘 任务描述

在码垛机器人包装系统中，主站与从站的分工不同，需要协同工作，这就离不开主从站通信，涉及S7–300 PLC与S7–200 SMART PLC之间的通信，本任务主要在完成基础功能后实现主从站的通信功能。

📘 任务分析

首先在整个项目运行过程中，需要明确设备的通信方式，如图5–13所示。主站S7–300 PLC与触摸屏进行以太网通信，与从站S7–200 SMART PLC 1进行基于S7的PROFINET通信，与从站S7–200 SMART PLC 2进行PROFIBUS–DP通信。

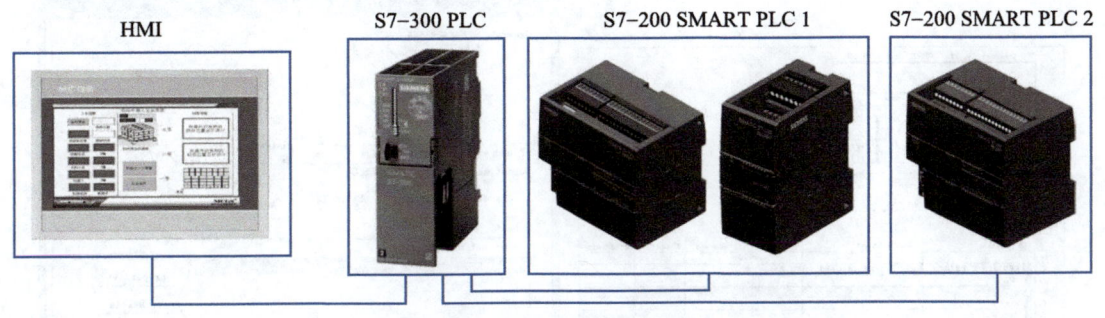

图5–13　码垛机器人控制系统通信示意图

以手动调试检测模式中货物传送带电机M1的调试为例，要求按下SB1后M1进行低速旋转，根据图5–3可知，M1在主站S7–300 PLC上，但SB1却在从站S7–200 SMART PLC 1上，因此需要进行主从站通信，将电机启停的信号传输至主站S7–300 PLC中。另外触摸屏上需要显示各电机的状态，所以从站电机的状态也都需要传输到主站进行汇总，再由触摸屏HMI进行显示。接下来需要将本项目中通信传输的数据进行罗列，方便后期建立通信通道，通信具体参数可扫描二维码查看。

项目资料
通信具体参数

📘 任务实施

1. 主站S7–300 PLC与从站S7–200 SMART PLC 1进行S7以太网通信（Step 7）

S7–300 PLC可以通过以太网接口与S7–200 SMART PLC之间进行S7通信。S7通信是S7系列PLC基于MPI、PROFIBUS、以太网的一种优化的通信协议，需要S7–300 PLC侧编程调用PUT/GET指令，具体如表5-4所示。在本项目中，主站S7-300 PLC与从站S7-200 SMART PLC 1之间的通信就是通过S7通信实现的。本任务中需要对传输单元进行设置，下面以传输100个字节为例进行通信设置的示范。具体操作步骤可扫描二维码查看。

表5-4　GET 和 PUT

S7-300 PLC	描述	简要描述
FB14 "GET"	读数据	单边编程读访问
FB15 "PUT"	写数据	单边编程写访问

演示视频
主站S7-300
PLC与从站S7-200 SMART
PLC 1进行S7
以太网通信
（Step 7）

① 在Step 7中创建一个新项目，项目名称为S7-300-SMART。插入1个S7-300站，在硬件组态中插入"CPU 315-2 PN/DP"，设置CPU 315-2 PN/DP的IP地址为"192.168.0.1"，如图5-14所示。硬件组态完成后，即可下载该组态。

② 打开"NetPro"窗口设置网络参数，选中"CPU 315-2 PN/DP"，在连接列表中建立新的连接，如图5-15（a）所示。选择"Unspecified"站点，选择通信协议"S7 connection"，单击"Apply"按钮，如图5-15（b）所示。

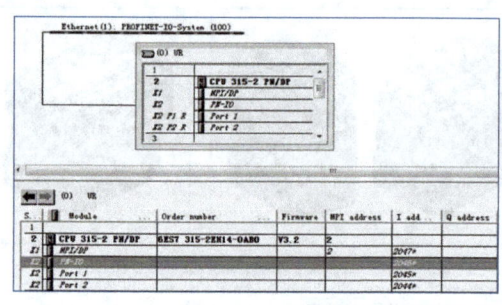

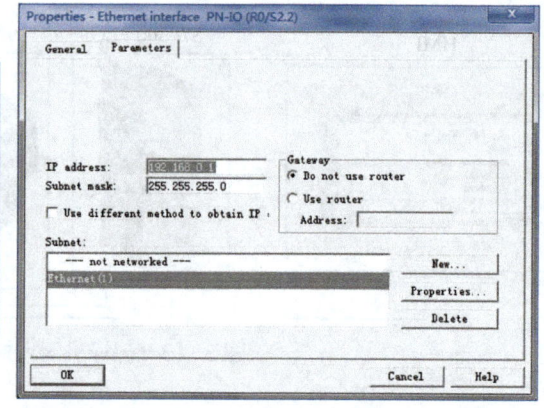

图5-14　设置IP地址

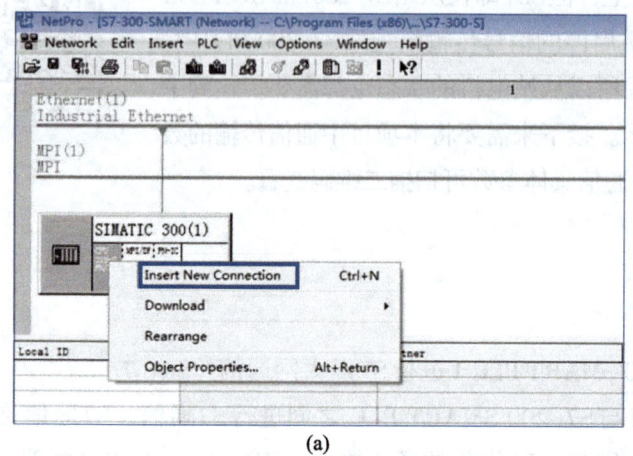

(a)

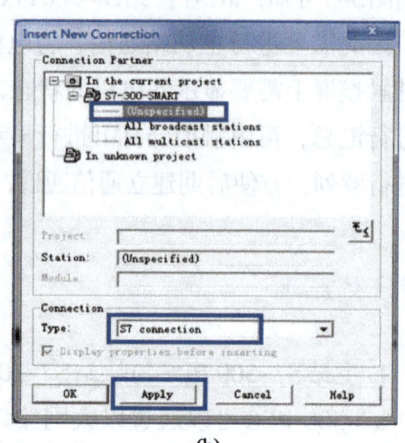

(b)

图5-15　组态新连接

③ 在弹出的 "Properties–S7 connection" 对话框中，选中 "Establish an active connection" 复选框，设置 "Partner" 的 "Address" 为 "192.168.0.2"（S7–200 SMART PLC的IP 地址），单击 "Address Details" 按钮，如图5–16（a）所示。在弹出的对话框中设置 "Partner" 的 "Slot" 为 "1"，如图5–16（b）所示，单击 "OK" 按钮即可关闭该对话框。

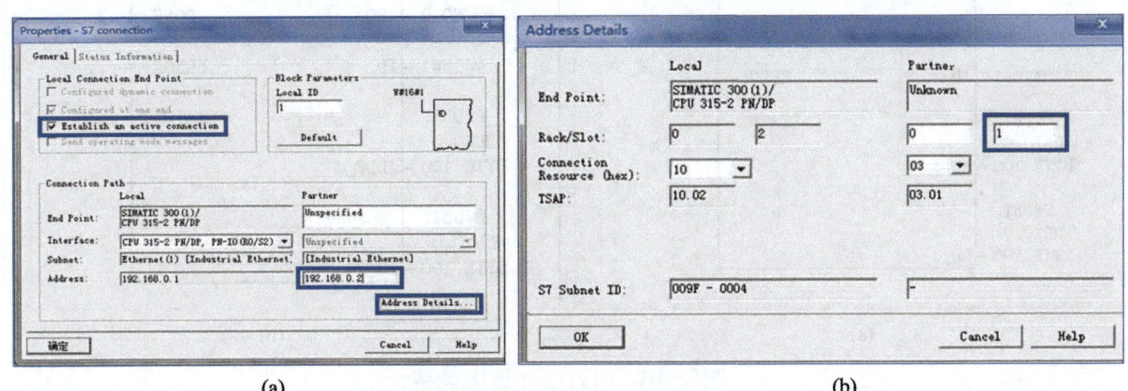

图5–16　设置S7连接参数

④ 网络组态创建完成后，需要保存并编译，确认网络组态编译无错，先单击 "CPU 315–2 PN/DP"，然后单击下载按钮下载网络组态，步骤如图5–17所示。

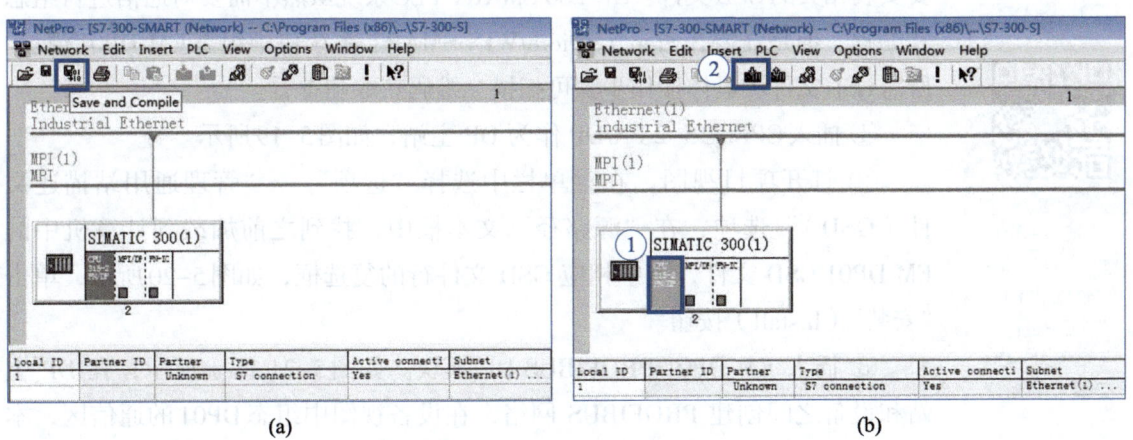

图5–17　保存并编译下载连接

⑤ 程序编写部分，可以通过SFB/FB14 "GET"，从远程CPU中读取数据。打开SIMATIC 315 PN–1的OB1，在OB1中依次调用FB14、FB15，如图5–18所示。S7–200 SMART PLC中的V存储区在S7–300 PLC编程中以DB1数据块的形式体现。

2. 主站S7–300 PLC与从站S7–200 SMART PLC 2进行PROFIBUS–DP通信（TIA 16）

主站S7–300 PLC与从站S7–200 SMART PLC 2采用PROFIBUS–DP的现场总线技术进行通信。S7–300 PLC与S7–200 SMART PLC通过DP01进行PROFIBUS–DP通信，需要进行S7–300站组态，在S7–200 SMART PLC系统中不需要对通信进行组态和编程，只需要将要进行通信的数据整理存放到相应的V存储区，并且S7–300 PLC组态DP01从站时设置正确的地址即可。DP01

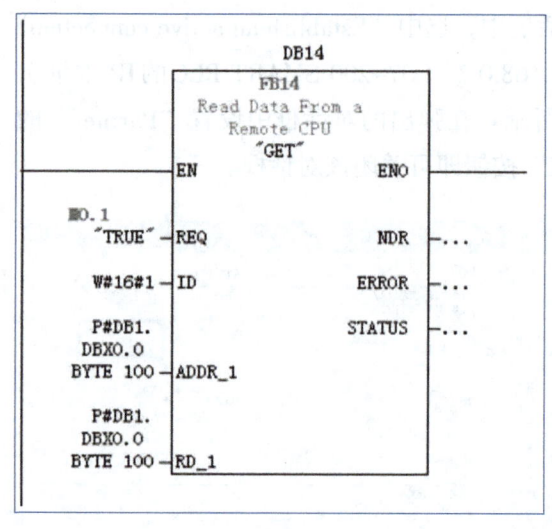

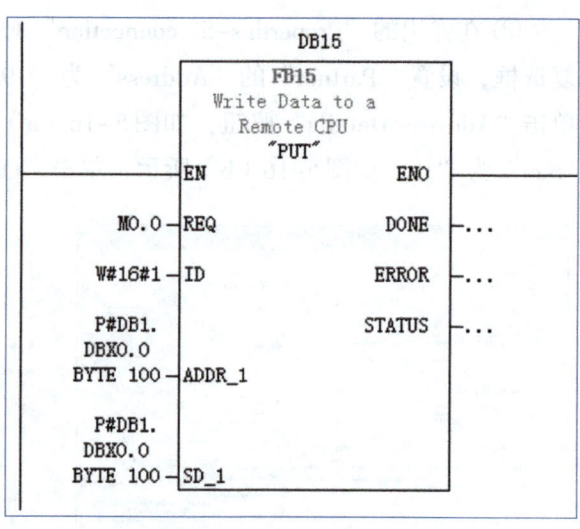

(a)   (b)

图5-18　FB14、FB15调用

项目资料
DP01 GSD文件

演示视频
主站S7-300
PLC与从站S7-
200 SMART
PLC 2进行
PROFIBUS-DP
通信（TIA 16）

的地址在模块本身上的拨码设置分为X0（地址个位）和X10（地址十位）。DP01 作为一个特殊的 PROFIBUS-DP 从站模块，其相关参数（包括上述的数据一致性）是以 GSD（或 GSE）文件的形式保存的。在主站中配置 DP01，需要安装相关的 GSD 文件。S7-200 SMART PLC 系统虽然不需要对通信进行组态和编程，但是需要在 Step 7-Micro/WIN SMART 系统块中组态 EM DP01 模块。所需 GSD 文件和具体操作步骤可扫描二维码获取和查看。

①插入 CPU 315-2 PN/DP 作为 DP 主站，如图 5-19 所示。

②打开项目视图，在菜单栏中选择"选项"→"管理通用站描述文件（GSD）"选项，在"源路径"文本框中，找到之前加载到计算机中的 EM DP01 GSD 文件，选中相应 GSD 文件行的复选框，如图 5-20 所示，单击"安装"（Install）按钮。

③插入 EM DP01 PROFIBUS DP 模块。如图 5-21（a）所示，在 DP 主站和设备之间创建 PROFIBUS 网络，在设备视图中组态 DP01 的通信区，本例中的插槽 1 包含"4 Bytes In/Out"预组态 I/O 选项，插槽 2 包含"8 Bytes In/Out"预组态 I/O 选项。在"常规"选项卡中单击"设备专用参数"选项以显示"I/O Offset in the V memory"字段，在此处可分配为该操作预留的那部分 V 存储器的启动地址，如图 5-21 所示。

④ VB0~VB11 是 S7-300 PLC 写到 S7-200 SMART PLC 的数据，VB12~VB23 是 S7-300 PLC 从 S7-200 SMART PLC 读取的数据。打开博途软件中的监控表和 Step 7-Micro/WIN SMART 状态表进行监控，它们的数据通信结果如图 5-22 所示。

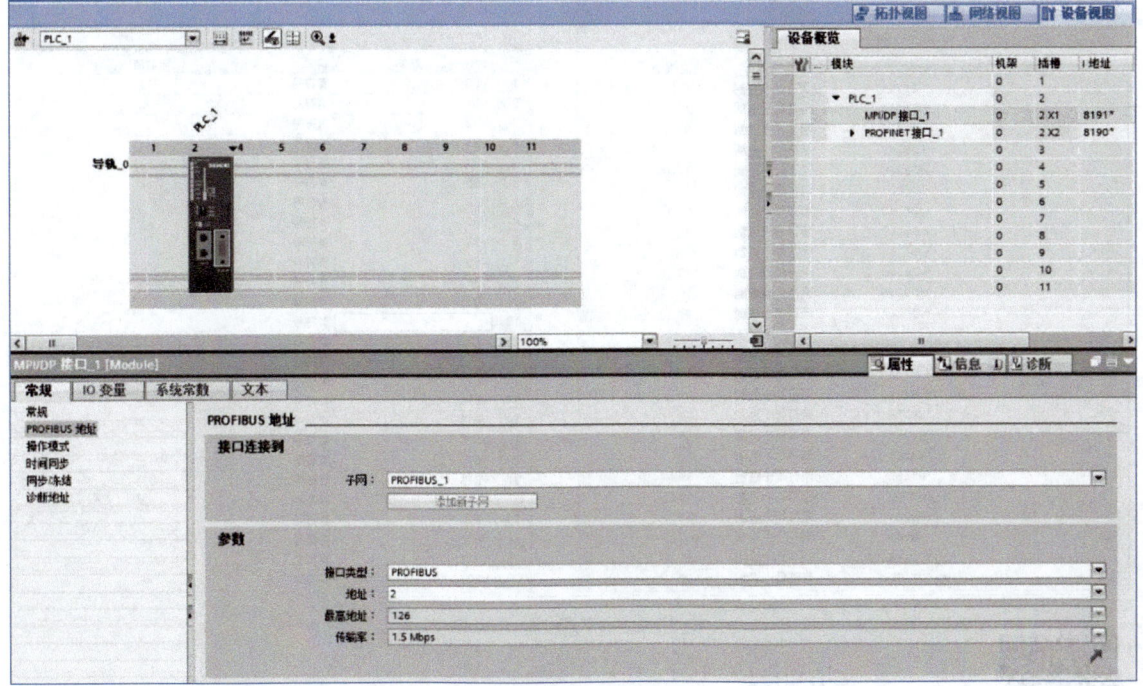

图5-19　组态界面

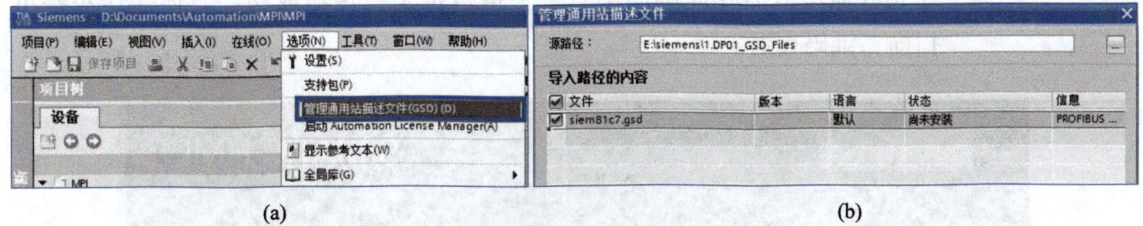

(a)　　　　　　　　　　　　　　　　　　　　(b)

图5-20　管理加载GSD文件

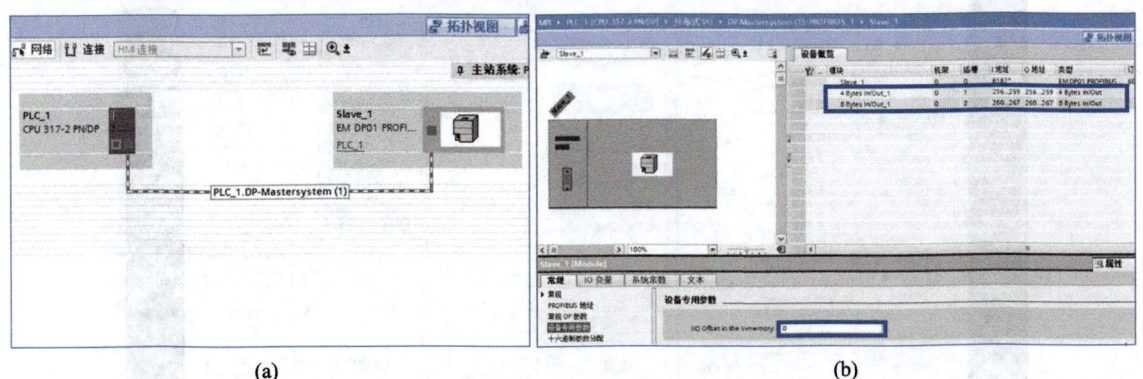

(a)　　　　　　　　　　　　　　　　　　　　(b)

图5-21　设置通信区域

i	名称	地址	显示格式	监视值
1		%QB256	带符号十进制	1
2		%QB257	带符号十进制	2
3		%QB258	带符号十进制	3
4		%QB259	带符号十进制	4
5		%QB260	带符号十进制	5
6		%QB261	带符号十进制	6
7		%QB262	带符号十进制	7
8		%QB263	带符号十进制	8
9		%QB264	带符号十进制	9
10		%QB265	带符号十进制	10
11		%QB266	带符号十进制	11
12		%QB267	带符号十进制	12
13				
14		%IB256	带符号十进制	51
15		%IB257	带符号十进制	52
16		%IB258	带符号十进制	53
17		%IB259	带符号十进制	54
18		%IB260	带符号十进制	55
19		%IB261	带符号十进制	56
20		%IB262	带符号十进制	57
21		%IB263	带符号十进制	58
22		%IB264	带符号十进制	59
23		%IB265	带符号十进制	60
24		%IB266	带符号十进制	61
25		%IB267	带符号十进制	62

状态图表

	地址	格式	当前值
1	VB0	有符号	+1
2	VB1	有符号	+2
3	VB2	有符号	+3
4	VB3	有符号	+4
5	VB4	有符号	+5
6	VB5	有符号	+6
7	VB6	有符号	+7
8	VB7	有符号	+8
9	VB8	有符号	+9
10	VB9	有符号	+10
11	VB10	有符号	+11
12	VB11	有符号	+12
13		有符号	
14		有符号	
15	VB12	有符号	+51
16	VB13	有符号	+52
17	VB14	有符号	+53
18	VB15	有符号	+54
19	VB16	有符号	+55
20	VB17	有符号	+56
21	VB18	有符号	+57
22	VB19	有符号	+58
23	VB20	有符号	+59
24	VB21	有符号	+60
25	VB22	有符号	+61
26	VB23	有符号	+62

图5-22　数据通信结果

演示视频
触摸屏通信
测试

3. 通信测试

可以利用触摸屏进行通信测试，制作图5-23所示的通信测试监控画面，在完成通信以后在此画面中查看关键数据是否传输成功。具体操作步骤可扫描二维码查看。

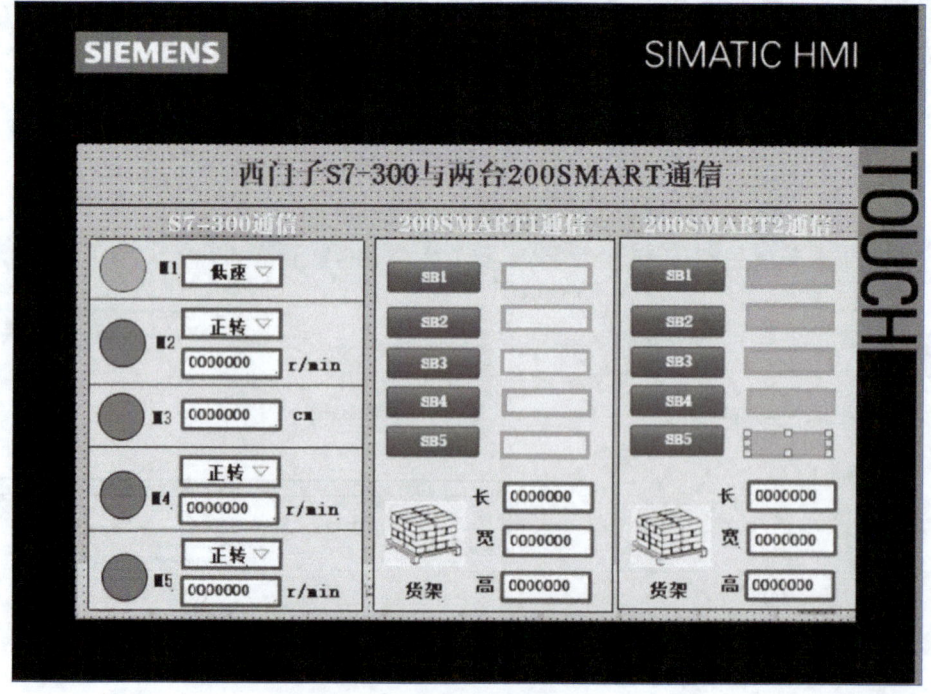

图5-23　通信测试监控画面

表5-5　任务评价表

评分表 _____ 学年		工作形式：□个人　□小组分工　□小组	评分		工作时间
任务	训练内容与分值	训练要求	学生自评	教师评分	
码垛机器人通信设计	1. PROFIBUS-DP通信（30分）	正确进行通信设置（10分） 通信成功（20分）			
	2. 基于S7的以太网通信（30分）	正确进行通信设置（10分） 通信成功（20分）			
	3. 通信测试（30分）	通信变量完整且通信成功，数据传输格式正确（20分） 通信测试监控画面美观（10分）			
	4. 职业素养与安全意识（10分）	现场安全保护；工具、器材、导线等处理操作符合职业要求（5分） 分工合作，配合紧密；遵守纪律，保持工位整洁（5分）			
	总分：100分	学生：　　　　　教师：　　　　　日期：			

项目小结

通过本项目的学习，读者可以了解码垛机器人包装工艺流程，掌握码垛机器人包装触摸屏界面设计，能够进行系统模拟，掌握PLC对不同电机的控制，尝试进行PROFIBUS-DP通信和基于以太网的S7通信。请读者进行本项目各任务的操作，为后续学习打下基础。

思考与练习

1. 思考题

（1）除了项目中所涉及的通信，该码垛机器人还有其他的通信方案吗？

（2）主从站的位置可以调换吗？

（3）思考PLC与触摸屏通信连接的参数设置方法。

2. 操作题

（1）使用McgsPro完成码垛机器人包装界面仿真。

（2）使用McgsWeb完成云端组态构建以及与设备的连接。

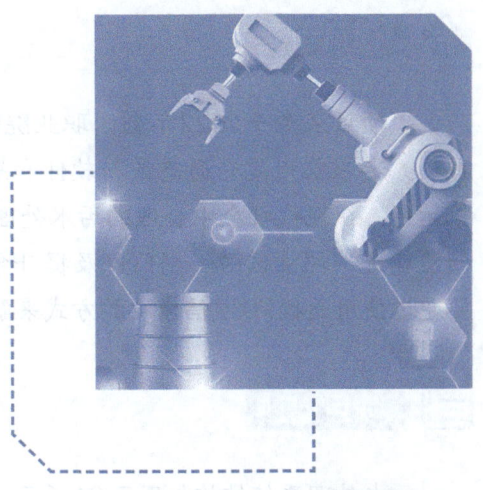

项目二
基于工业以太网的污水处理控制工程

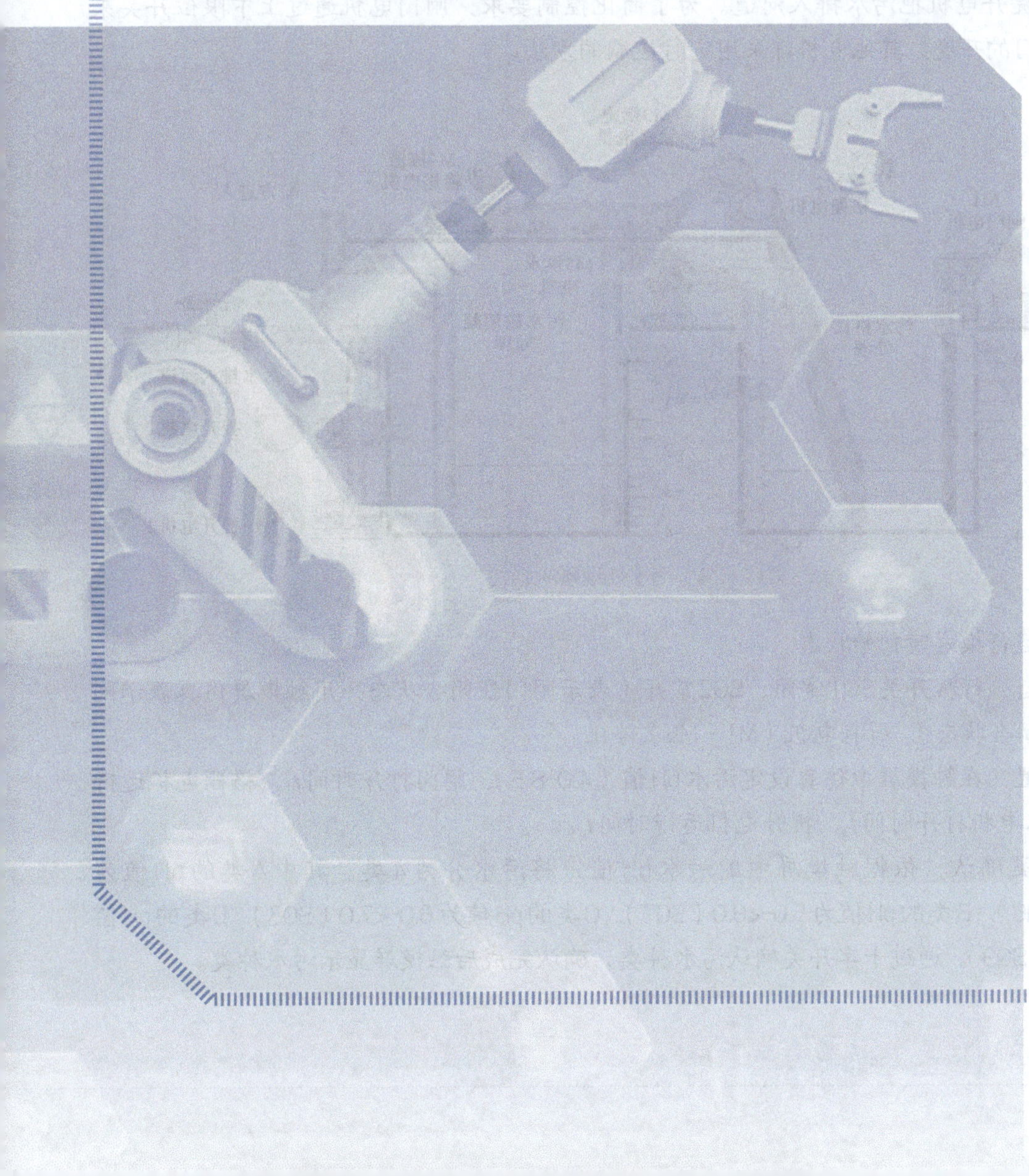

本项目来源于2022年全国职业院校技能大赛高职组"现代电气控制系统安装与调试"赛项，要求采用昆仑通态最新软件和触摸屏、西门子S7-1200 PLC实现污水处理系统的联机运行。在现代社会中合理的污水处理可用于净化污水、保护环境。污水处理系统由格栅、栅渣输送、螺旋输送、闸门以及提升泵等组成。该项目的特点是不同设备之间距离远，需要通过使用远程I/O通信模块的方式来解决这一问题。

项目描述

污水处理系统结构如图5-24所示。闸门电机控制污水进入污水格栅池中进行过滤处理。格栅电机打开格栅进行过滤，固体物通过螺旋输送电机运输到上方，通过栅渣输送带进行堆泥处理。用供水电机把过滤过的污水抽到污水磁絮凝池中，加入药剂进行处理，处理完毕后，通过提升电机把污水排入河道。为了简化控制要求，闸门电机通过上下限位开关来控制进水闸门的开度，其他电机都采用定时控制的方法。

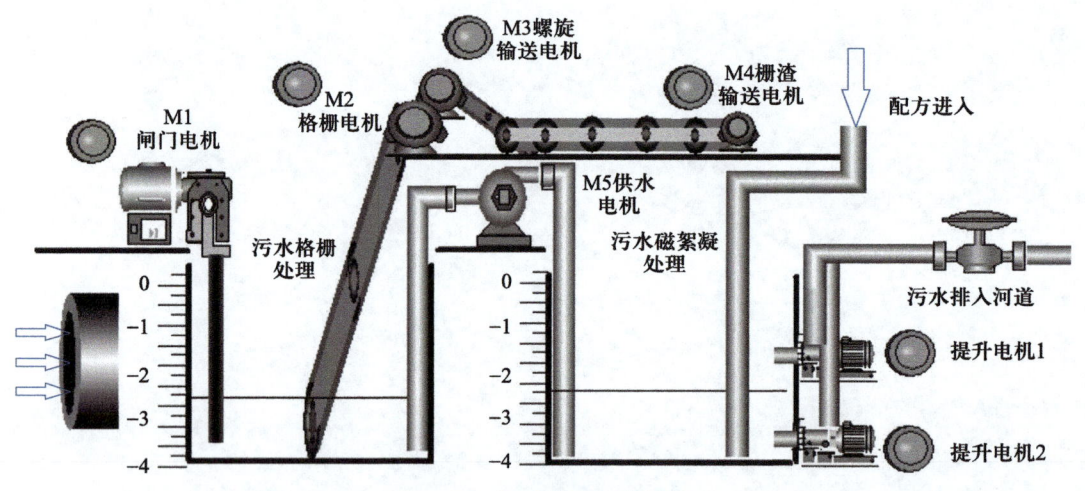

图5-24　污水处理系统结构

1. 自动运行模式时初始状态

初始状态：行程开关SQ1常闭、SQ2常开（表示闸门在闭合状态，用触摸屏仿真表示闸门的打开和闭合状态），所有电机（M1~M5）停止。

参数设置：在触摸屏中仿真设定污水pH值（4.0-8.5）、闸门打开时间t_1、格栅电机运行时间t_2、供水电机打开时间t_3、提升电机运行时间t_4。

污水种类确认：依据触摸屏中的污水pH值，将污水分为4类。其中A类的pH值为4.0~<5.0（SQ6），B类的pH值为5.0~<6.0（SQ7），C类的pH值为6.0~<7.0（SQ8），D类的pH值为7.0~<8.0（SQ9）。通过十字开关确认污水种类，确认完成后触摸屏显示污水种类。

2. 格栅池进水流程

点击触摸屏上的"自动开始"按钮后，触摸屏上的"进水开闸状态"指示灯点亮，确认污水种类后，闸门电机运行，SQ2变为常闭后，表明闸门完全打开，到位后，停止时间t_1，闸门电机反转，"进水开闸状态"指示灯熄灭，"进水关闸状态"指示灯点亮，SQ1变为常闭，表明闸门完全关闭，完成一次进水流程。

格栅池进水流程结束后，"进水关闸状态"指示灯熄灭。

3. 格栅池排渣流程

格栅池进水流程结束后，触摸屏上的"格栅池处理状态"指示灯点亮，等待1 s，螺旋输送电机开始运行，2 s后格栅电机开始运行，同时栅渣输送电机以转2 s、停1 s的周期运行。当格栅电机运行t_2时间过滤完成后，栅渣输送电机继续运行3 s把剩余栅渣输送后关闭，同时螺旋输送电机停止，"格栅池处理状态"指示灯熄灭，格栅池排渣流程结束。

4. 磁絮凝池供水流程

"絮凝池供水状态"指示灯点亮，供水电机打开，运行t_3时间后结束，"絮凝池供水状态"指示灯熄灭。

5. 磁絮凝池净化流程

"絮凝池净水状态"指示灯点亮。表5-6所示为各类水质的处理时间。

表5-6　各类水质处理时间

污水种类	沉淀净化时间	对应指示灯颜色
A类	3 s	蓝色
B类	5 s	黑色
C类	4 s	黄色
D类	2 s	绿色

净化流程结束后，"絮凝池净水状态"指示灯熄灭。

6. 磁絮凝池排水流程

"絮凝池排水状态"指示灯点亮，提升电机1、2同时运行t_4时间后停止，排水流程结束。

7. 循环结束

完成污水处理后，"初始状态"指示灯点亮。再次按下启动按钮SB1后，继续下次污水处理流程。

8. 项目要求

要求完成硬件选型，设计硬件电路，编制PLC程序以及人机界面程序并完成调试。

项目目标

➤ 知识目标

1. 掌握PLC与触摸屏之间的以太网通信方法。

2. 掌握基于PROFINET协议的远程I/O控制通信方法。

> **能力目标**

1. 能完成触摸屏、PLC、远程I/O通信模块的工业以太网硬件选型、接线及通信配置。
2. 能设计满足项目要求的触摸屏界面，并配置触摸屏与PLC之间的通信。
3. 能设计满足项目要求的PLC程序，并配置PLC与远程I/O通信模块之间的PROFINET通信。

> **素养目标**

1. 培养良好的安全、质量、时间意识。
2. 培养精益求精的工匠精神。
3. 提升审美素养，增强强国有我的责任感。

项目分析

污水处理系统采用西门子S7-1200 PLC作为控制器，触摸屏选用昆仑通态的TPC7062K，支持PROFINET协议的华杰HJ3202远程I/O通信模块。触摸屏、PLC、工业机器人通信的物理层和链路层采用工业以太网协议，触摸屏和PLC之间的应用层通信采用定制协议（昆仑通态专门开发），PLC和远程I/O通信模块之间采用PROFINET协议方法。用触摸屏仿真产生对应的限位开关信号和pH值检测信号，监控系统的运行，通过PLC实现污水处理的控制流程。

本项目分3个任务实施：任务一为工业以太网组网配置，任务二为PLC程序编写，任务三为触摸屏人机界面设计。根据项目的要求，给出基于PROFINET协议的工业以太网解决方案。

任务一
工业以太网组网配置

任务描述

根据污水处理系统的控制要求，设计网络解决方案并进行配置。网络中包括触摸屏、PLC和远程I/O通信模块，网络采用工业以太网，PLC与远程I/O通信模块之间的应用层协议选用PROFINET协议。

任务分析

1. 网络方案规划
工业以太网拓扑结构如图5-25所示，主要的设备包括触摸屏、PLC和远程I/O通信模

块，通过工业以太网交换机和网线组成工业以太网网络。

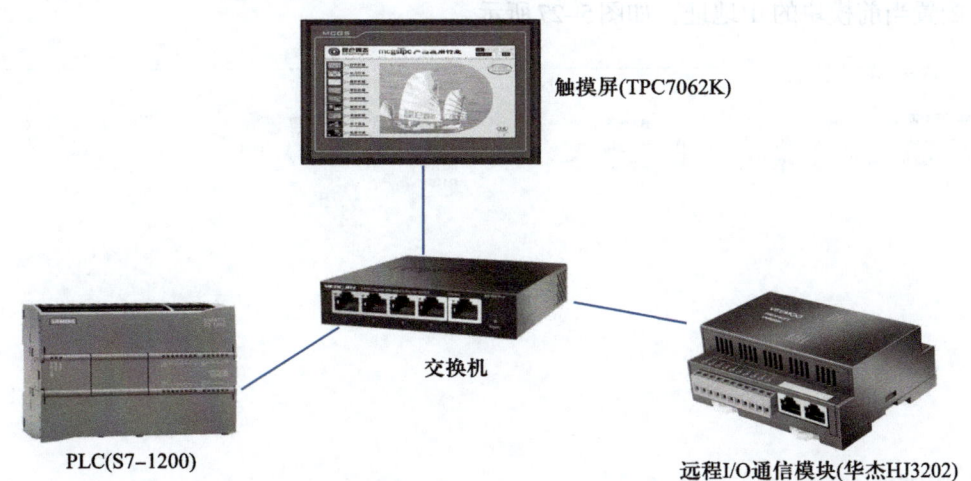

触摸屏(TPC7062K)

交换机

PLC(S7-1200)

远程I/O通信模块(华杰HJ3202)

图5-25　工业以太网拓扑结构

2. 远程I/O通信模块选型

华杰HJ3202远程I/O通信模块是基于PROFINET协议的远程I/O通信模块，把通信和输入/输出模块功能合成使用，具有性价比高的特点，如图5-26所示。该模块有8个开关量输入通道（晶体管型）和8个开关量输出通道（晶体管型）。

图5-26　华杰HJ3202远程I/O通信模块实物图

📺 **任务实施**

1. 硬件的选型与连接

根据本项目的控制要求，PLC选择西门子S7-1200 PLC，触摸屏选择昆仑通态TPC7062K，远程I/O通信模块选择华杰HJ3202远程I/O通信模块，提供8点数字量输入、8点数字量输出。

用以太网连接3个主要的控制硬件，并连接到编程计算机上。

2. 远程I/O通信模块的GSD文件产生

在网络硬件完成连接的前提下，打开PROFINET/IO配置软件 V-1.5.G-1，进入配置界

演示视频
GSD文件产生

面，在软件左下角的"LAN all Adapter"中选择当前的计算机网卡，连接远程I/O通信模块，并随机配置当前模块的IP地址，如图5-27所示。

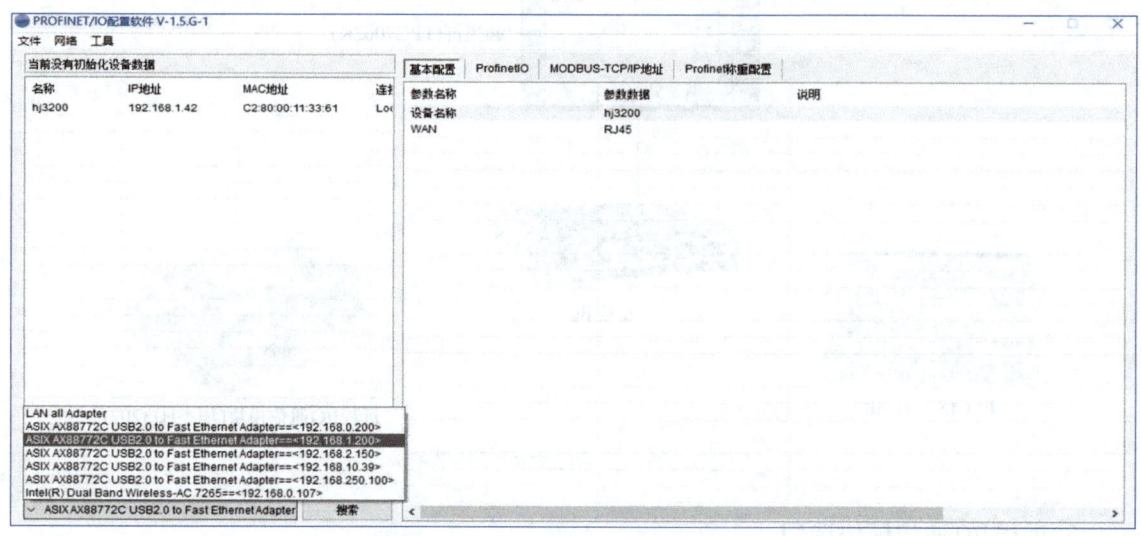

图5-27　连接远程I/O通信模块

单击"搜索"按钮后，出现当前的远程I/O通信模块。单击右侧的"ProfinetIO"标签，"设备类型"选择"HJ3202/HJ3202N 8DI/8DQ"，将设备名称设置为"hj3202n"。单击下方的"生成GSDML文件"按钮生成需要的GSD文件，如图5-28所示。

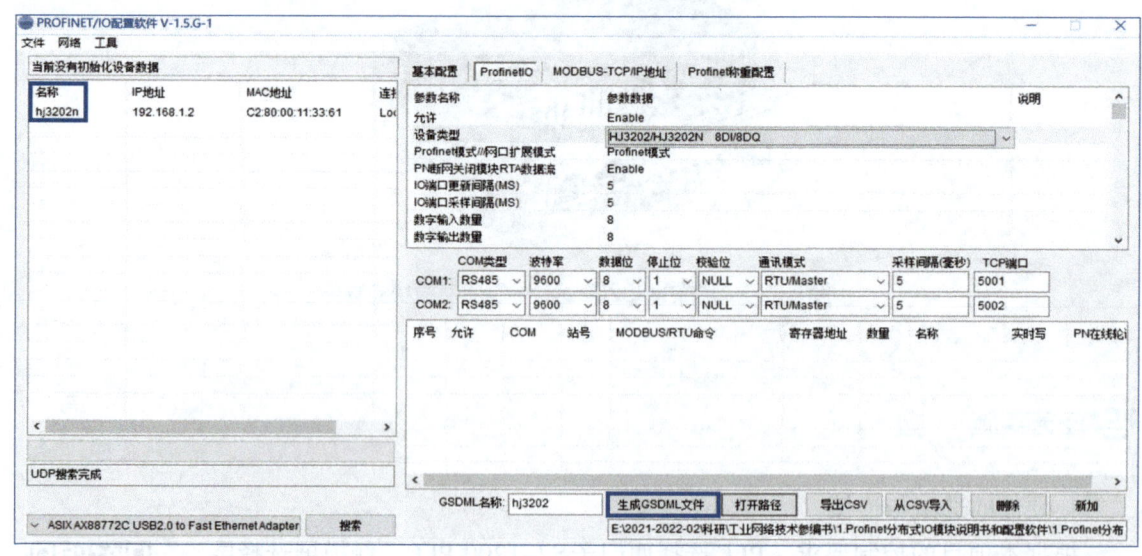

图5-28　生成GSD文件

3. 网络的软件配置

打开博途编程软件，选择控制器为CPU 1215C DC/DC/Rly，在菜单栏中选择"选项"→"管理通用站描述文件（GSD）"选项，导入远程I/O通信模块的GSD文件，如图5-29所示。

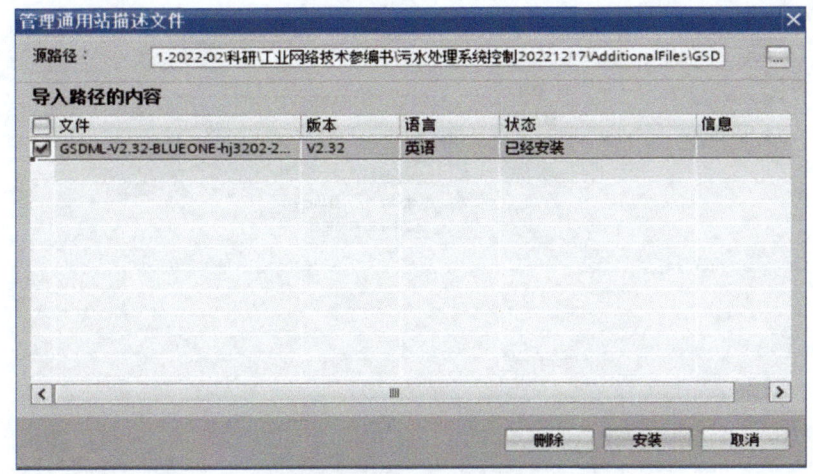

图5-29　导入GSD文件

在项目树中"设备和网络"选项下添加远程I/O通信模块，并和控制器进行网络连接，如图5-30所示。

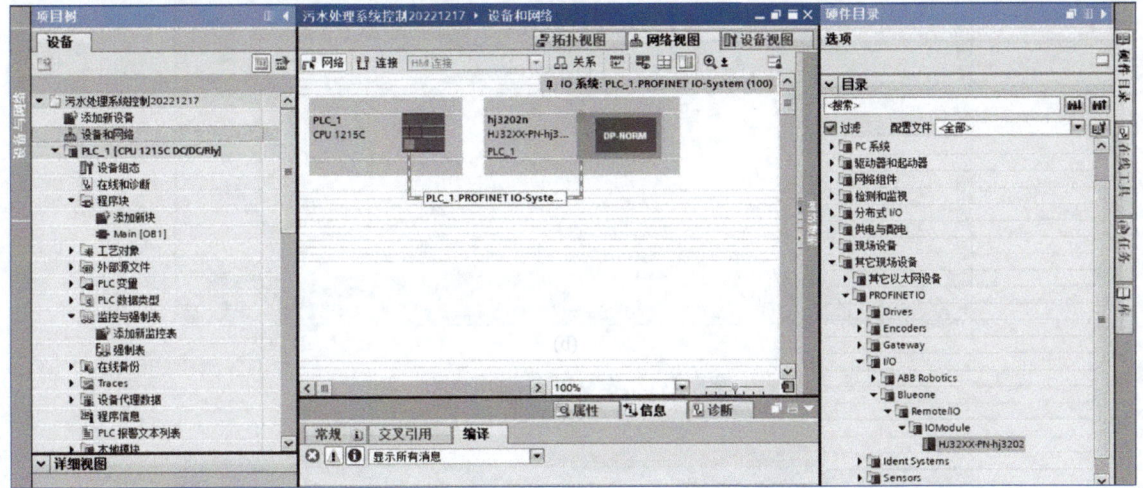

图5-30　网络通信组态

设置PLC的IP地址为"192.168.1.1"，远程I/O通信模块的IP地址为"192.168.1.2"，单击远程I/O通信模块的I/O分布，其输入地址为I2.0~I2.7，输出地址为Q2.0~Q2.7，如图5-31所示。

选择PLC，将软件和硬件下载到PLC中。选择远程I/O通信模块并右击，在弹出的快捷菜单中选择"分配设备名称"选项，如图5-32所示。

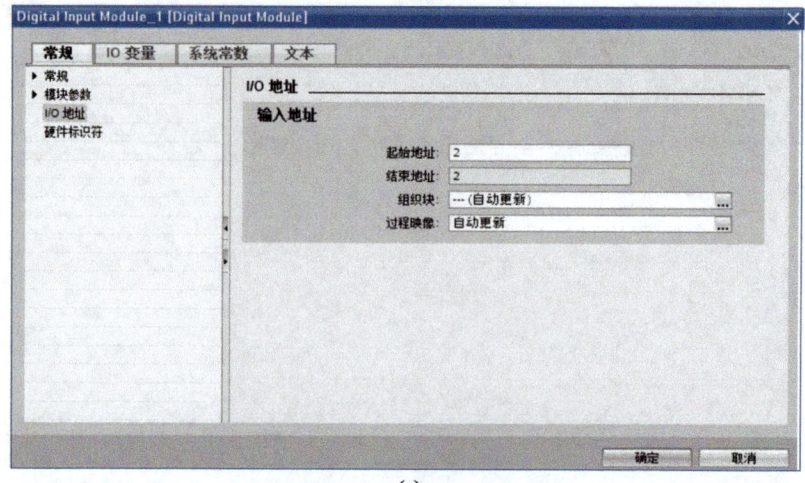

(a)

(b)

图5-31　定义输入/输出地址

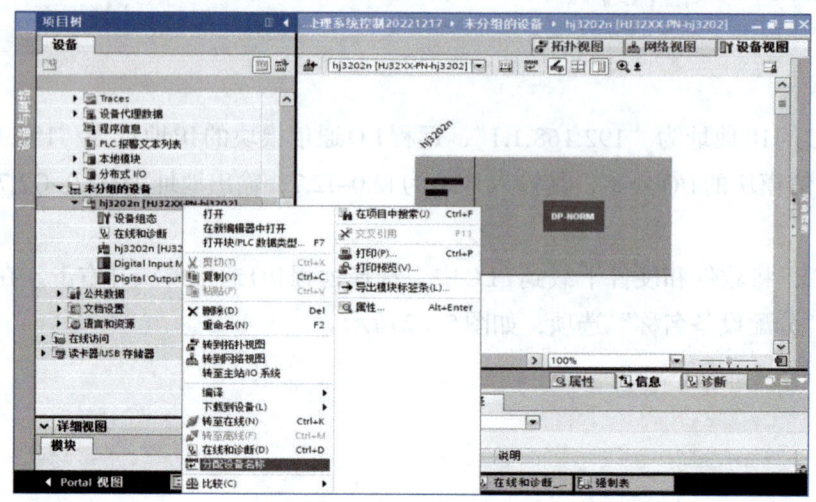

图5-32　分配设备名称

通过更新列表完成远程I/O通信模块的参数设定，如图5-33所示。

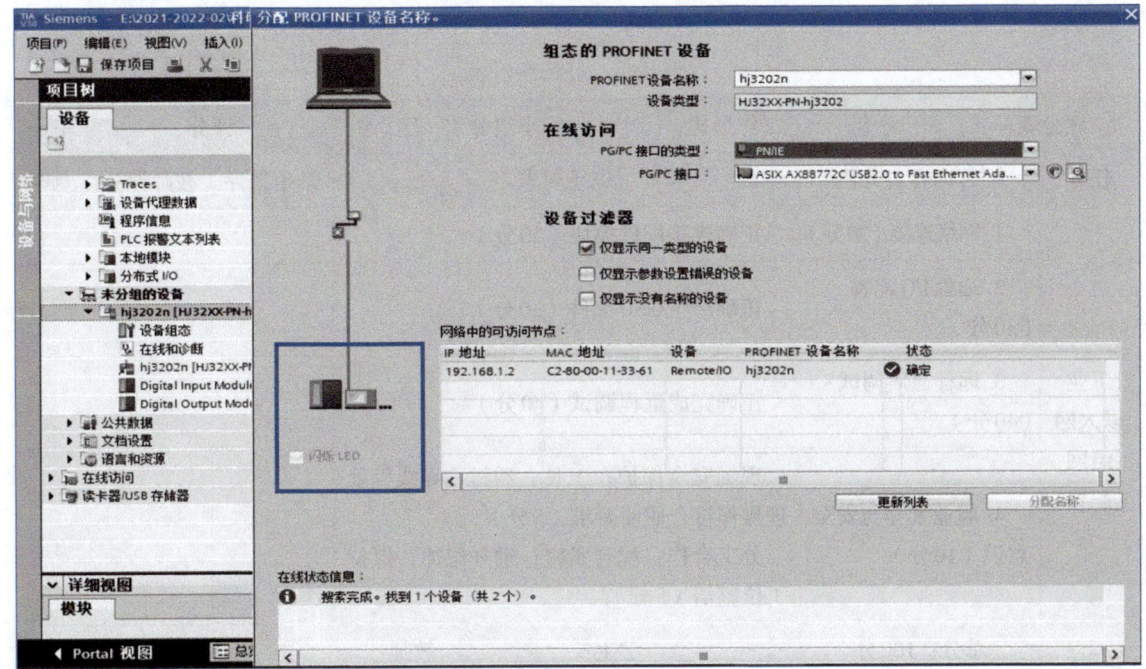

图5-33　远程I/O通信模块参数更新

在程序块中输入两段基本程序，在线调试，确定Q2.0、Q2.1是否在远程I/O通信模块中有反应。如图5-34所示，调试成功。

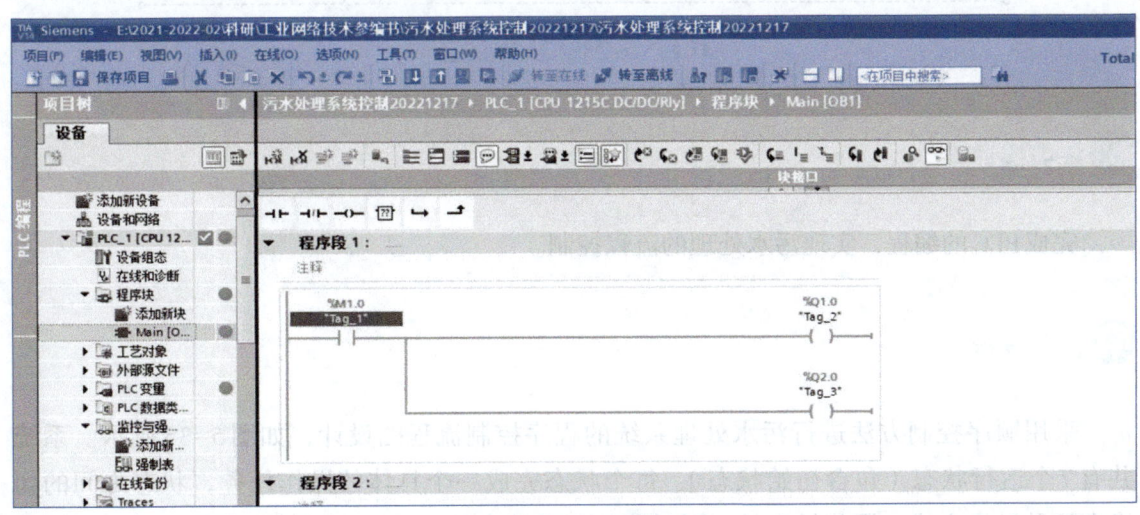

图5-34　I/O远程调试

表 5-7　任务评价表

评分表 ＿＿＿＿学年		工作形式：□个人　□小组分工　□小组	评分		工作时间
任务	训练内容与分值	训练要求	学生自评	教师评分	
工业以太网组网配置	1. 网络连接（20分）	正确连接硬件模块（20分）			
	2. 远程 I/O 配置（30分）	正确产生 GSD 文件（30分）			
	3. 远程通信调试（40分）	正确完成远程调试（40分）			
	4. 职业素养与安全意识（10分）	现场安全保护；工具、器材、导线等处理操作符合职业要求（5分） 分工合作，配合紧密；遵守纪律，保持工位整洁（5分）			
	总分：100分	学生：　　　　教师：　　　　日期：			

任务二
PLC 程序编写

任务描述

完成 PLC 的编程，实现污水处理的流程控制。

任务分析

采用顺序控制方法进行污水处理系统的程序控制流程图设计，如图 5-35 所示。系统共有 7 个运行状态（包含初始状态），每个状态完成一个具体的操作任务，状态之间的切换有两种触发方式，限位触发是指通过限位开关状态的触发，定时触发是指通过定时器的触发。

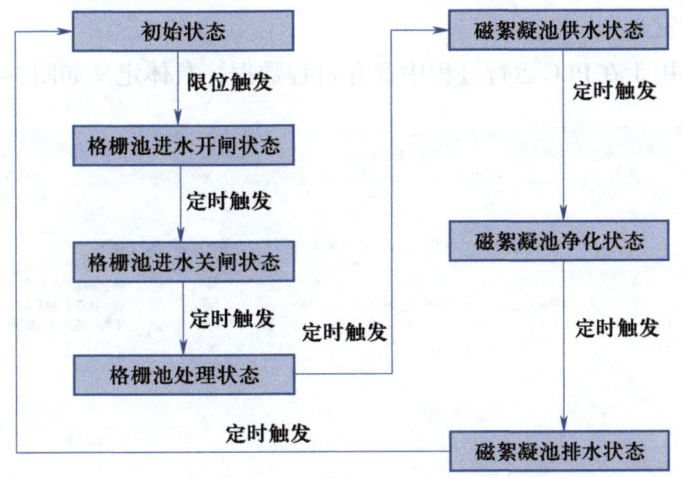

图5-35 程序控制流程图

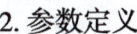 **任务实施**

1.新建项目并进行硬件配置

在博途软件中新建名为"污水处理系统控制"的项目,CPU的类型选择
1215C DC/DC/Rly型。

2.参数定义

(1)输入/输出参数定义

以PLC为核心确定输入/输出参数,其中输入为人机界面输入的仿真信息,输出为PLC
的输出电路点,如图5-36所示。

演示视频
PLC程序编写

图5-36 输入/输出参数定义

（2）中间变量定义

中间变量主要用于在PLC运行过程中保存过程数据，具体定义如图5-37所示。

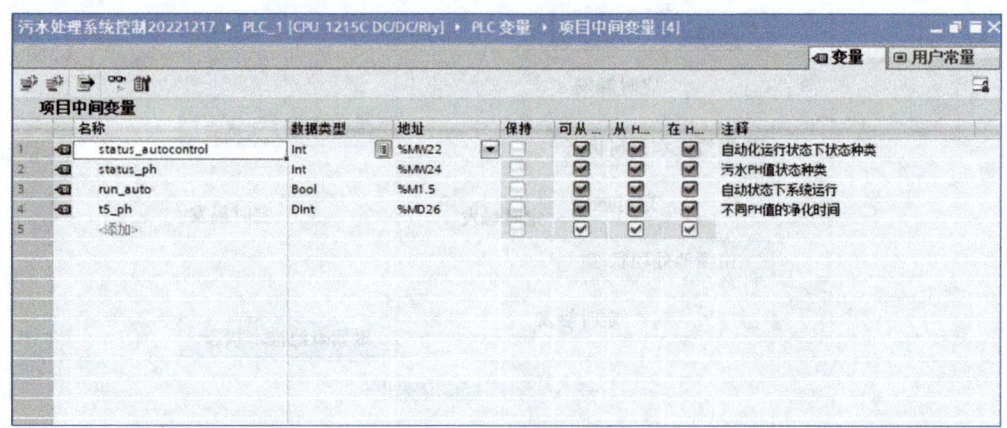

图5-37　中间变量定义

3. 梯形图程序编写

（1）手动状态下的电机控制

如图5-38所示，完成各电机的单独手动控制。

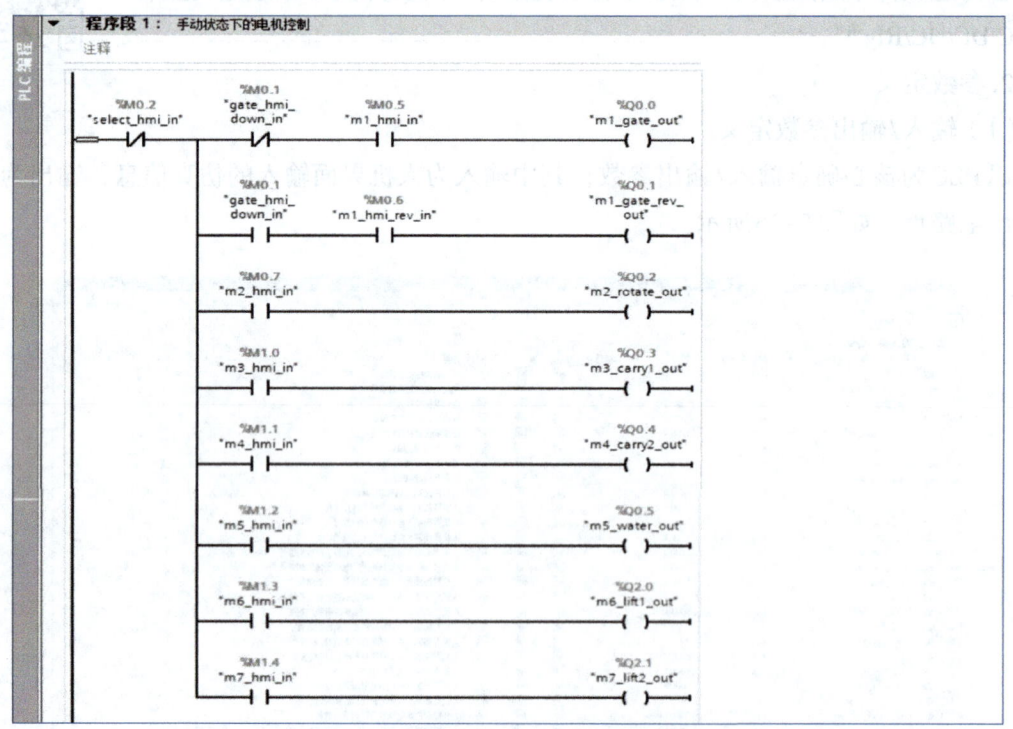

图5-38　手动状态下的电机控制梯形图

（2）自动状态下的系统启动与停止控制

如图5-39所示，完成系统自动控制下的自锁控制。

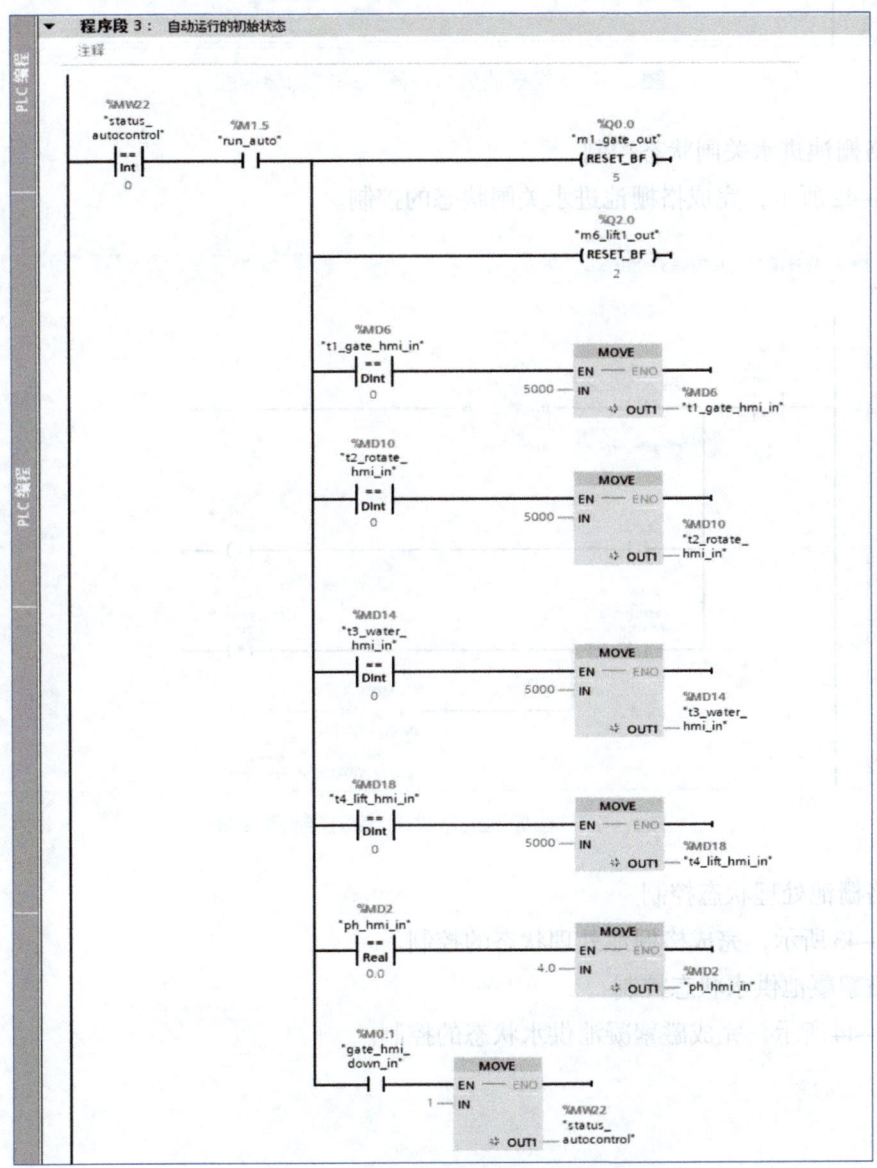

图5-39　自动状态下的系统启动与停止控制梯形图

（3）自动运行的初始状态控制

如图5-40所示，完成初始状态下的各寄存器赋初值控制。

图5-40　自动运行的初始状态控制梯形图

（4）格栅池进水开闸状态控制

如图5-41所示，完成格栅池进水开闸状态的控制。

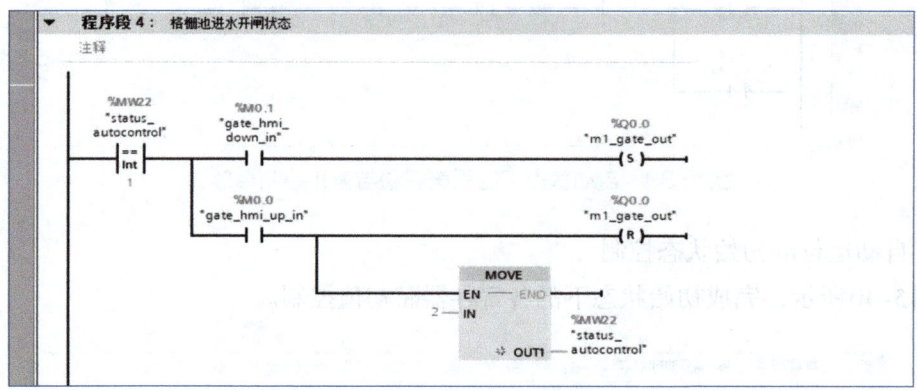

图5-41　格栅池进水开闸状态控制梯形图

（5）格栅池进水关闸状态控制

如图5-42所示，完成格栅池进水关闸状态的控制。

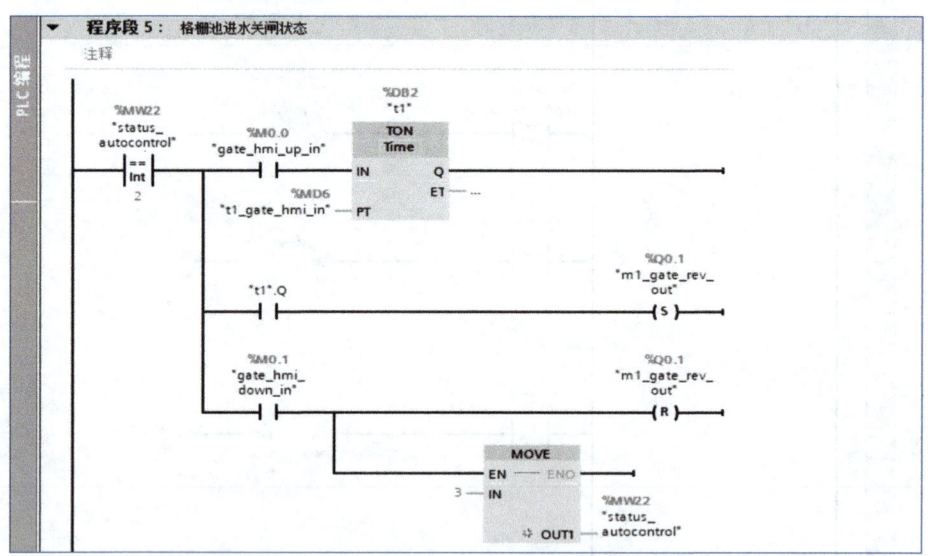

图5-42　格栅池进水关闸状态控制梯形图

（6）格栅池处理状态控制

如图5-43所示，完成格栅池处理状态的控制。

（7）磁絮凝池供水状态控制

如图5-44所示，完成磁絮凝池供水状态的控制。

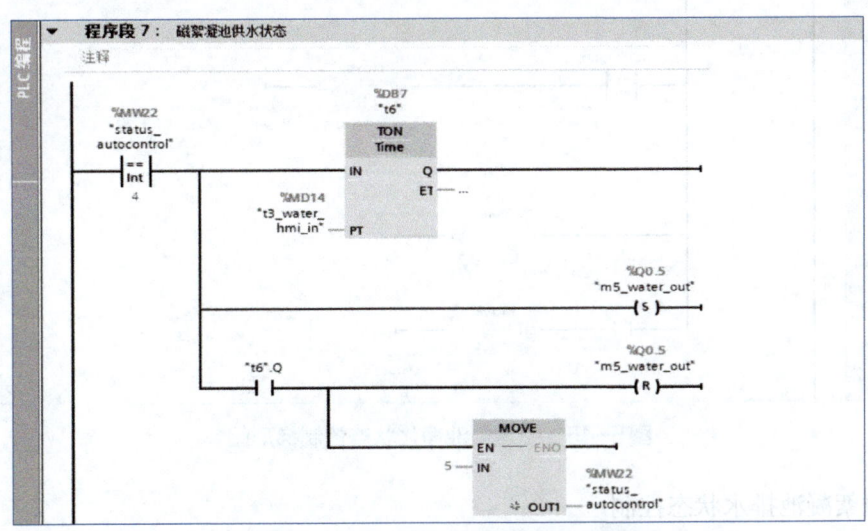

图5-43　格栅池处理状态控制梯形图

图5-44　磁絮凝池供水状态控制梯形图

（8）磁絮凝池净化状态控制

如图5-45所示，完成磁絮凝池净化状态的控制。

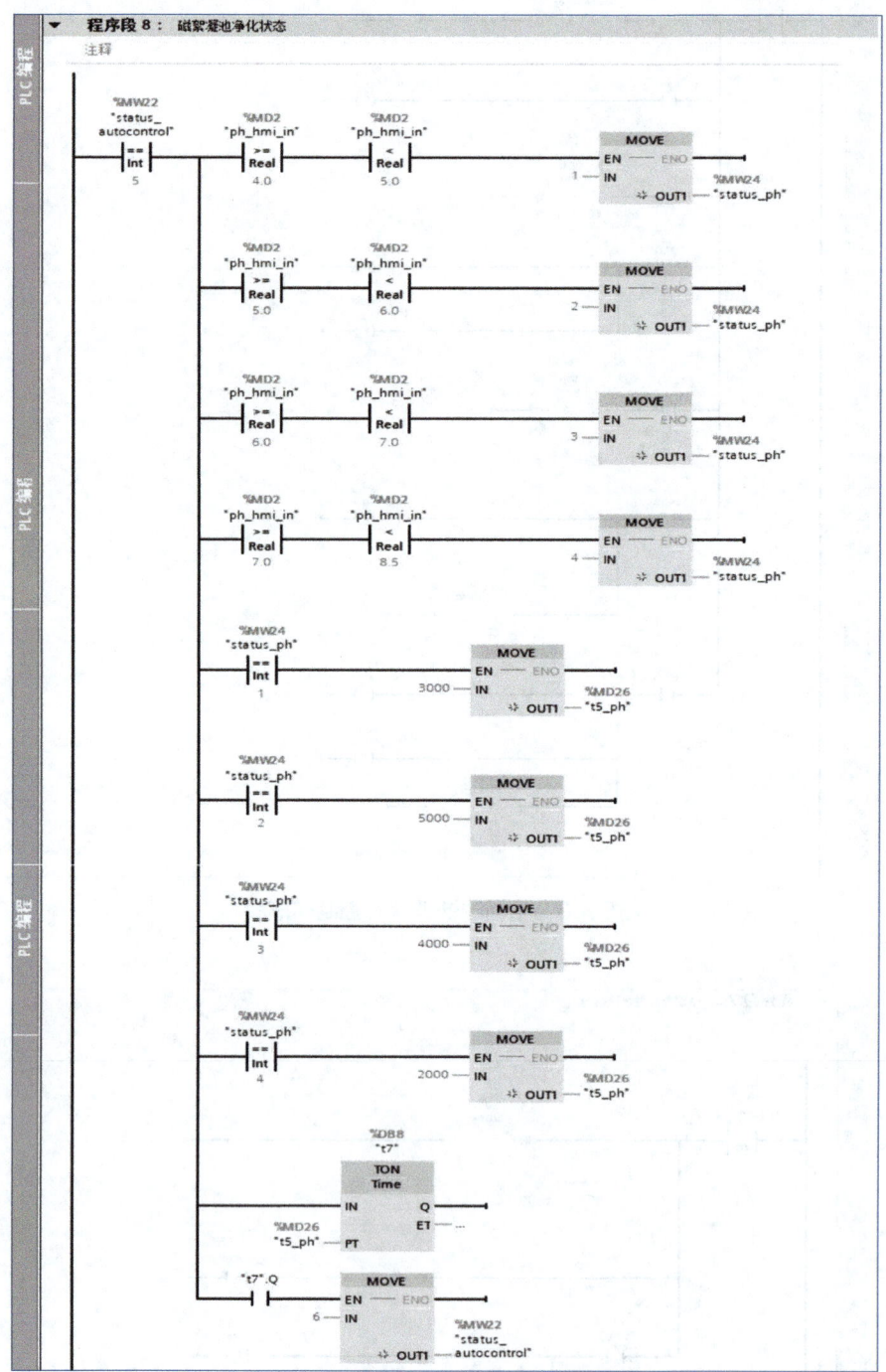

图5-45　磁絮凝池净化状态控制梯形图

（9）磁絮凝池排水状态控制

如图5-46所示，完成磁絮凝池排水状态的控制。

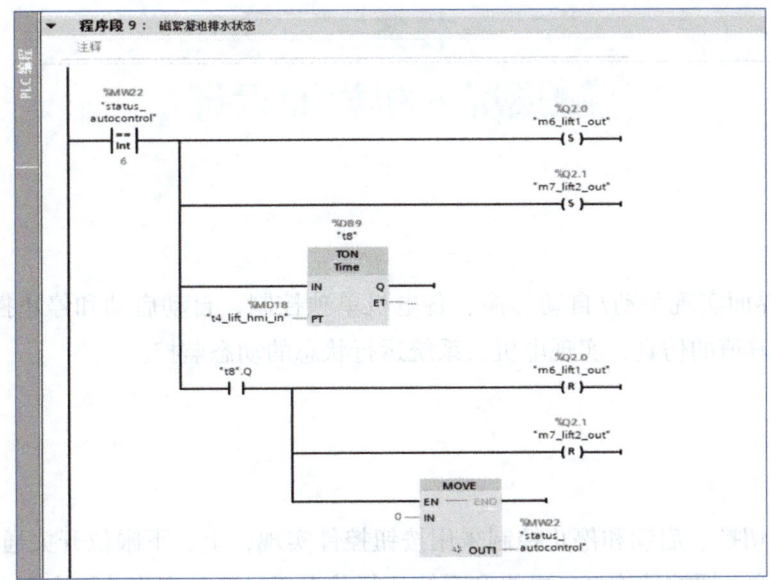

图5-46　磁絮凝池排水状态控制梯形图

4.和触摸屏连接调试

连接触摸屏后，点击触摸屏上的"手动运行"和"自动运行"按钮进行手动和自动状态下的连接调试，满足污水处理的状态运行要求。

任务评价（表5-8）

表5-8　任务评价表

评分表	＿＿＿＿学年	工作形式：□个人　□小组分工　□小组	评分		工作时间
任务	训练内容与分值	训练要求	学生自评	教师评分	
PLC程序编写	1.PLC参数定义（10分）	正确将组态工程下载至触摸屏中（10分）			
	2.PLC手动状态程序设计（20分）	PLC和触摸屏通信参数设置正确（20分）			
	3.PLC自动状态程序设计（30分）	PLC程序编写正确（30分）			
	4.PLC程序调试（30分）	正确连接PLC变量与组态构建（30分）			
	5.职业素养与安全意识（10分）	现场安全保护；工具、器材、导线等处理操作符合职业要求（5分） 分工合作，配合紧密；遵守纪律，保持工位整洁（5分）			
总分：100分		学生：　　　　　教师：　　　　　日期：			

任务三
触摸屏人机界面设计

任务描述

设计人机界面实现手动/自动切换、各电机单独控制、自动启动和停止控制，实现上、下限位开关及pH值的仿真，实现电机、系统运行状态的动态监控。

任务分析

手动/自动切换、启动和停止控制采用按钮控件实现，上、下限位开关通过按钮控件仿真，pH值通过输入框控件仿真，电机和系统运行状态通过颜色变化动画实现。

任务实施

演示视频
触摸屏人机
界面设计

1. 参数定义

图5-47定义了触摸屏的参数，主要包括触摸屏传给PLC的参数和PLC传给触摸屏的参数两种类型。触摸屏传给PLC的信号用"功能_out"来进行参数标识，主要包括电机的单机控制信号、按钮的手动/自动切换和仿真信号。PLC传给触摸屏的信号用"功能_in"来进行参数标识，主要包括电机状态、系统运行状态。

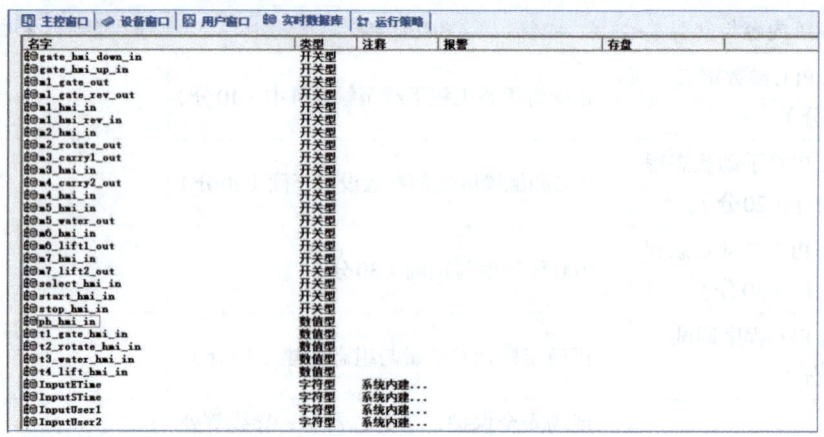

图5-47 触摸屏的参数定义

2. 监控界面搭建

污水处理系统监控界面如图5-48所示，包括运行监视、运行控制、数据仿真3个区域。

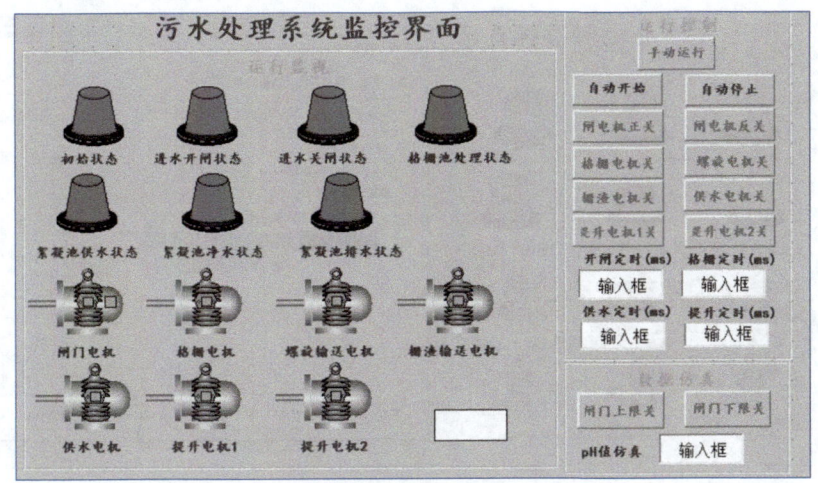

图5-48　污水处理系统监控界面

3.动画设计与参数连接

（1）状态指示灯动画设置

如图5-49所示，状态指示灯用于显示系统的运行状态，通过颜色动画表示是否处于当前状态，白色表示不处于当前状态，红色表示处于当前状态。

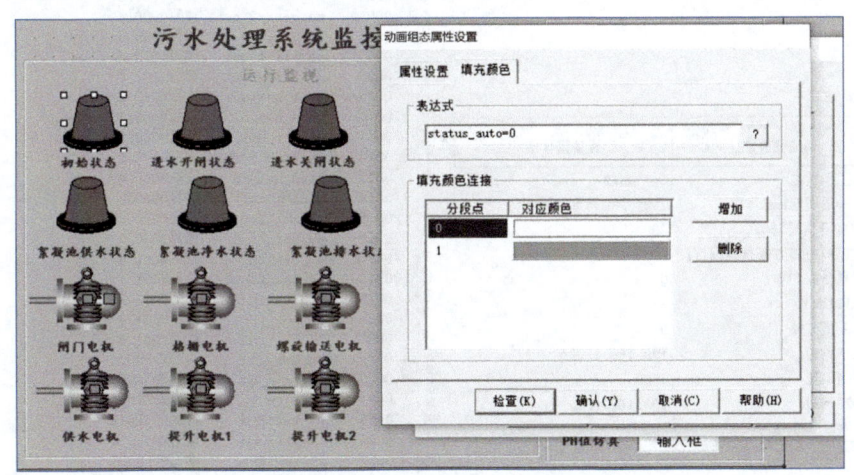

图5-49　状态指示灯动画设置

（2）电机动画设置

如图5-50所示，电机的颜色显示电机当前的运行状态，通过颜色动画表示当前电机是否处于运行状态，绿色表示当前电机处于运行状态，红色表示当前电机处于停止状态。

（3）通信设置

如图5-51所示，选择使用"Siemens_1200"驱动程序，设置通信参数，包括远端IP地址（PLC的IP地址）、本地IP地址（触摸屏的IP地址），定义与PLC的对应通道并和触摸屏参数进行连接。

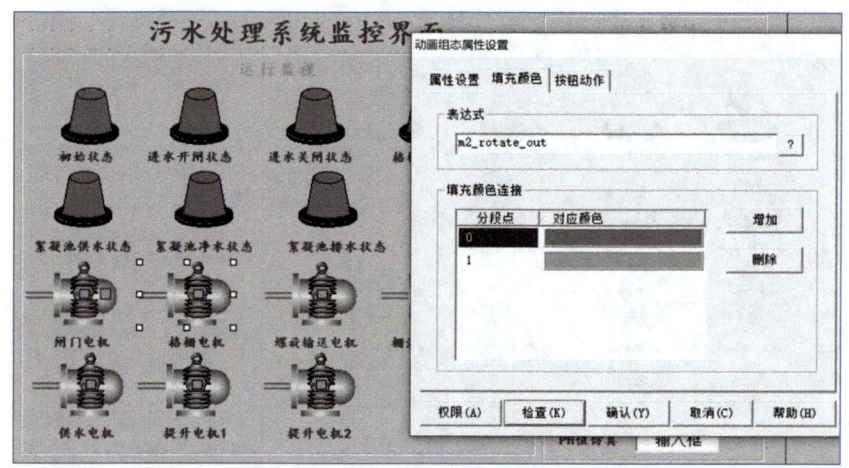

图5-50　电机动画设置

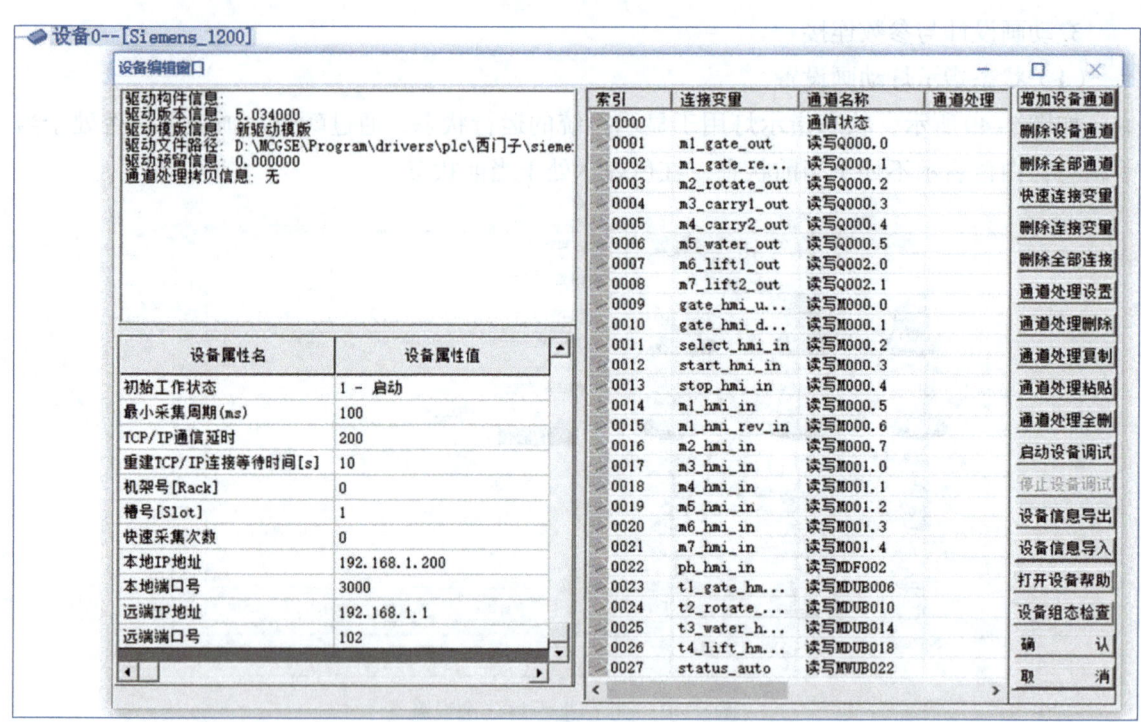

图5-51　通信设置

4.系统调试

把PLC、触摸屏以及远程I/O通信模块通过网线连接，进行在线调试。先点击"手动运行"按钮，顺序启动各电机，监视各电机是否能按要求启动；然后设置仿真信号中的"闸门上限开""闸门上限关""闸门下限开""闸门下限关"等按钮，仿真闸口的上、下限开关工作状态，依次设置pH值为5.5、6.5、7.5、8.5，再点击"自动开始"按钮，观察运行状态是否符合控制要求。

✏️ **任务评价（表5-9）**

表5-9 任务评价表

评分表 _____学年		工作形式：□个人　□小组分工　□小组	评分		工作时间
任务	训练内容与分值	训练要求	学生自评	教师评分	
触摸屏人机界面设计	1. 触摸屏参数定义（10分）	正确定义规定的参数（10分）			
	2. 界面规划设计（20分）	按要求规划界面（20分）			
	3. 监视动画设置（20分）	动画设置正确（20分）			
	4. 控制和仿真设置（20分）	电机点动按钮设置正确（20分）			
	5. 在线调试（20分）	实现在线控制要求（20分）			
	6. 职业素养与安全意识（10分）	现场安全保护；工具、器材、导线等处理操作符合职业要求（5分） 分工合作，配合紧密；遵守纪律，保持工位整洁（5分）			
	总分：100分	学生：　　　教师：　　　日期：			

📝 **项目小结**

通过本项目的学习，读者可以了解污水处理的工作流程，掌握触摸屏界面设计方法，掌握PLC与触摸屏变量连接方法，掌握通过PROFINET协议实现远程I/O控制的方法。请读者进行本项目各任务的操作，为后续学习打下基础。

💭 **思考与练习**

1. 思考题

（1）在控制系统中，远程I/O能实现哪些功能？应用于哪些场所？

（2）PROFINET通信和工业以太网通信有什么区别与联系？

（3）如果从价格方面考虑，还有哪些方案比本项目提供的方案更有优势？

（4）如果方案要求限位开关不能用仿真信号，在具体硬件连接时有什么变化？

（5）如果方案要求pH值不能用仿真信号，在具体硬件连接时有什么变化？

2. 操作题

（1）设定闸的限位开关为真实限位开关，请设计系统的PLC程序和触摸屏程序。

（2）设定闸的限位开关为真实限位开关、pH值为模拟量传感器，请设计系统的PLC程序和触摸屏程序。

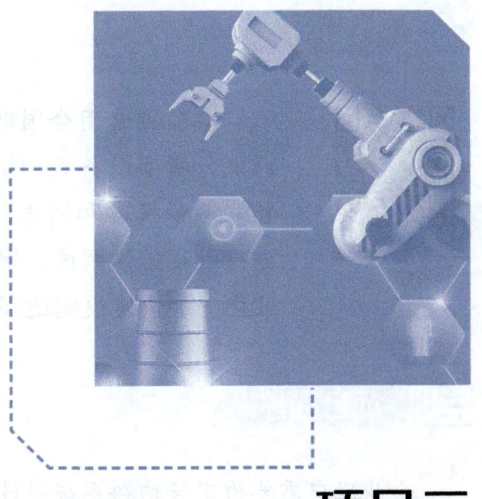

项目三
定长切料系统

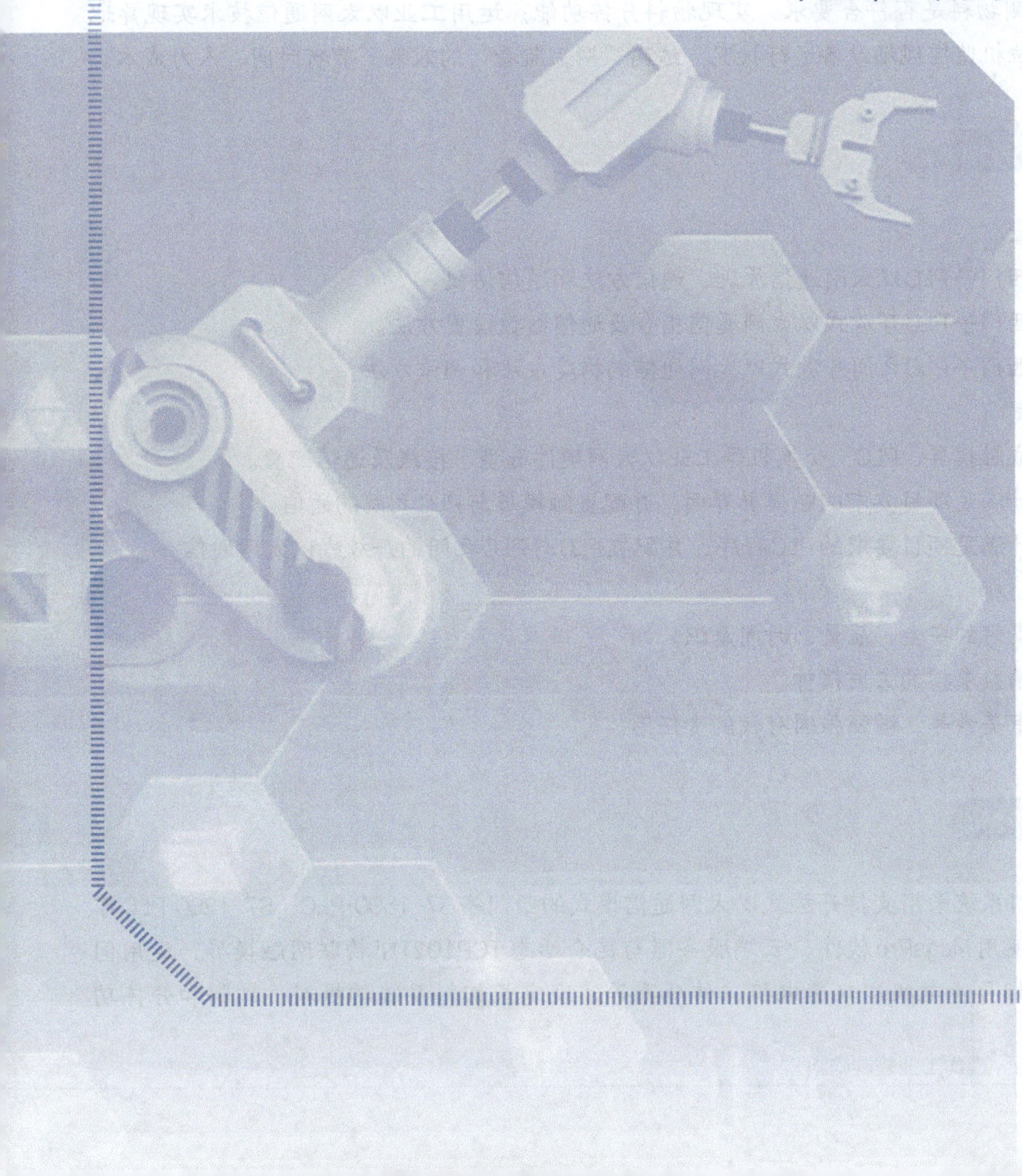

👍 项目引入

微课
定长切料系统
项目简介

本项目选用全国职业院校技能大赛高职组"现代电气控制系统安装与调试"赛项设备YL-158GA，采用昆仑通态最新软件、西门子S7-1500 PLC、物联网触摸屏和阿里云技术，实现定长切料系统的设计与仿真运行，并能进行远程传输调试，提供西门子PLC开放式以太网解决方案，以推进新型工业化，加快建设制造强国、数字中国。

📋 项目描述

企业用户需要为定长切料系统设计触摸屏仿真界面，并要通过PLC与触摸屏的通信控制定长切料系统。为实现高质量发展，企业要求能够实现远程云端控制与调试。本项目运用PLC控制技术、变频技术、伺服技术等实现对多台电机的控制，完成相应设计任务；借助传感器技术检测物料是否符合要求，实现物料分拣功能；运用工业以太网通信技术实现异地用手机、上位机监控现场设备运行状况，达到"网上监看"的效果，节省时间、人力成本。

🔧 项目目标

➤ **知识目标**

1. 掌握西门子PLC以太网通信原理、通信方法和通信协议。
2. 掌握西门子PLC开放式以太网通信指令及通信参数设置方法。
3. 掌握西门子PLC之间开放式以太网通信的构建方法和调试方法。

➤ **能力目标**

1. 能完成触摸屏、PLC、交换机等工业以太网硬件选型、接线及通信配置。
2. 能设计满足项目要求的触摸屏界面，并配置触摸屏与PLC之间的通信。
3. 能设计满足项目要求的PLC程序，并配置PLC与PLC之间的开放式以太网通信。

➤ **素养目标**

1. 培养良好的安全、质量、时间意识。
2. 培养精益求精的工匠精神。
3. 提升审美素养，增强强国有我的责任感。

🔎 项目分析

定长切料系统采用支持开放式以太网通信模式的西门子S7-1500 PLC、S7-1200 PLC作为控制器，使用McgsPro软件、云端服务器与昆仑通态TCP1021Ni物联网触摸屏，运用伺服电机、三相异步电机、双速电机、传感器等实现定长切料系统的推料、切料和分拣功能，支持以太网通信方式的昆仑通态TCP1021Ni物联网触摸屏可实现远程操作以及远程监控功能。

本项目分3个任务实施：任务一为定长切料系统网络架构分析与设计，任务二为定长切料系统触摸屏设计与PLC控制运行，任务三为定长切料系统远程云端控制与调试。

该系统采用西门子S7-1500 PLC、S7-1200 PLC作为控制器，触摸屏和PLC采用以太网模式进行通信，定长切料机外形及结构如图5-52所示，包括底座、工作滑台、工料、切断气缸、进料滚轮、滑台电动机、编码器、切断压板、压紧气缸、锯片、次品分拣气缸、次品推板、正品传送带和工料检测传感器等。

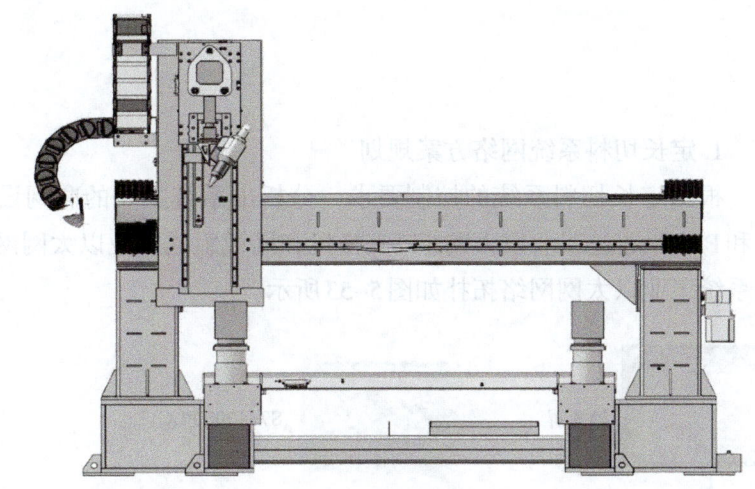

(a) 切料机外形

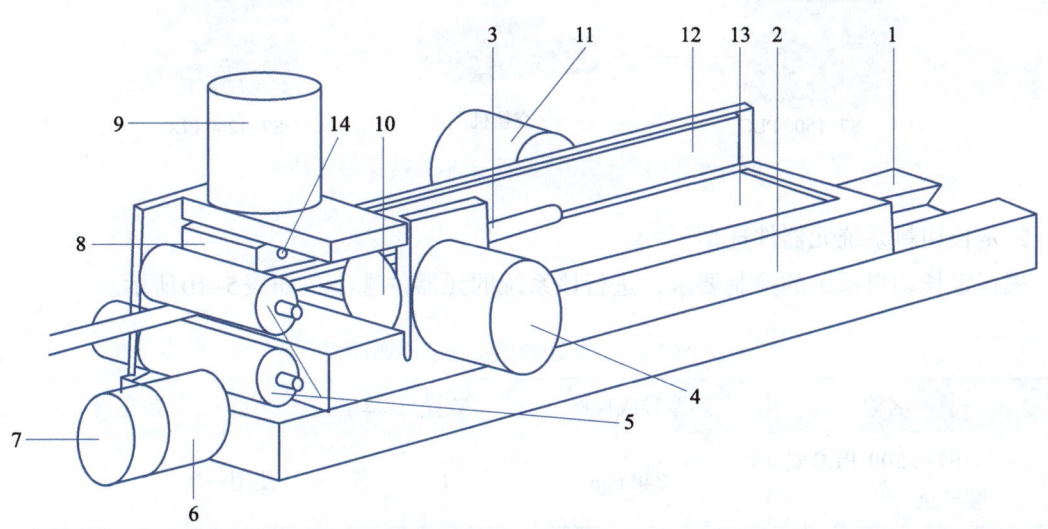

1—底座；2—工作滑台；3—工料；4—切断气缸；5—进料滚轮；6—滑台电动机；7—编码器；8—切断压板；
9—压紧气缸；10—锯片；11—次品分拣气缸；12—次品推板；13—正品传送带；14—工料检测传感器

(b) 切料机结构

图5-52 定长切料机外形及结构

定长切料系统网络架构分析与设计

📖 任务描述

根据定长切料系统的控制要求，设计工业以太网网络解决方案并进行配置，网络中包括PLC、触摸屏和交换机。PLC与PLC之间通过开放式以太网通信指令进行通信。

📋 任务分析

微课
定长切料系统
网络架构分析
与设计

1. 定长切料系统网络方案规划

根据定长切料系统的控制要求，分析出系统主要的联网设备包括触摸屏和PLC，通过工业以太网5口交换机和网线组成工业以太网网络。定长切料系统工业以太网网络拓扑如图5-53所示。

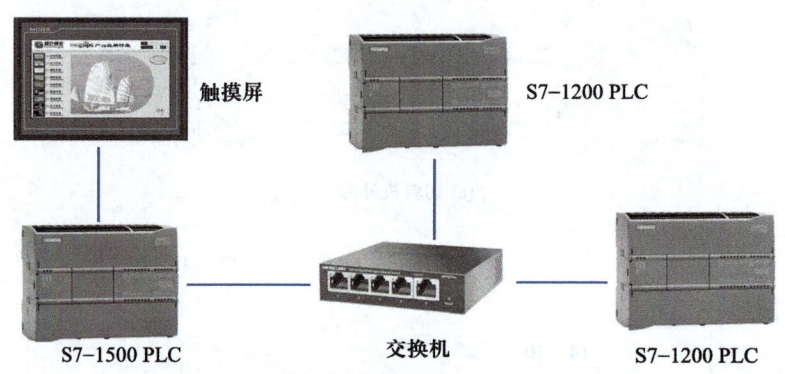

图5-53 定长切料系统工业以太网网络拓扑

2. 定长切料系统元器件选型

根据定长切料系统的控制要求，进行该系统的元器件选型，如表5-10所示。

表5-10 定长切料系统元器件选型表

序号	名称	型号或规格	数量	单位	备注
1	S7-1500 PLC安装导轨	240 mm	1	条	使用一半
2	S7-1500 PLC	6ES7 512-1CK01-0AB0	1	块	CPU 1512C-1 PN
3	存储卡	6ES7 954-8LC03-0AA0	1	张	4 MB
4	西门子数字输入模组	6ES7 521-1BH00-0AB0	1	块	DI 16x 24 V DC HF

序号	名称	型号或规格	数量	单位	备注
5	前连接器	6ES7 592-1BM00-0XB0	3	条	40针
6	西门子数字输出模组	6ES7 522-5FF00-0AB0	2	块	DQ 8x 230 V AC/2A ST
7	西门子电源	6EP1332-4BA00	1	块	120/ 230 V AC，24 V DC，3 A
8	西门子数字输入/输出模组	6ES7 223-1PL32-0XB0	2	块	16 DI，24 V DC / 16 DO，继电器
9	西门子模拟输出模组	6ES7 234-4HE32-0XB0	1	块	4输入/2输出
10	S7-1200 PLC	6ES7 212-1BE40-0XB0	1	块	CPU 1212C（8 DI 24 V DC；6 DO继电器；2 AI），PS 230 V AC
11	S7-1200 PLC	6ES7 212-1AE40-0XB0	1	块	CPU 1212C（8 DI 24 V DC；6 DO 24 V DC；2 AI），PS 24 V DC
12	通信线缆	3 m五类标准跳线	5	条	
13	交换机	5口	1	套	
14	西门子变频器	G120C-PN	1	台	含BOP-2操作面板

回 任务实施

1. 硬件选型与连接

根据项目控制要求PLC选择S7-1500 PLC，型号为6ES7 512-1CK01-0AB0，以及S7-1200 PLC，型号分别为6ES7 212-1AE40-0XB0和6ES7 212-1BE40-0XB0，触摸屏选择昆仑通态TCP1021Ni物联网触摸屏。用工业以太网连接主要的控制元件，并连接到编程计算机上。

2. 网络配置

打开博途编程软件，分别添加1台S7-1500 PLC和2台S7-1200 PLC，添加西门子数字输入/输出模组、数字输入模组、数字输出模组、模拟输出模组、电源。

分别设置3台PLC的地址为"192.168.0.1""192.168.0.2""192.168.0.3"。设置数字输入模组的输入地址为I2.0~I2.7；设置数字输出模组的输出地址为Q2.0~Q2.7；设置模拟输出模组的输出地址为Q2.0~Q2.7；设置数字输入/输出模组的输入地址为I2.0~I2.7，输出地址为Q2.0~Q2.7，如图5-54所示。

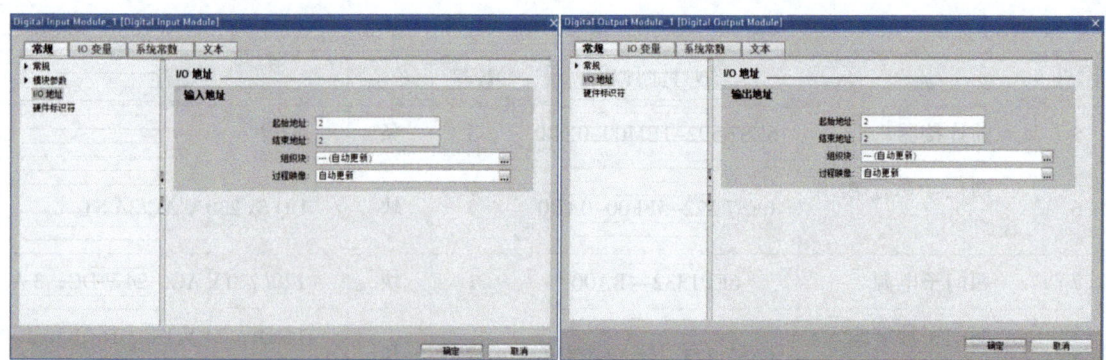

图5-54 定义输入/输出地址

演示视频
硬件组态

选择PLC，将软件和硬件下载到PLC中。具体任务实施步骤可扫描二维码查看。

任务评价(表5-11)

表5-11 任务评价表

评分表 _____学年		工作形式：□个人 □小组分工 □小组	评分		工作时间
任务	训练内容与分值	训练要求	学生自评	教师评分	
定长切料系统网络架构分析与设计	1. 网络架构设计（25分）	系统网络架构设计正确（25分）			
	2. 硬件选型（25分）	系统硬件选型正确（25分）			
	3. 硬件组态（20分）	系统硬件组态正确（20分）			
	4. 硬件连接（20分）	系统硬件连接正确（20分）			
	5. 职业素养与安全意识（10分）	现场安全保护；工具、器材、导线等处理操作符合职业要求（5分） 分工合作，配合紧密；遵守纪律，保持工位整洁（5分）			
	总分：100分	学生： 教师： 日期：			

任务二

定长切料系统触摸屏设计与PLC控制运行

任务描述

触摸屏界面除了满足基本控制要求外，还可增加企业Logo、品牌文化、二维码操作说明书及用户界面转换按钮等，方便操作员设定、读写变频器参数和查阅电气图等资料，提供方便、及时、准确的现场设备远程维护服务，提高系统的性价比，奠定设备数字化的竞争优势。触摸屏设计构成如图5-55所示。

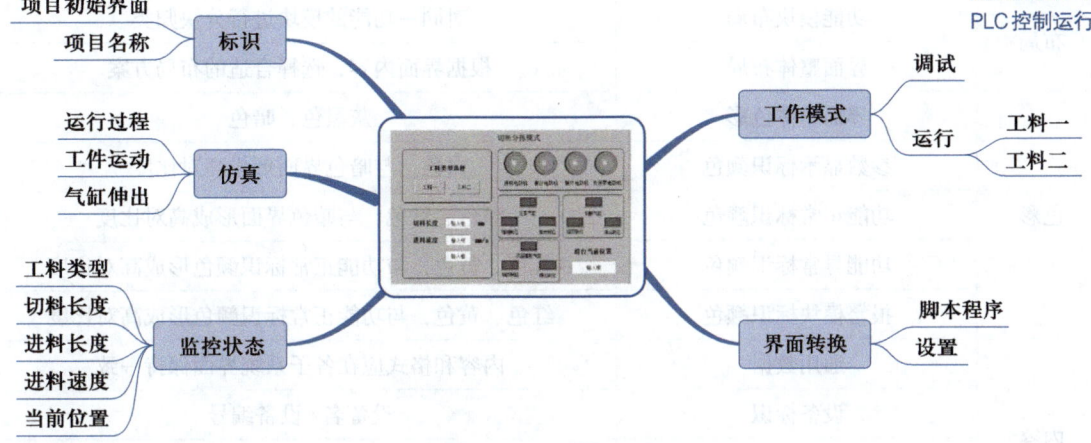

图5-55　触摸屏设计构成

任务分析

本系统采用触摸屏实时监控定长切料系统，采用多类别传感器降低切割误差，实现物料质量检测、运行情况实时监控记录等功能。根据控制要求，电气系统控制框图如图5-56所示。

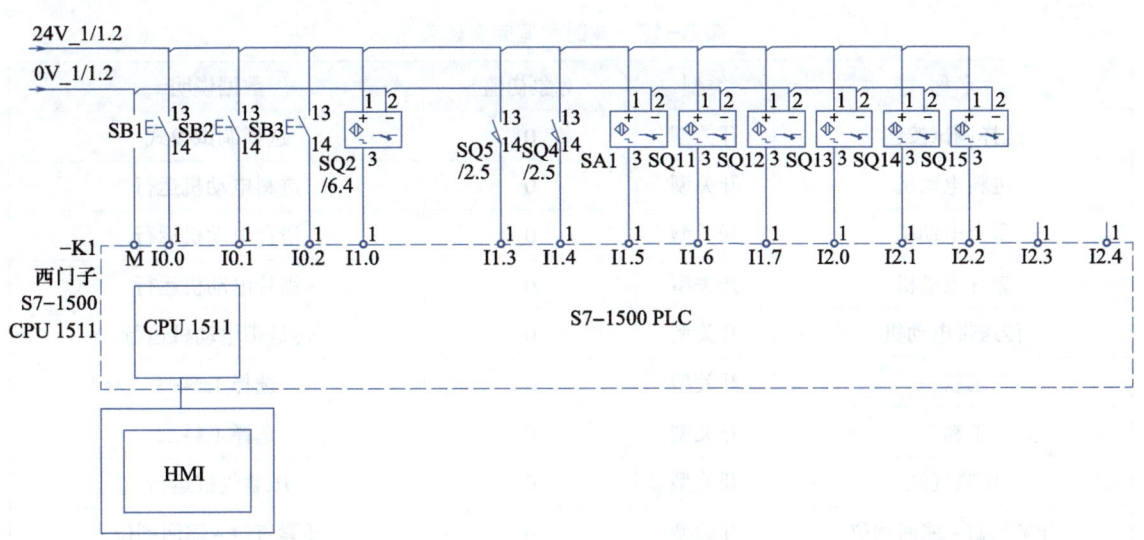

图5-56　电气系统控制框图

触摸屏界面设计原则如表5-12所示，布局要合理，方便操作；对于功能正常和异常、报警模块等的标识颜色要醒目；内容要全面，满足客户要求。

表5-12　触摸屏界面设计原则

类别	设计内容	设计方案
布局	功能模块布局	对同一功能的模块进行分块归类
	界面整体布局	根据界面内容，选择合适的布局方案
色彩	界面整体色彩	灰黑色、暗色
	参数显示标识颜色	白色，与暗色界面形成高对比度
	功能正常标识颜色	绿色、红色，与暗色界面形成高对比度
	功能异常标识颜色	红色、黄色，与功能正常标识颜色形成高对比度
	报警模块标识颜色	红色、黄色，与功能正常标识颜色形成高对比度
内容	通用数据	内容和格式应在各子系统界面保持一致
	设备标识	设备名+设备编号
	设备数据	根据数据类型合理选择显示精度
	报警内容	故障内容、时间等

任务实施

1. 实时数据库组态

新建工程"定长切料系统"，在实时数据库中建立变量，如表5-13所示。

表5-13　实时数据库变量表

名称	类型	对象初值	数据说明
选择调试按钮	开关型	0	选择调试模式
进料电动机	开关型	0	进料电动机运行
滑台电动机	开关型	0	滑台电动机运行
锯片电动机	开关型	0	锯片电动机运行
传送带电动机	开关型	0	传送带电动机运行
工料一	开关型	0	选择工料一
工料二	开关型	0	选择工料二
压紧气缸	开关型	0	压紧气缸运行
压紧气缸-缩回到位	开关型	0	压紧气缸-缩回到位
压紧气缸-伸出到位	开关型	0	压紧气缸-伸出到位

名称	类型	对象初值	数据说明
切断气缸	开关型	0	切断气缸运行
切断气缸–缩回到位	开关型	0	切断气缸–缩回到位
切断气缸–伸出到位	开关型	0	切断气缸–伸出到位
次品推板气缸	开关型	0	次品推板气缸运行
次品推板气缸–缩回到位	开关型	0	次品推板气缸–缩回到位
次品推板气缸–伸出到位	开关型	0	次品推板气缸–伸出到位
滑台当前位置	数值型	0	滑台当前位置
切料长度	数值型	0	切料长度

实时数据库数据设置完成后，返回用户窗口，完成用户窗口的组态设计。

2. 用户窗口组态

欢迎界面如图 5-57 所示。调试界面如图 5-58 所示。运行界面如图 5-59 所示，左上方为工料类型选择，控制实体设备工料的选择；左下方为数据显示区；右侧为实体设备状态显示区，包括系统控制、系统状态监控及参数显示等部分。

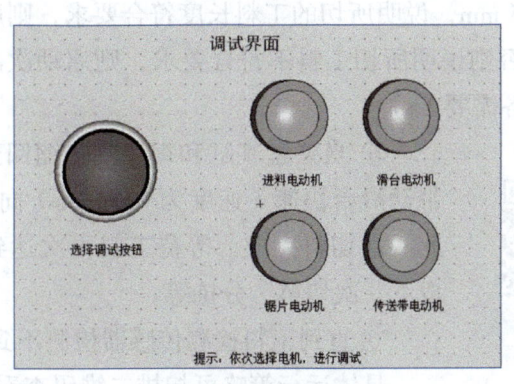

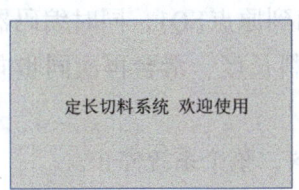

图 5-57　欢迎界面　　　　　　　　　　图 5-58　调试界面

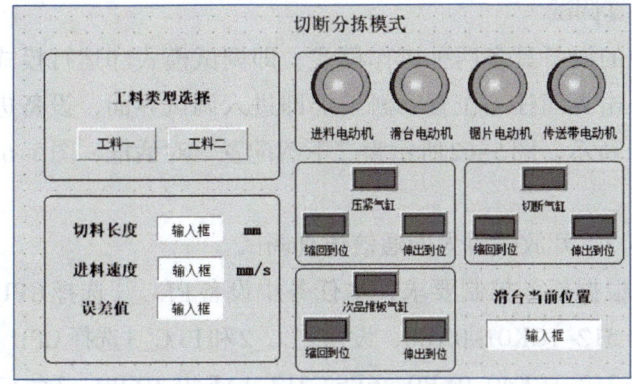

图 5-59　运行界面

3.运行策略

（1）系统初始化状态

滑台电动机M2、切断压板8、次品推板12均位于初始位置，锯片10在原位，如图5-60所示。

（2）定长切断分拣工作流程

① 触摸屏设定完成后，系统位于初始化状态，按下启动按钮SB1，进料电动机M1启动，工料连续挤出。

② 当工料检测传感器SA1检测到有物料时，PLC中的计时器t_1开始计时。

③ 当$t_1=L/v$（L为切料长度，v为进料速度），即工料已达到切料长度时，滑台电动机M2立即启动，带动滑台向右跟随工料同步运行，同时压紧气缸开始伸出将工料压紧，锯片电动机M3带动锯片开始低速旋转（压紧气缸与锯片均固定在滑台上）。

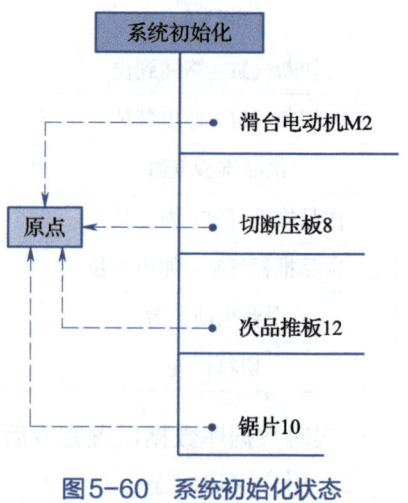

图5-60　系统初始化状态

④ 当工料压紧后，锯片电动机开始高速旋转，并且锯片气缸伸出开始切料；工料被切断后，夹紧气缸缩回，锯片气缸开始缩回，同时判断同步误差（误差由触摸屏给定），若误差值小于5 mm，说明所切的工料长度符合要求，则启动正品传送带电动机，5 s后将正品工料运出，否则说明所切工料不符合要求，则启动次品分拣气缸将次品推出侧面（气缸的推出和缩回各需要2 s）。

项目资料
定长切断分拣
工作流程

⑤ 当夹紧气缸和锯片气缸缩回到位后，锯片电动机停止，滑台电动机带动滑台快速（速度为10 mm/s）向左回到原点SQ1，同时编码器复位，至此一次切料完成。等待工料再次达到切料长度，滑台再次同步向右运行完成下一次切料、分拣等。

⑥ 直到工料检测传感器检测不到物料，整个系统停止。

具体运行策略可扫描二维码查看。

4.调试运行

（1）组态画面仿真调试

定长切料系统中的设备具备两种工作模式，即调试模式和运行模式。设备上电后触摸屏显示欢迎界面，点击界面任一位置，触摸屏即进入调试界面，设备进入调试模式，脚本程序流程图如图5-61所示。图5-62所示为"下载配置"对话框，图5-63所示为系统模拟运行界面。

演示视频
开放式以太网
通信参数设置

（2）开放式以太网通信仿真调试

根据任务控制要求，本任务中设备PLC_1选择CPU 1512C-1，型号为6ES7 512-1CK01-0AB0，设备PLC_2和PLC_3选择CPU 1212C，型号分别为6ES7 212-1BE40-0XB0、6ES7 212-1AE40-0XB0。3台S7系列PLC通过网线连接到PROFINET通信接口，如图5-64所示。具体操作可扫描二维码查看。

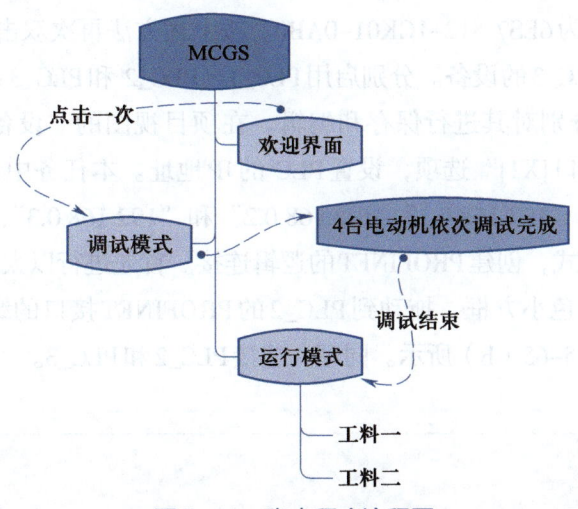

图5-61 脚本程序流程图

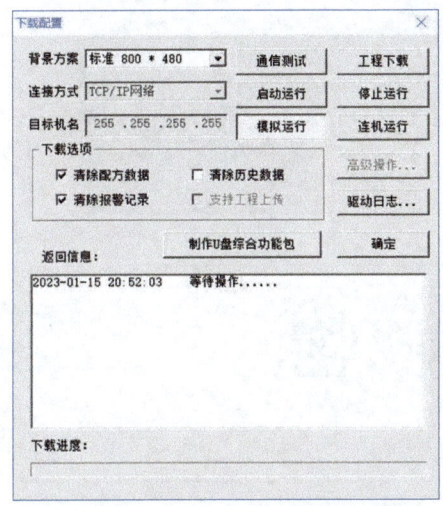

图5-62 "下载配置"对话框

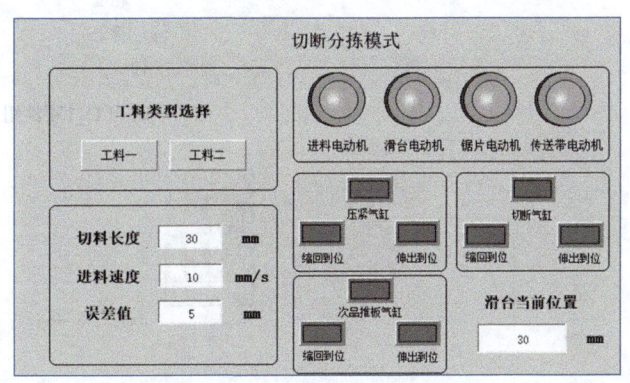

图5-63 系统模拟运行界面

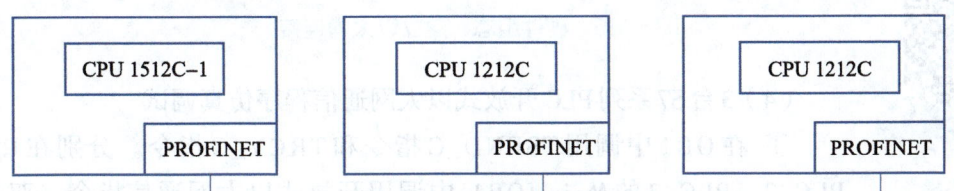

图5-64 硬件配置及连接

（3）3台S7系列PLC开放式以太网硬件组态和网络组态

打开博途编程软件，在Portal视图中选择"创建新项目"选项，输入项目名称"开放式以太网通信"，选择项目保存路径，然后单击"创建"按钮完成工程项目创建。

在项目视图的项目树中双击"添加新设备"图标，添加名称为PLC_1的设备，型号为

CPU 1512C-1，订货号为6ES7 512-1CK01-0AB0。按上述方法再次双击"添加新设备"图标，添加名称为PLC_2和PLC_3的设备。分别启用PLC_1、PLC_2 和PLC_3系统和时钟存储器MB1和MB0，组态完成后分别对其进行保存和编辑。在项目视图的"设备视图"中，选择CPU属性的"PROFINET接口[X1]"选项，设置PLC 的IP地址。本任务中设置PLC_1、PLC_2和PLC_3的IP地址分别为"192.168.0.1""192.168.0.2"和"192.168.0.3"，如图5-65（a）所示。切换到"网络视图"模式，创建PROFINET的逻辑连接。首先进行以太网的连接。选中PLC_1的PROFINET接口的绿色小方框，拖动到PLC_2的PROFINET接口的绿色小方框上，松开鼠标，则建立连接，如图5-65（b）所示。同理，连接PLC_2和PLC_3。

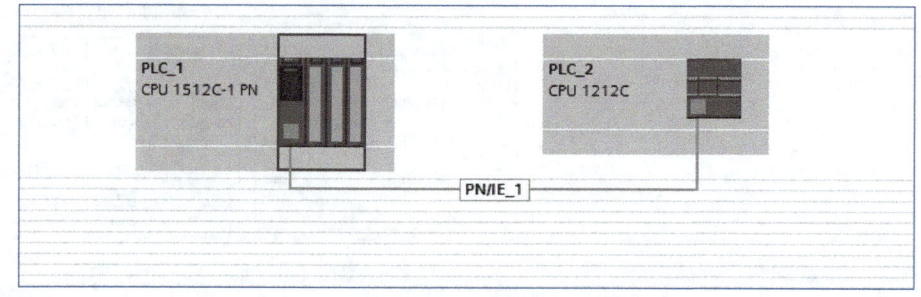

(a) PLC_1硬件组态

(b) 建立以太网连接

图5-65　硬件组态、建立以太网连接

项目资料
TSEND_C、
TRCV_C指令
及参数

演示视频
开放式以太网
通信指令设置

（4）3台S7系列PLC开放式以太网通信程序仿真调试

① 在OB1中调用TSEND_C指令和TRCV_C指令。分别在PLC_1、PLC_2、PLC_3的Main [OB1]中调用开放式以太网通信指令。双击打开"Main [OB1]"编辑窗口，在右侧"通信"指令文件夹中，打开"开放式通信"文件夹，双击或拖动TSEND_C、TRCV_C指令至某个程序段中，自动生成名为TSEND_C_DB和TRCV_C_DB的背景数据块。具体指令及参数可扫描二维码查看。

② 设置TSEND_C指令的连接参数和块参数。选中PLC_1的TSEND_C指令，选择"属性"→"组态"选项卡，选择其中的"连接参数"选项，如

图5-66所示。"连接类型"可设置为"TCP""ISO-on-TCP"和"UDP",此次任务中选择"TCP"。选择"TCP"后,在"地址详细信息"栏可看到伙伴端口号为2000。

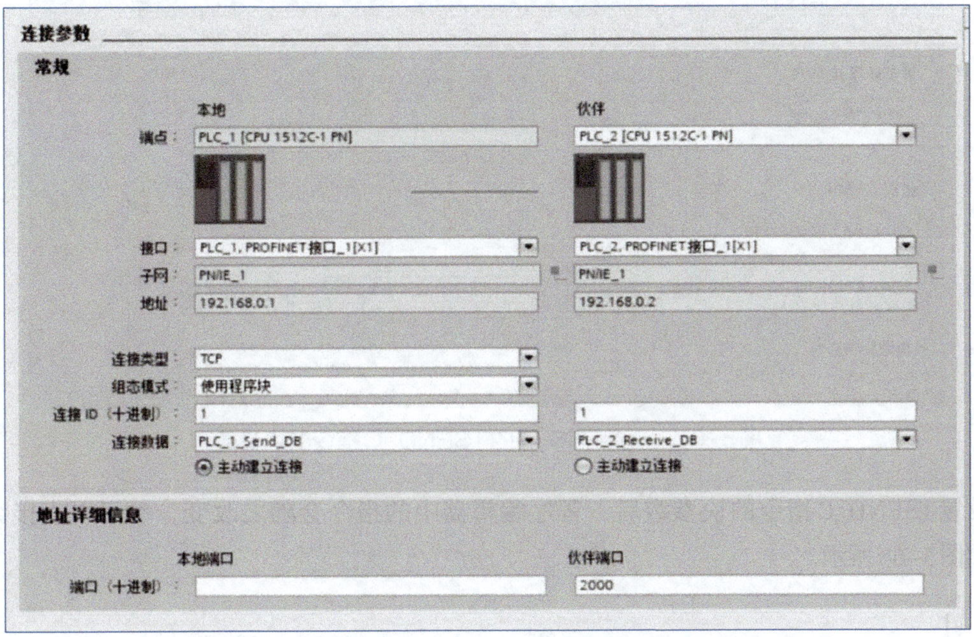

图5-66 设置PLC_1的TSEND_C指令的连接参数

选中PLC_1的TSEND_C指令,选择"属性"→"组态"选项卡,选择其中的"块参数"选项,如图5-67所示。

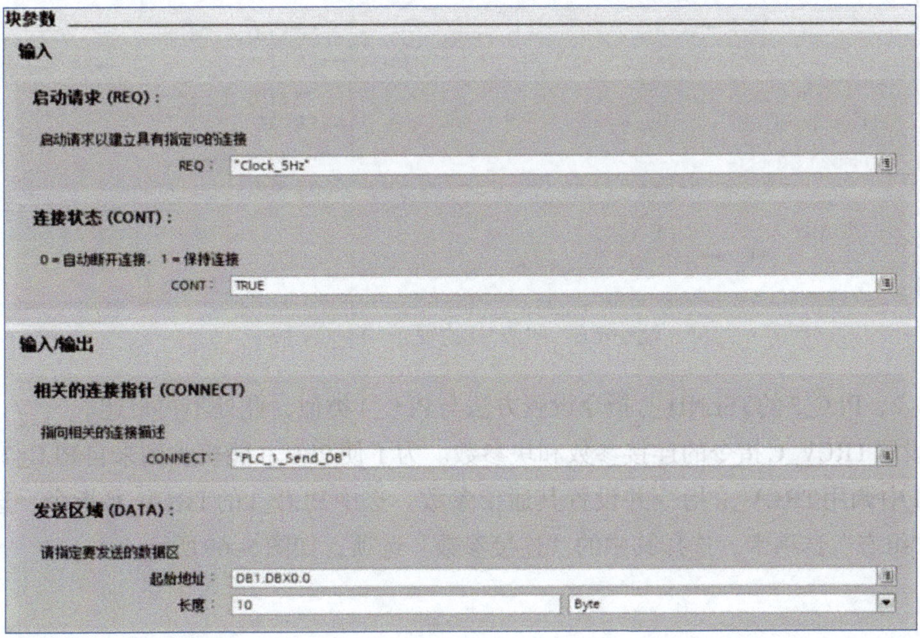

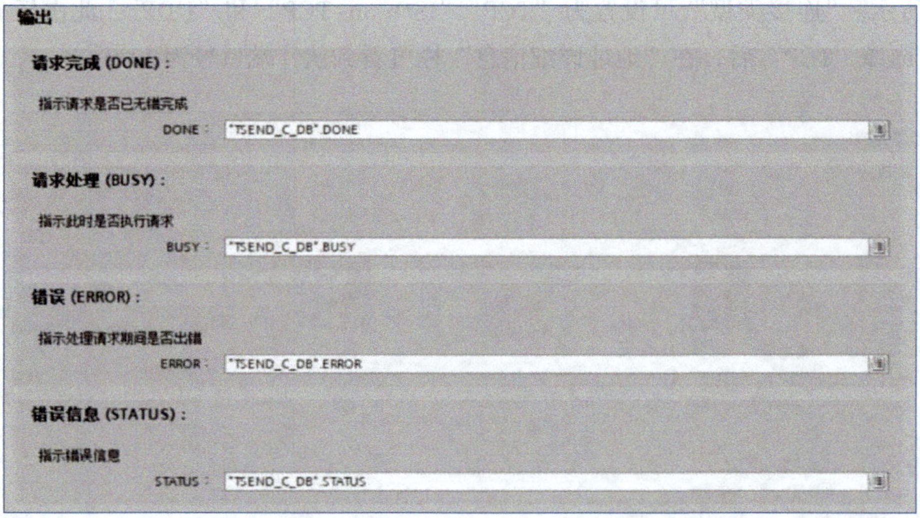

输出
请求完成 (DONE)：
指示请求是否已无错完成
DONE："TSEND_C_DB".DONE
请求处理 (BUSY)：
指示此时是否执行请求
BUSY："TSEND_C_DB".BUSY
错误 (ERROR)：
指示处理请求期间是否出错
ERROR："TSEND_C_DB".ERROR
错误信息 (STATUS)：
指示错误信息
STATUS："TSEND_C_DB".STATUS

图5-67　设置PLC_1的TSEND_C指令的块参数

设置TSEND_C指令的块参数后，程序编辑器中的指令会随之改变，也可以直接编辑指令，如图5-68所示。

%DB3
"TSEND_C_DB"
TSEND_C
EN
ENO
%M0.1
"Clock_5Hz"
REQ
DONE
"TSEND_C_DB".
DONE
TRUE
CONT
10
LEN
BUSY
"TSEND_C_DB".
BUSY
%DB5
"PLC_1_Send_DB"
CONNECT
ERROR
"TSEND_C_DB".
ERROR
P#DB1.DBX0.0
BYTE 10
DATA
STATUS
"TSEND_C_DB".
STATUS
...
ADDR
false
COM_RST

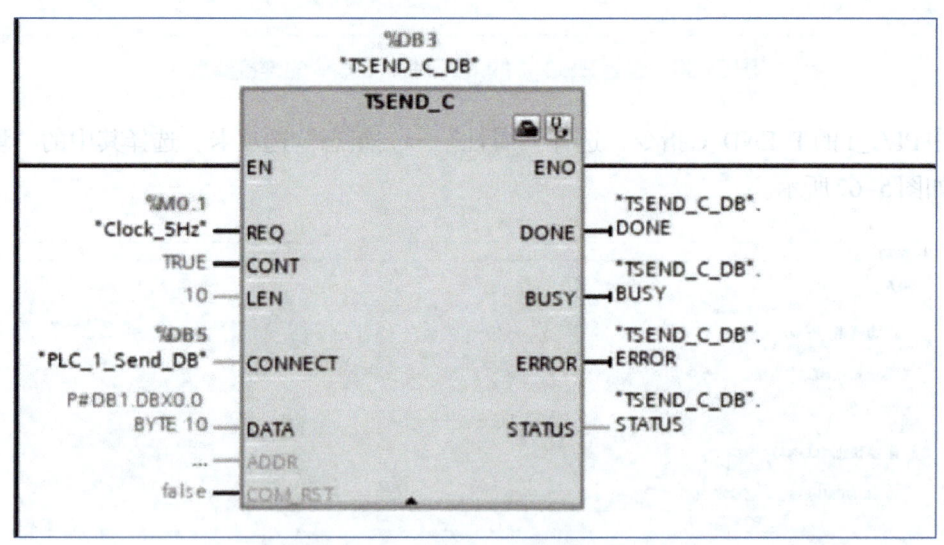

图5-68　PLC_1的TSEND_C指令

PLC_2、PLC_3的TSEND_C指令设置方法与PLC_1类似，此处不再赘述。

③ 设置TRCV_C指令的连接参数和块参数。为了使PLC_1能接收到来自PLC_2的数据，在PLC_1中调用TRCV_C指令并设置其通信参数。选中PLC_1的TRCV_C指令，选择“属性”→“组态”选项卡，选择其中的“连接参数”选项，如图5-69所示。

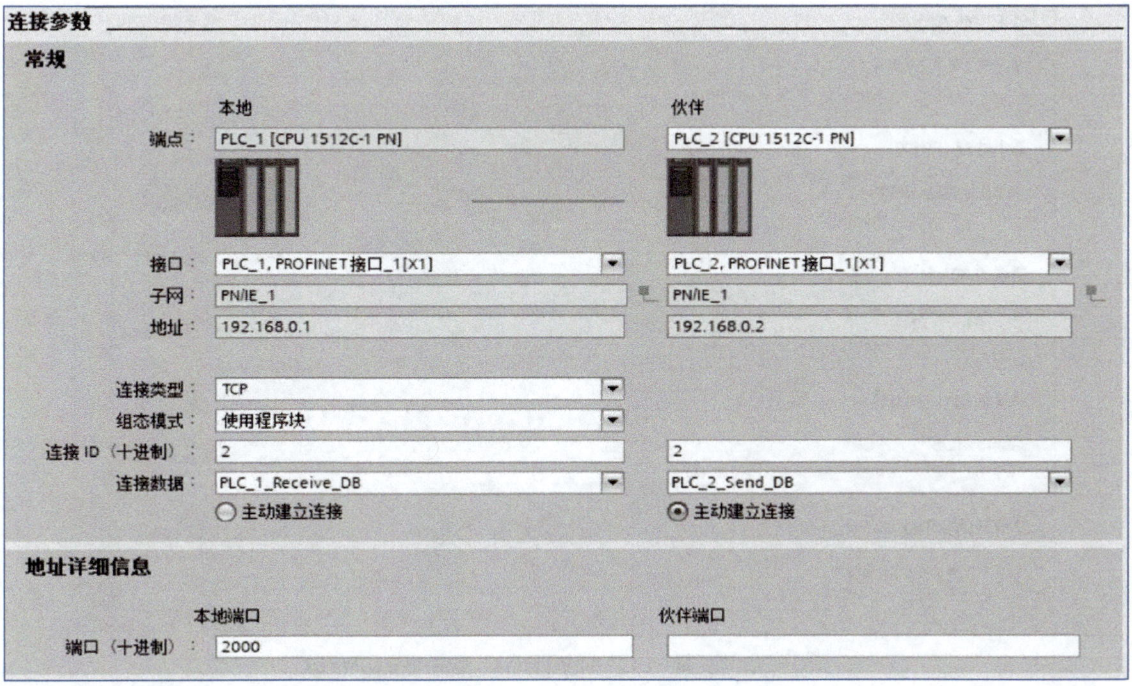

图5-69 设置PLC_1的TRCV_C指令的连接参数

选中PLC_1的TRCV_C指令，选择"属性"→"组态"选项卡，选择其中的"块参数"选项，如图5-70所示。

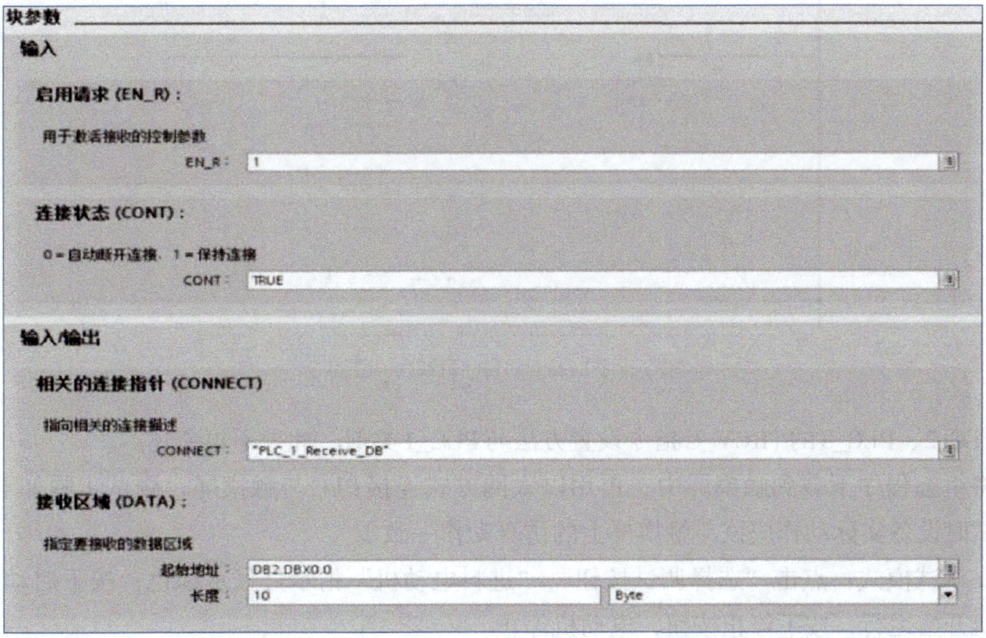

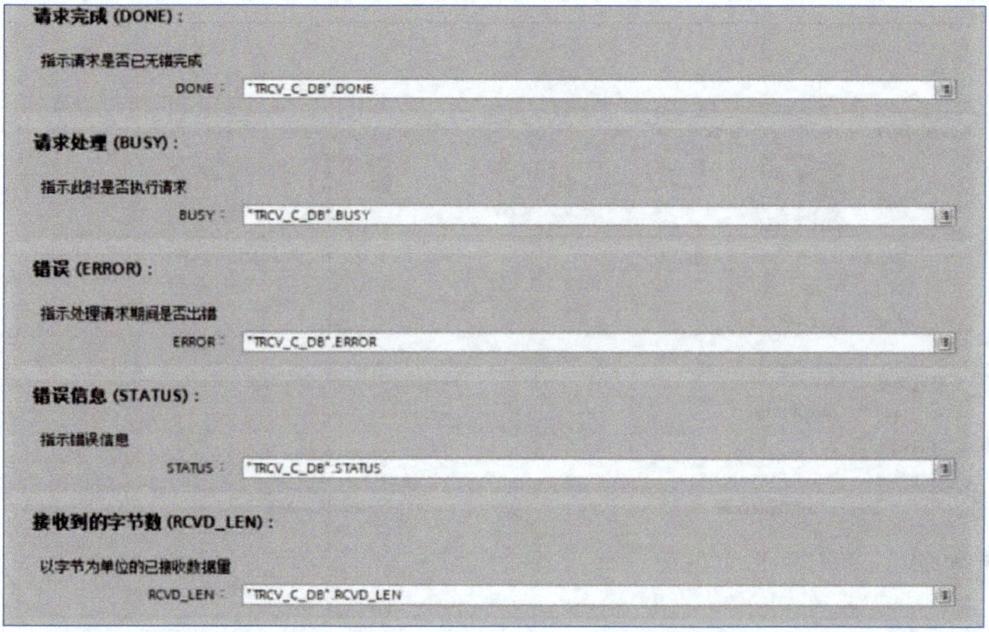

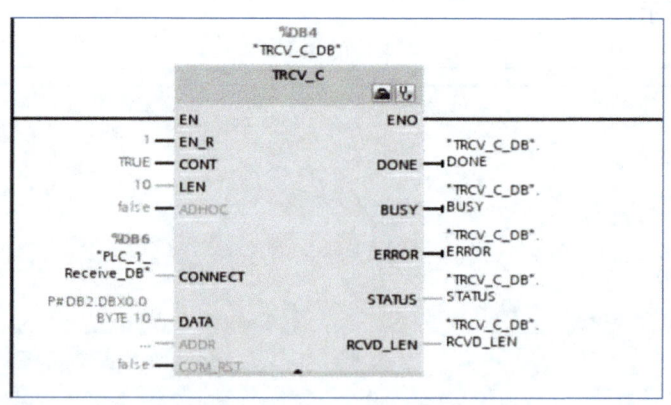

请求完成 (DONE)：
指示请求是否已无错完成
DONE： "TRCV_C_DB".DONE
请求处理 (BUSY)：
指示此时是否执行请求
BUSY： "TRCV_C_DB".BUSY
错误 (ERROR)：
指示处理请求期间是否出错
ERROR： "TRCV_C_DB".ERROR
错误信息 (STATUS)：
指示错误信息
STATUS： "TRCV_C_DB".STATUS
接收到的字节数 (RCVD_LEN)：
以字节为单位的已接收数据量
RCVD_LEN： "TRCV_C_DB".RCVD_LEN

图5-70　设置PLC_1的TRCV_C指令的块参数

设置TRCV_C指令的块参数后，程序编辑器中的指令会随之改变，也可以直接编辑指令，如图5-71所示。

%DB4
"TRCV_C_DB"
TRCV_C
EN
ENO
1
EN_R
TRUE
CONT
10
LEN
false
ADHOC
%DB6
"PLC_1_
Receive_DB"
CONNECT
P#DB2.DBX0.0
BYTE 10
DATA
...
ADDR
false
COM_RST
DONE
"TRCV_C_DB".
DONE
BUSY
"TRCV_C_DB".
BUSY
ERROR
"TRCV_C_DB".
ERROR
STATUS
"TRCV_C_DB".
STATUS
RCVD_LEN
"TRCV_C_DB".
RCVD_LEN

图5-71　PLC_1的TRCV_C指令

PLC_2、PLC_3的TRCV_C指令设置方法与PLC_1类似，此处不再赘述。

将组态程序下载到触摸屏中，再用以太网方式连接PLC与触摸屏，测试步骤如下（进行测试时设备实际动作应该与触摸屏上的仿真动作一致）。

a. 调试模式：点击“选择调试按钮”，“进料电动机”指示灯显示绿色；按下启动按钮，电动机开始运行，按下停止按钮，电动机停止。

b. 运行模式：按下启动按钮，传送带开始运行，没有工料产生，点击“工料一”按钮，各电动机和气缸进行对应动作并正确分拣，系统能够正常运行。

表5-14　任务评价表

评分表 ＿＿＿＿＿学年		工作形式：□个人 □小组分工 □小组	评分		工作时间
任务	训练内容与分值	训练要求	学生自评	教师评分	
定长切料系统触摸屏设计与PLC控制运行	1.组态界面制作（30分）	窗口组态布局合理，色彩搭配合理，内容正确，包含任务要求中的所有元素（30分）			
	2.建立数据库变量（10分）	窗口中进行连接的变量名称和类型设置正确（10分）			
	3.系统硬件组态与通信参数设置（30分）	硬件组态正确，通信参数设置正确（30分）			
	4.系统模拟仿真运行（20分）	欢迎界面、调试界面、运行界面均实现监控功能（20分）			
	5.职业素养与安全意识（10分）	现场安全保护；工具、器材、导线等处理操作符合职业要求（5分）　分工合作，配合紧密；遵守纪律，保持工位整洁（5分）			
	总分：100分	学生：　　　　教师：　　　　日期：			

任务三
定长切料系统远程云端控制与调试

▭ **任务描述**

根据用户要求，应能够在云端开发定长切料系统控制界面，并通过手机/计算机监控触摸屏，大大节约用户设备的运维成本。

微课
定长切料系统
远程云端控制
与调试

▣ **任务分析**

现场工程师将服务器部署好后，根据用户要求，首先要进行触摸屏端设备组态配置、触摸屏端用户窗口设置，然后在云端开发控制界面，并完成变量连接，实现通过手机/计算机监控触摸屏，大大节约用户设备的运维成本。

任务实施

1. 触摸屏端设备组态配置

将云服务器部署好后，可以在McgsWeb上开发可视化界面，通过配套组态软件组态工程的mlink驱动，将触摸屏数据上报至服务器。

2. 触摸屏端用户窗口组态

首先在用户窗口中新建窗口，其中，"通信状态""服务器地址""端口""设备名称"标签的"显示输出"属性分别连接同名的数据库变量；然后在触摸屏中运行工程，并输入服务器地址、设备名称和端口，如设置服务器地址为"139.196.40.135"，设备名称为"大国工匠"，端口为"35007"，设置好后，通信状态会跳变为"0"，说明触摸屏已经和云端连接成功。

3. 云端组态

在浏览器中访问McgsWeb的组态网络地址，登录网页，用户名称为"admin"，用户密码为"4006007062"，切换到"设备"页面，可以看到"大国工匠"设备已上线。

在浏览器中访问McgsWeb的组态网络地址，使用用户名"username"、密码"12345678"即可登录图5-72所示的界面，对"定长切料系统"进行监控。

在手机中打开浏览器，在地址栏中输入McgsWeb的IP地址，输入用户名和密码也可以用手机进行监控。

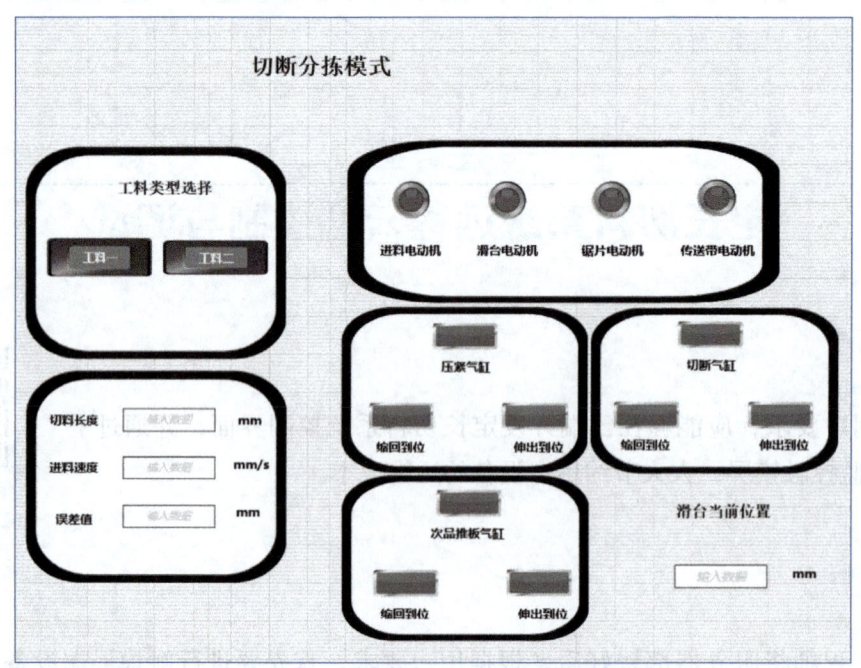

图5-72　定长切料系统云端监控界面

表5-15　任务评价表

评分表	＿＿＿＿学年	工作形式：□个人　□小组分工　□小组	评分		工作时间
任务	训练内容与分值	训练要求	学生自评	教师评分	
定长切料系统远程云端控制与调试	1. 物联网触摸屏设备组态设置（30分）	正确进行触摸屏设备组态设置，正确添加mlink，并连接"通信状态"等变量（30分）			
	2. 触摸屏端窗口组态（20分）	在触摸屏中正确运行工程，并设置设备名称、服务器地址、端口等（20分）			
	3. 云端组态与物联网触摸屏连接设置（10分）	云端组态与触摸屏连接成功（10分）			
	4. 云端组态窗口设计及数据关联（30分）	完成云端组态窗口设计、构件选择和数据关联，正确运行云端组态界面（30分）			
	5. 职业素养与安全意识（10分）	现场安全保护；工具、器材、导线等处理操作符合职业要求（5分） 分工合作，配合紧密；遵守纪律，保持工位整洁（5分）			
	总分：100分	学生：　　　教师：　　　日期：			

📝 **项目小结**

通过本项目的学习，读者可以了解定长切料系统工艺流程，掌握定长切料系统触摸屏界面设计、开放式以太网构建方法和通信指令的应用方法，能够进行系统模拟，掌握PLC与触摸屏变量连接方法，并能在云端实现对设备的远程监控。请读者进行本项目各任务的操作，为后续学习打下基础。

💭 **思考与练习**

1. 思考题

（1）何为开放式以太网通信？

（2）西门子开放式以太网通信指令有哪些？各自的功能是什么？

（3）TSEND_C指令的连接参数和块参数如何设置？

（4）TRCV_C指令的连接参数和块参数如何设置？

（5）2台西门子S7-1500 PLC开放式以太网通信的基本步骤包括哪些？

2. 操作题

（1）使用 McgsPro 完成定长切料系统的界面仿真。

（2）使用 McgsWeb 完成定长切料系统的云端组态构建以及与设备的连接。

（3）使用开放式以太网通信指令，实现 3 台 PLC 之间的通信。

模块六
综合工业控制网络

项目

智能灌装产线的工业控制网络

工业制造升级迭代，数字化、智能化、高效化已成为提升制造能力和管理水平的方向。通过历史数据、监测数据等方式来合理调整生产参数，可以达到最优的生产效果。本项目以集成了RFID技术、西门子工业相机信息采集技术、ABB机器人、云平台等多种技术的智能灌装产线为对象，实现对自动灌装生产流程的"智改数转"和"数据上云"。本项目将提供智能灌装产线5个站点的网络通信、云平台解决方案。

📋 项目描述

智能灌装产线共有5个站点，既可以单独分析调试，也可以把不同的站点组合在一起，学习设备之间的网络通信，使设备的拓展性大大增强。站点的每个单元模块中都采用了各种不同的工业型传感器，并采用工业生产中应用最为广泛的交流变频驱动、直流驱动、气动驱动等不同的驱动方式，通过学习不仅可以了解智能产线的传感器基础，也可以掌握执行驱动机构的应用。智能灌装产线的5个工作站及其相关设备之间的工业网络通信和设备数据上云是自动灌装产线"智改数转"的关键，也是本项目的学习重点。智能灌装产线设备总体图如图6-1所示。

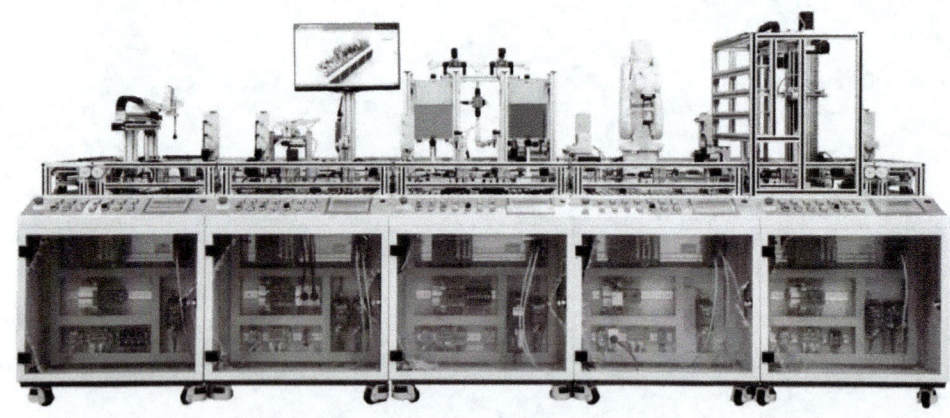

图6-1 智能灌装产线设备总体图

🔗 项目目标

➤ 知识目标

1. 掌握智能灌装产线的单站调试方法。

2. 掌握RFID无线通信的编程方法。

3. 掌握G120与PLC的通信调试方法。

4. 掌握智能灌装产线的PROFINET通信调试方法。

> **能力目标**

1. 能实现智能灌装产线的单站调试。
2. 能实现RFID无线通信。
3. 能实现G120与PLC的通信。
4. 能实现智能灌装产线的PROFINET通信调试。
5. 能实现云平台数据监控与调试。

> **素养目标**

1. 培养良好的安全、质量、时间意识。
2. 培养精益求精的工匠精神。
3. 提升审美素养，增强强国有我的责任感。

项目分析

　　智能灌装产线由5个站点组成：1#供料站、2#翻转站、3#灌装站、4#机器人站、5#立体库站。物料瓶自动出仓→自动翻转→自动灌装→自动封盖→自动入库的完整产线模型，是对机械、电气、气动、机器人、通信等技术的综合性应用，如图6-2所示。具体产线运行情况可扫描二维码查看。

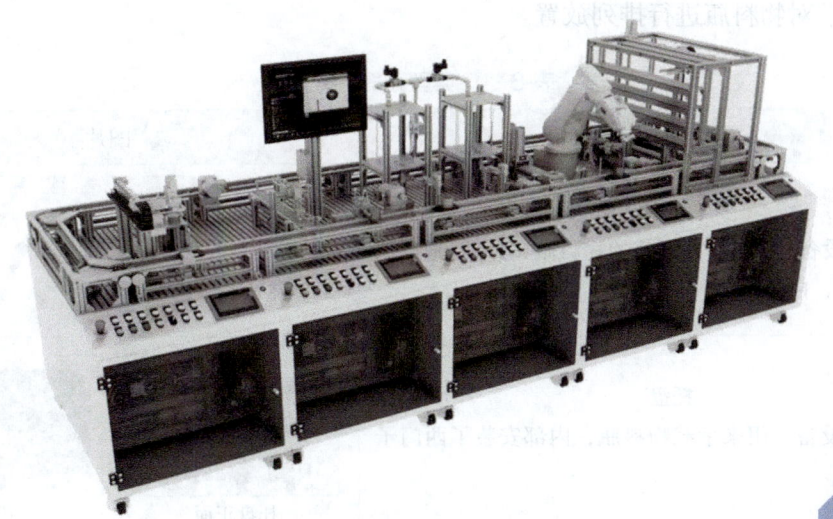

图6-2　智能灌装产线设备示意图

演示视频
智能灌装产线
运行情况

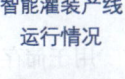

项目资料
智能灌装产线的
工业控制网络

　　该产线采用西门子S7-1500 PLC作为处理器，WinCC上位机监控系统监控、采集、存储设备产生的数据，产线中还集成了MCGS触摸屏云平台，实现产线数据实时上云。

　　在本项目的实施过程中，围绕产线工业网络通信环节，分3个任务实施：任务一为智能灌装产线分站编程与调试，任务二为智能灌装产线工业网络通信联调，任务三为智能灌装产线远程云端控制与调试。

智能灌装产线分站编程与调试

📋 任务描述

在本任务中产线将被分为5个单独的分站进行设计与调试，对每个站点，需要给出该站点的工艺说明及工艺流程图、电气控制柜图及I/O表，以及单站手动调试的触摸屏界面，为产线的联调做好相应的分站准备。

🖐 任务分析

本任务主要关注单站的编程与调试，在编程与调试之前先要对整条产线的功能以及用到的相关元器件有所了解，如表6-1所示。产线共分5个站点，1#供料站负责将空的物料瓶送出仓，可以判断抓取的物料瓶颜色；2#翻转站负责剔除不合格品以及将第一站取出的物料瓶翻转成开口向上；3#灌装站可以进行两种液体配比及个性化定制灌装；4#机器人站使用ABB机器人进行灌装后的称重，并为不同物料瓶加盖与之匹配的瓶盖；最后是5#立体库站，按照需求对物料瓶进行排列放置。

表6-1 典型元器件介绍

设备物件名称	图片
物料瓶 智能灌装设备，共有3种颜色的物料瓶，分别为蓝色、红色（次品）、白色	
托盘 智能灌装设备，用来承载物料瓶，内部安装了西门子的电子标签	 托盘正面　　　　托盘反面
RFID 电子标签 用于储存物料瓶的产品信息，如颜色、生产日期、编号等	
瓶盖 物料瓶的瓶盖，贴有产品二维码信息，分为白色瓶盖、蓝色瓶盖	

设备物件名称	图片
站点占位组件 每个站点的占位处有RFID读写器、电感式占位检测开关、站点阻挡气缸	

任务实施

1. 1#供料站编程与调试

1#供料站是智能灌装产线的第一个站点，也是起始站，结构如图6-3所示，其功能是为整条产线提供物料瓶。1#供料站按照系统功能又可以分为出瓶系统、抓取系统、颜色识别系统和RFID系统。

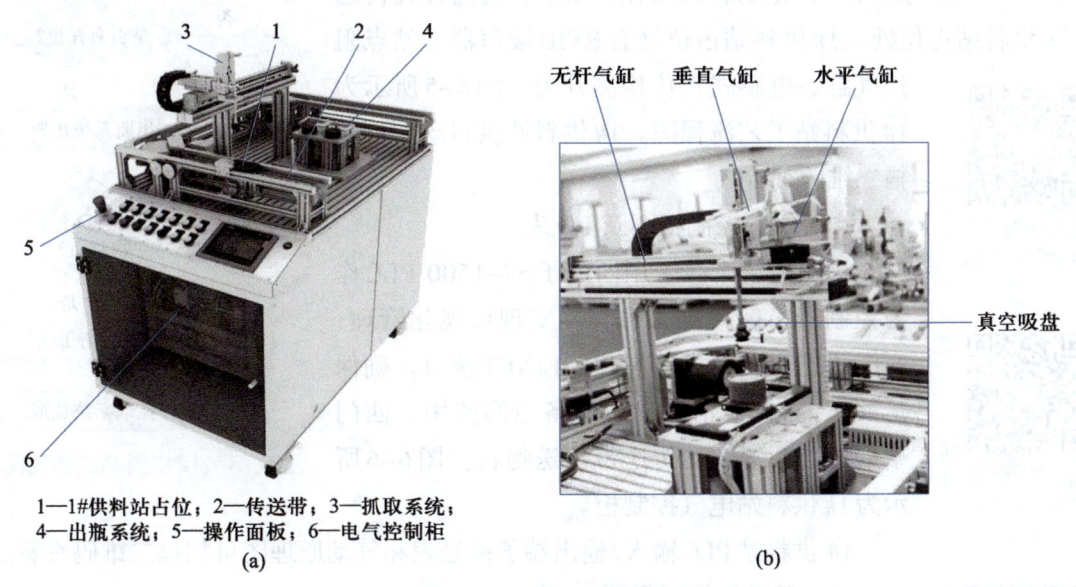

1—1#供料站占位；2—传送带；3—抓取系统；
4—出瓶系统；5—操作面板；6—电气控制柜
(a)   (b)

图6-3　1#供料站结构

（1）工艺说明及工艺流程图

1#供料站的物料瓶存放在两个井式料仓中。井式料仓采用滚珠丝杠式结构，在电机的带动下丝杠上面的丝母带动料仓托盘上下移动，以达到出瓶和补充物料瓶的目的。物料瓶是反着放在1#供料站的井式料仓中的，方便抓取系统上面的吸盘吸取物料瓶。料仓出瓶时，料仓内的电机正转运行，井式料仓底板在丝母的带动下向上移动，带动物料瓶出仓。当物料瓶碰到安装在井式料仓口上方的槽型传感器后，料仓电机停止运行，如图6-4所示，此时物料瓶出仓成功。

出仓

图6-4　1#供料站出仓示意图

物料瓶出仓后，抓取系统开始运行。抓取系统首先需要运行到原始位置，如果出瓶系统是从左边的井式料仓出瓶，则水平气缸不动作，垂直气缸伸出，真空吸盘开始抽取真空吸取物料瓶。吸取物料瓶后垂直气缸收回，垂直气缸收回到位后，无杆气缸开始向前移动，当移动到无杆气缸的前限位时，无杆气缸停止，垂直气缸伸出，把物料瓶放在托盘上，托盘停在传送带1#供料站占位处。1#供料站占位处有RFID读写器、站点阻挡气缸、电感式占位检测开关。图6-5所示为1#供料站工艺流程图。1#供料站供料动作可扫描二维码查看。

演示视频
1#供料站供料
动作

项目资料
1#供料站相关
资料

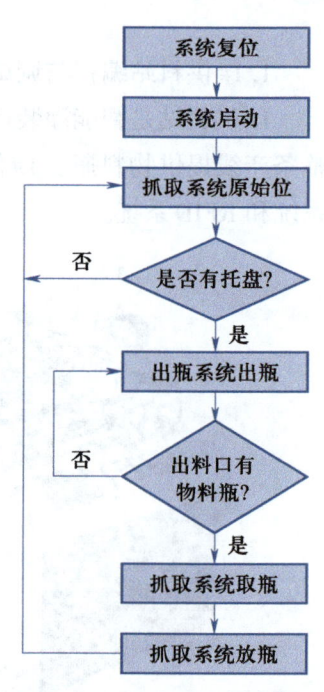

图6-5　1#供料站工艺流程图

（2）电气控制柜图及I/O表

智能灌装产线采用西门子S7-1500 PLC作为控制器，触摸屏人机界面实现可视化管理，西门子工业交换机扩展PROFINET接口，确保足够多的PN通信接口供设备组网使用，西门子V20变频器驱动传送带传送物料。图6-6所示为1#供料站电气控制柜。

1#供料站PLC输入/输出端子符号表和气动原理图可扫描二维码查看。

（3）手动触摸屏界面

手动触摸屏界面中组态了项目中元器件的手动操作。

每个站点都有起始界面（即主页）、手动界面和报警界面，并可方便切换。起始界面主要显示此条产线的状态，例如1#供料站起始界面如图6-7（a）所示。报警界面用于出现问题时方便排查，例如1#供料站报警界面如图6-7（b）所示。

演示视频
1#供料站
触摸屏组态

1#供料站手动界面如图6-8所示，可以根据要求操作相应的气缸伸出、缩进、上升、下降、阻挡，并实现真空吸盘的吸气等。

1—西门子 S7–1500 PLC CPU；2—安全继电器；3—西门子工业交换机；4—西门子V20 变频器

图6-6　1#供料站电气控制柜

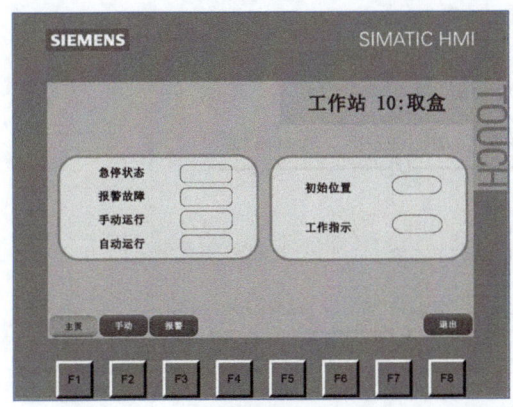

(a) 起始界面　　　　　　　　　　　　(b) 报警界面

图6-7　1#供料站起始界面和报警界面

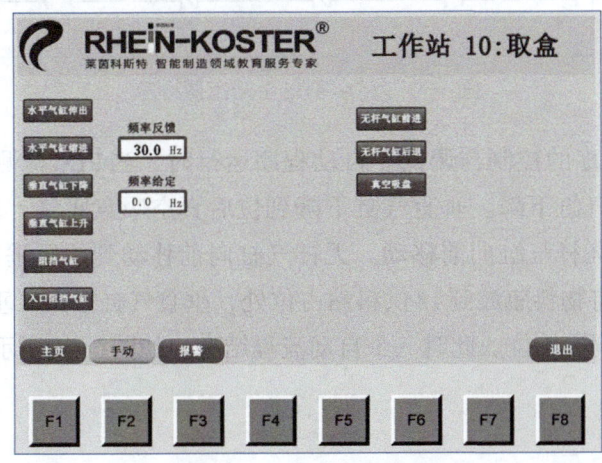

图6-8　1#供料站手动界面

手动界面中的"频率给定"是传送带的运行频率，改变"频率给定"值的大小，可以改变传送带的快慢（0 Hz≤频率给定≤50 Hz）。"频率反馈"是变频器控制传送带电机实际运行频率的反馈信号，变频器与PLC采用模拟量通信，参数设置参看前面的相关任务。

源代码
**1#供料站
手/自动程序**

（4）PLC手动程序参考

① 手动出瓶程序。根据出瓶系统的工艺，其主要利用电机的正反转带动料仓底板的上升和下降，控制电机的上升和下降。用S1和S2控制左边料仓的上升和下降，用S3 和 S4 控制右边料仓的上升和下降。为了电机的安全，必须采用互锁控制及限位控制。手动出瓶程序如图6-9所示。

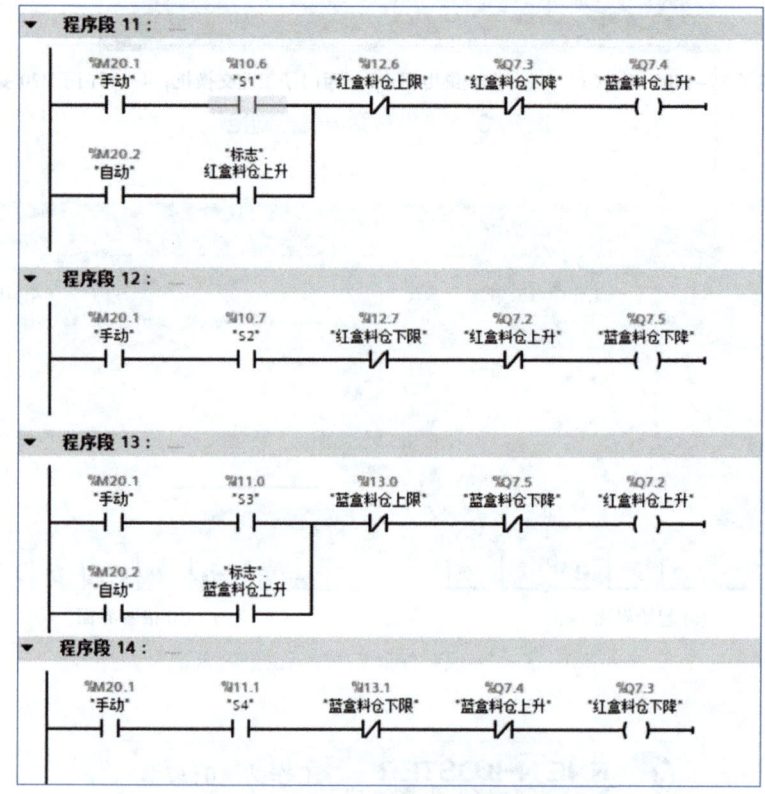

图6-9　1#供料站手动出瓶程序

② 物料瓶抓取程序的控制与调试。自动程序运行时，当PLC检测到有物料瓶推出后，水平气缸伸出，垂直气缸下降。垂直气缸下降到位后真空吸盘吸气，垂直气缸上升，真空吸盘抓取物料瓶后，无杆气缸向前移动。无杆气缸向前移动到位后垂直气缸再次下降，真空吸盘释放物料瓶，将物料瓶放到1#供料站占位处，垂直气缸上升。垂直气缸上升到位后，无杆气缸向后运动回到原始位。此时一个自动流程结束，如图6-10所示。

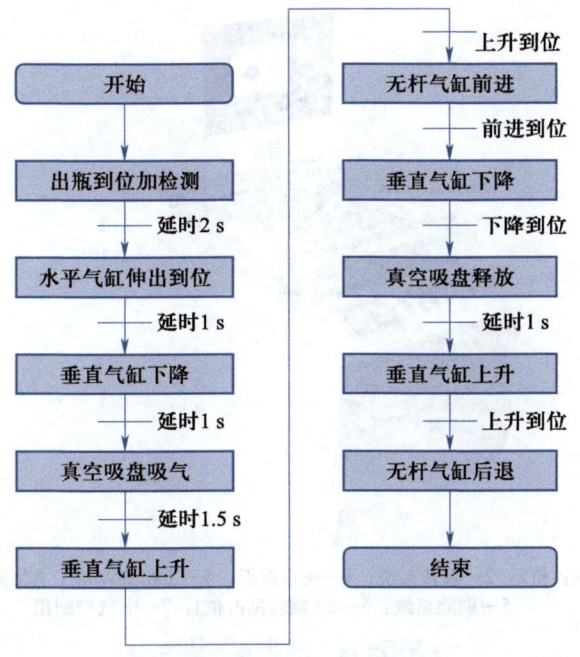

图6-10 1#供料站抓取流程图

③ 传送带调速程序。本项目中5个站点的传送带均采用模拟量进行调速，变频器设置参见前面的相关任务，本任务只展示PLC端模拟量相关程序，如图6-11所示。

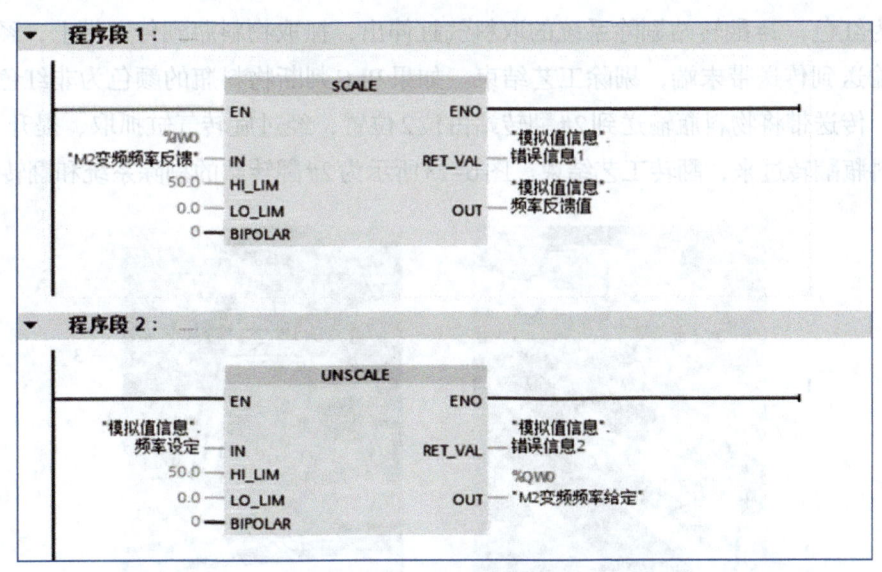

图6-11 传送带调速程序

2. 2#翻转站编程与调试

2#翻转站的功能有两部分：一是对红色物料瓶的剔除功能；二是对非红色物料瓶的翻转功能。图6-12所示为2#翻转站结构。

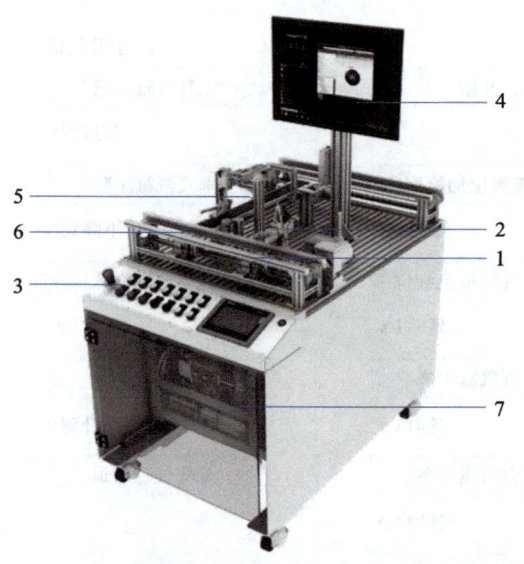

1—2#翻转站占位2；2—翻转系统；3—操作面板；4—工控机WinCC上位机监控系统；
5—剔除系统；6—2#翻转站占位1；7—电气控制柜

图6-12　2#翻转站结构

（1）工艺说明及工艺流程图

当物料瓶经过1#供料站出仓后，经传送带输送到2#翻转站。物料瓶进入2#翻转站的传送带后，将先通过2#翻转站占位1位置。RFID将读取物料盘底部的电子标签。如果PLC判断物料瓶颜色为红色，2#翻转站剔除系统的取料气缸伸出，抓取物料瓶到传送带上，经过传送带将物料瓶输送到传送带末端，剔除工艺结束。如果PLC判断物料瓶的颜色为非红色，如为蓝色或白色，传送带将物料瓶输送到2#翻转站占位2位置，经过旋转气缸抓取、提升、翻转后，最终把物料瓶翻转过来，翻转工艺结束。图6-13所示为2#翻转站的剔除系统和翻转系统。

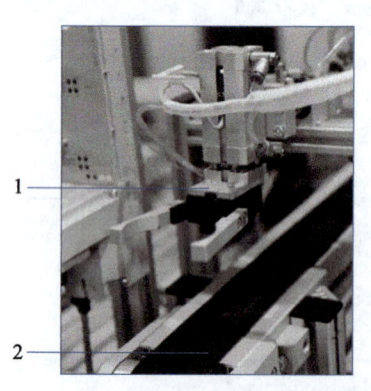 

1—剔除系统夹爪；2—剔除系统传送带；3—翻转系统

图6-13　2#翻转站的剔除系统和翻转系统

2#翻转站工艺流程图如图6-14所示。

2#翻转站安装有计算机、WinCC上位机监控系统，对整个智能灌装产线进行数据监控、采集、存储和处理，同时可以进行WinCC的远程操作。

（2）电气控制柜图及I/O表

2#翻转站有两个功能，分别是剔除不合格品和翻转合格品。剔除不合格品时，有一条传送带用于运送不合格品，受变频器控制，因此在2#翻转站的电气控制柜中有两个V20变频器。图6-15所示为2#翻转站电气控制柜。

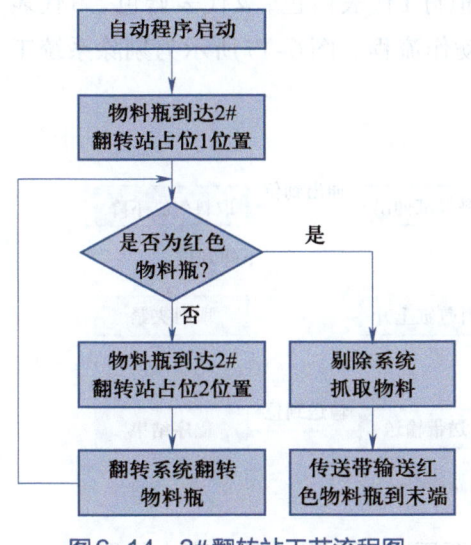

图6-14　2#翻转站工艺流程图　　　　图6-15　2#翻转站电气控制柜

2#翻转站PLC输入/输出端子符号表和气动原理图可扫描二维码查看。

（3）手动触摸屏界面

2#翻转站手动界面如图6-16所示，组态了取料气缸、旋转气缸、垂直气缸、阻挡气缸1、阻挡气缸2、夹爪的手动操作，可以在设备的手动状态下对相应的气缸进行伸出、缩进、上升、下降、旋转、夹紧、松开等操作。

项目资料
2#翻转站相关
资料

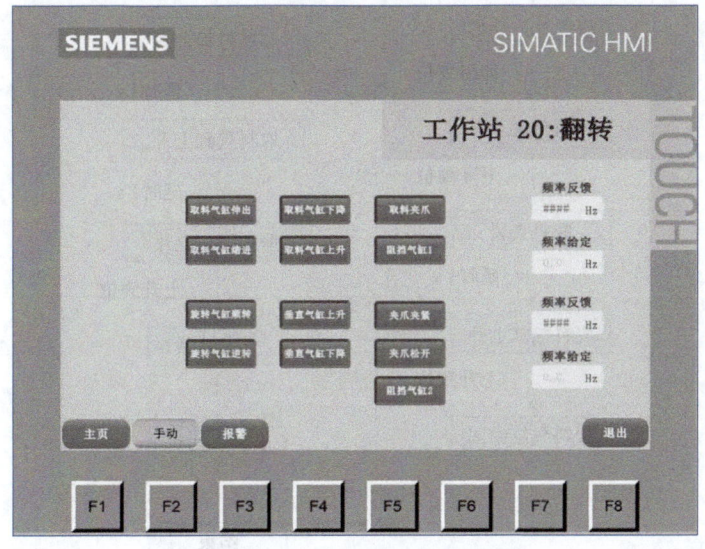

图6-16　2#翻转站手动界面

（4）PLC手动程序参考

① 剔除系统的控制与调试。当1#供料站完成物料瓶出瓶后，物料瓶向2#翻转站移动，在2#翻转站占位1位置处被RFID识别，如果是红色物料瓶，阻挡气缸伸出，阻挡托盘继续运行，此时系统开始进行剔除工作。有关RFID模块的程序编写将在任务二中进行，可由RFID存储单元中的数值来进行物料瓶的分类，拟订1代表白色，2代表蓝色，3代表红色（不合格品），在单站调试中仅涉及该站的剔除动作流程。图6-17所示为剔除系统工艺流程图。

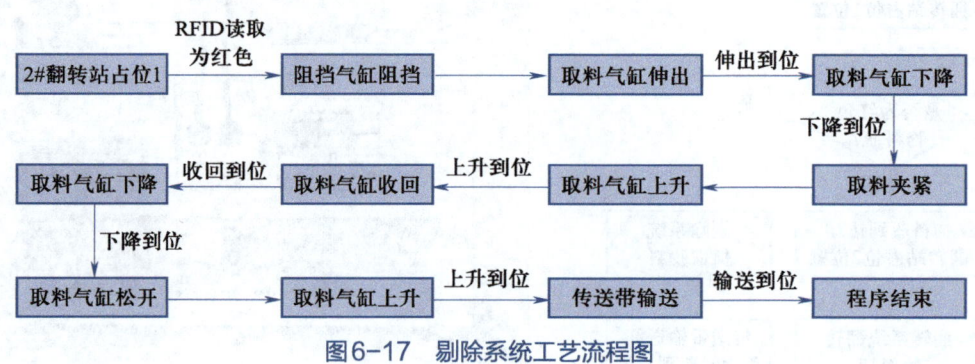

图6-17　剔除系统工艺流程图

如果检测到RFID存储单元中的数值为3，判断需要回收不合格品，程序中的回收标志为1，执行剔除程序；如果检测到RFID存储单元中的数值为1或2，程序中的回收标志为0，则将物料瓶放行至下一站。2#翻转站剔除流程图如图6-18所示。

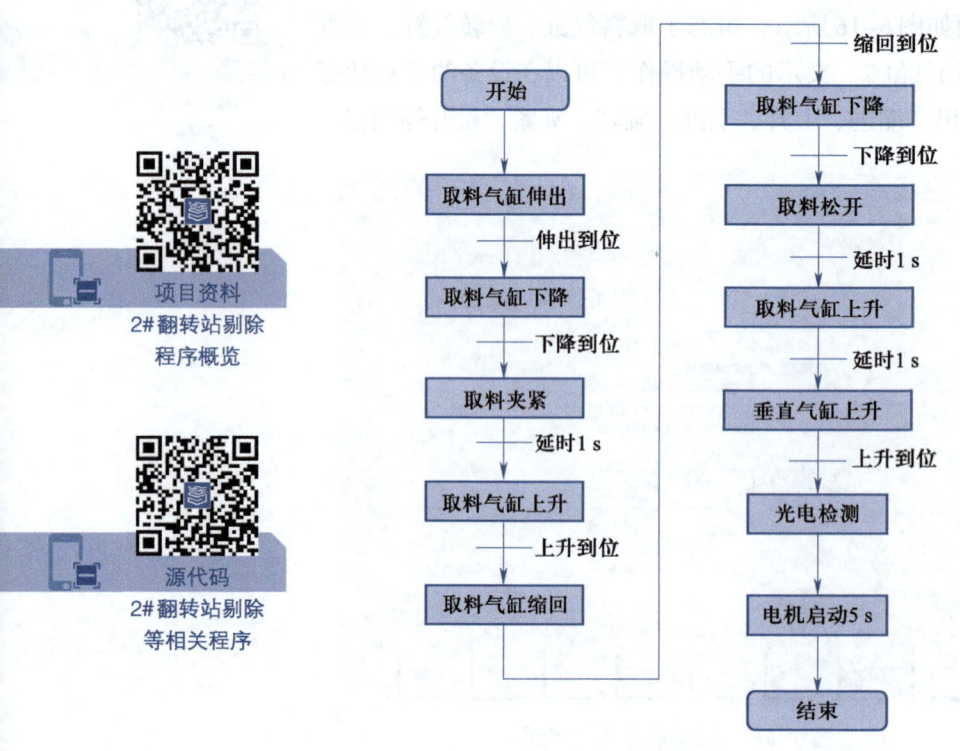

项目资料
2#翻转站剔除
程序概览

源代码
2#翻转站剔除
等相关程序

图6-18　2#翻转站剔除流程图

② 翻转系统的控制与调试。自动程序启动后，当2#翻转站占位2位置有占位信号时，系统开始执行翻转工作。首先垂直气缸下降，下降到位后，夹爪夹紧物料瓶。垂直气缸上升，上升到位后，旋转气缸翻转，翻转的方向可能是顺时针，也可能是逆时针，取决于上次翻转后旋转气缸的状态。翻转完毕后，垂直气缸下降，下降到位后，夹爪松开。最后垂直气缸上升，上升到位后，翻转工艺结束，阻挡气缸缩回，物料瓶移动到下一个工作站。2#翻转站翻转流程图如图6-19所示。2#翻转站翻转动作可扫描二维码查看。

演示视频
2#翻转站翻转
动作

3.3#灌装站编程与调试

3#灌装站有冷水箱、热水箱两个水箱系统和灌装系统。物料瓶经过2#翻转站翻转后，经传送带输送至3#灌装站占位处。RFID读卡器读取物料瓶的相关信息，并根据 RFID 读取的物料瓶的颜色信息，灌装相应水箱的液体。图6-20所示为3#灌装站结构。

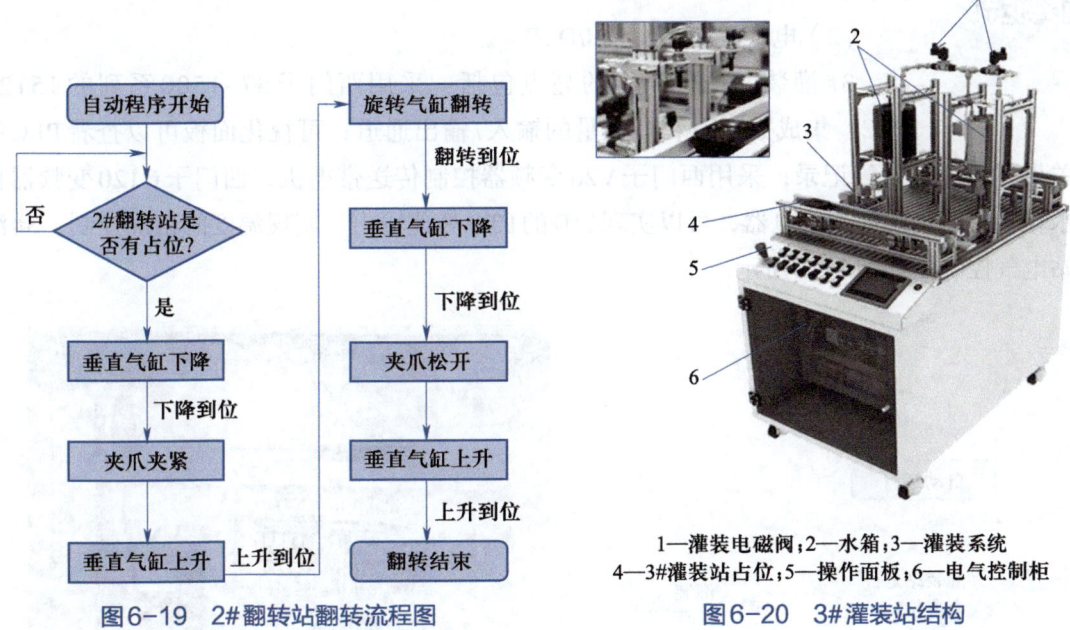

图6-19 2#翻转站翻转流程图

1—灌装电磁阀；2—水箱；3—灌装系统
4—3#灌装站占位；5—操作面板；6—电气控制柜

图6-20 3#灌装站结构

（1）工艺说明及工艺流程图

如图6-21所示，3#罐装站由水箱系统和灌装系统构成。水箱系统分为冷水箱和热水箱，每个水箱都配有进水阀、排水阀、灌装阀。冷水箱的底部安装有压力传感器，用来测量水箱液位。热水箱的底部安装有测量液位的压力传感器、测量水温的温度传感器及加热水温的加热棒。水箱液位可以通过触摸屏界面设定上限和下限。进水的主管路安装有流量计。水箱补水管路安装有进水泵，进水泵通过G120变频器进行调速。

当灌装系统的灌装气缸伸出，灌装口到达物料瓶的正上方时，会打开相应水箱的灌装电磁阀，开始给物料瓶灌装液体。灌装完毕后，灌装气缸缩回，灌装工艺结束。3#灌装站的两个水箱配有温度、压力、流量传感器和加热棒、电磁阀、水泵等电气元件，可以实现水箱的恒液位控制、恒温控制等 PID 控制的相关项目。

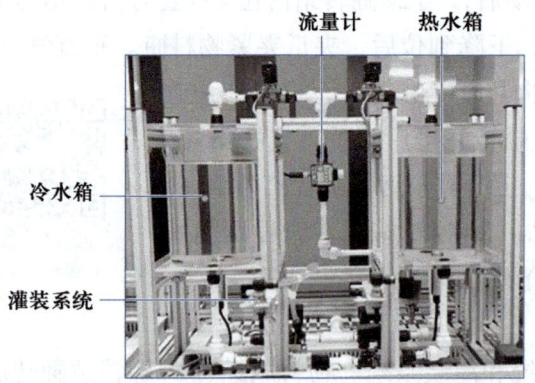
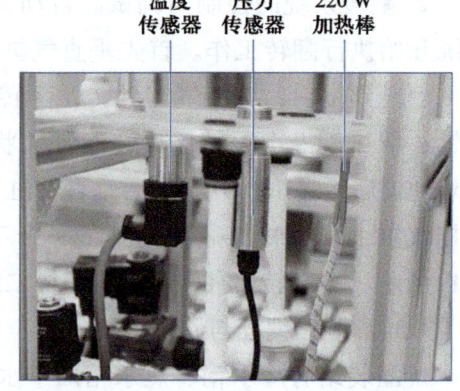

图6-21　3#灌装站实物图

演示视频
3#灌装站灌装动作

3#灌装站工艺流程图如图6-22所示。3#灌装站灌装动作可扫描二维码查看。

（2）电气控制柜图及I/O表

3#灌装站电气系统的亮点包括：采用西门子S7-1500系列的1512C PLC，集成数字量和模拟量的输入/输出通道；可视化面板可以查看PLC的相关设置信息和报警记录；采用西门子V20变频器控制传送带电机，西门子G120变频器控制水箱水泵；增加固态继电器，可以实现PID的PTO高速输出，实现温度的精确控制。3#灌装站电气控制柜如图6-23所示。

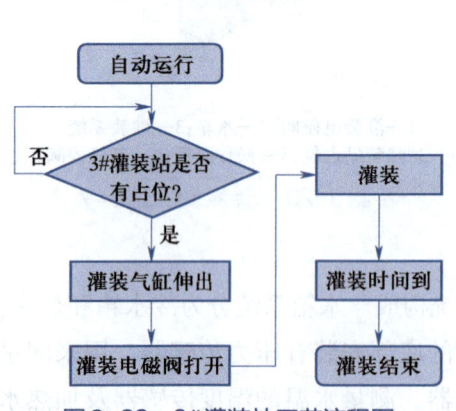

图6-22　3#灌装站工艺流程图

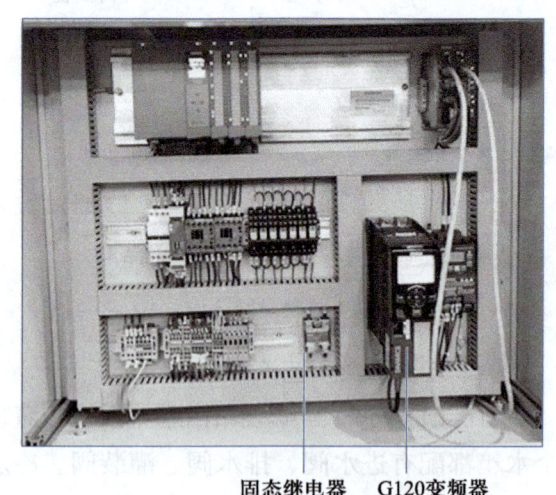

图6-23　3#灌装站电气控制柜

项目资料
3#灌装站相关资料

3#灌装站PLC输入/输出端子符号表和气动原理图可扫描二维码查看。

（3）手动触摸屏界面

3#灌装站手动界面如图6-24所示，需要实现灌装气缸伸出、缩进及阻挡气缸的手动控制，同时可以设定注水时间，"变频设定"框中的数值为进水水泵的转速，"频率给定"框中的数值为传送带的频率。

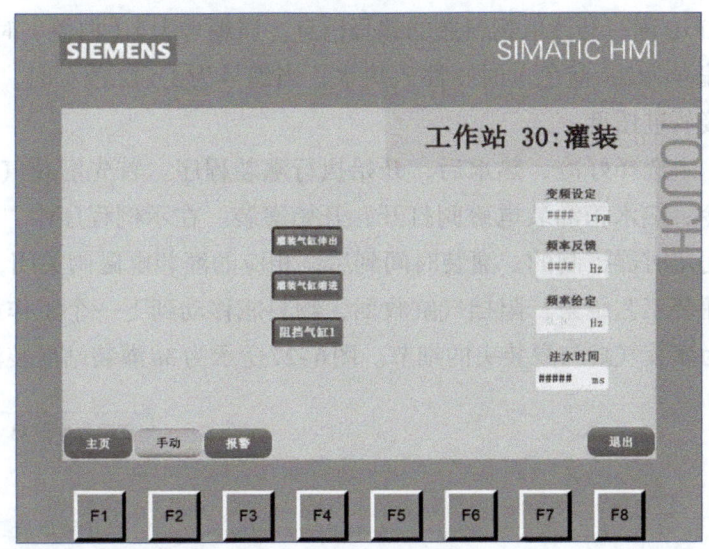

图6-24　3#灌装站手动界面

（4）PLC手动程序参考

① 灌装的模拟量应用与调试。热水箱和冷水箱的底部都安装有压力传感器，用来测量水箱液位。进水的主管路安装有流量计。图6-25所示为对这3个模拟量进行转换的程序。

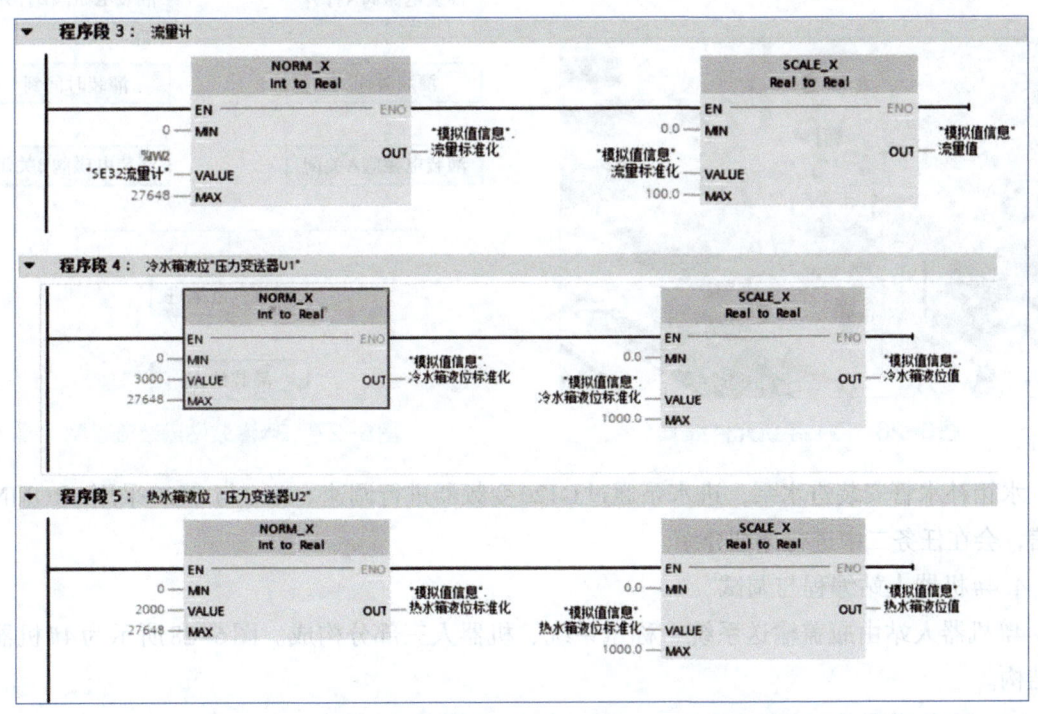

图6-25　将模拟量转换成数字量的PLC程序

② 灌装系统的控制与调试。3#灌装站有冷水箱和热水箱。示例程序中对物料瓶的3种颜色（白色、蓝色、红色）进行编号，分别为1、2、3。当物料瓶停在3#灌装站占位处时，

项目资料
3#灌装站灌装
程序概览

源代码
3#灌装站灌装
程序

RFID读写器读取物料瓶的编号信息。当编号为1（白色）时，注入冷水；当编号为2（蓝色）时，注入热水；当编号为3（红色）时，不需要灌装，直接放进托盘。

选择好冷、热水后，开始执行灌装程序。首先灌装气缸伸出，相应的冷、热水箱灌装电磁阀打开，开始灌装。在示例程序中，灌装多少是靠时间定时器控制的。灌装时间到后，相应的灌装电磁阀关闭，灌装气缸缩进。灌装工艺结束，阻挡气缸收回，物料瓶移动到下一个工作站。图6-26所示为灌装气缸与灌装头的细节。图6-27所示为3#灌装站灌装流程图。

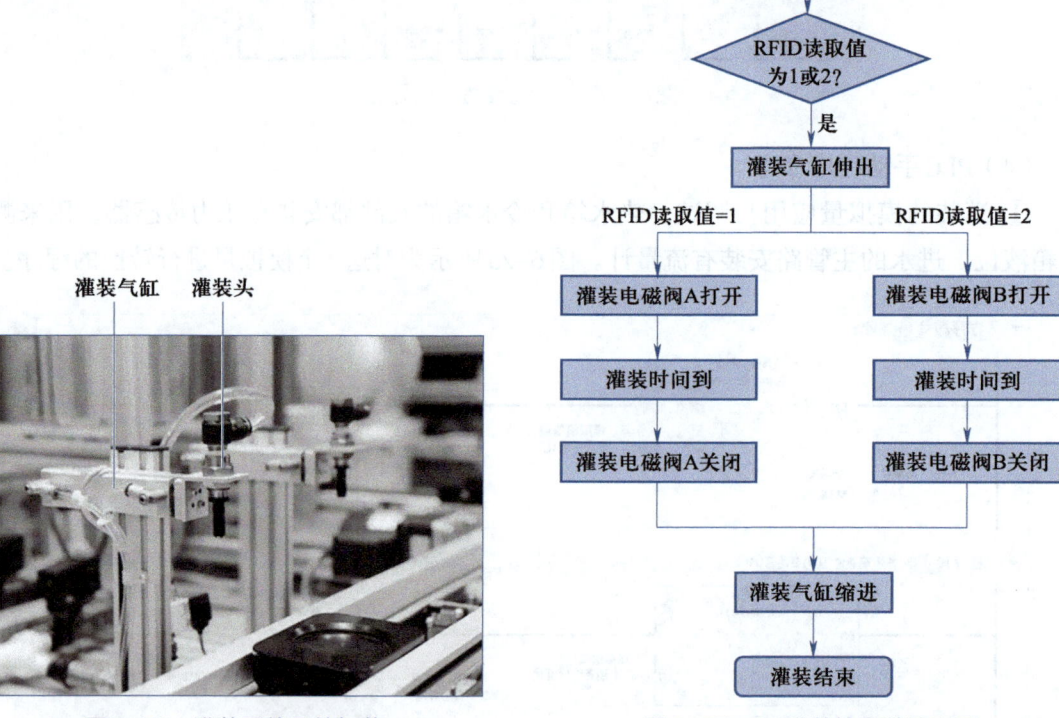

图6-26　灌装系统元件细节　　　　图6-27　3#灌装站灌装流程图

水箱补水管安装进水泵，进水泵通过G120变频器进行调速。PLC与G120采用PROFINET通信，会在任务二中进行详细介绍。

4. 4#机器人站编程与调试

4#机器人站由瓶盖输送系统、称重系统、机器人三部分构成。图6-28所示为4#机器人站结构。

（1）工艺说明及工艺流程图

瓶盖输送系统上有两个料仓，分别是白色瓶盖料仓和蓝色瓶盖料仓。当物料瓶被输送到4#机器人站占位处后，机器人换夹具工具，然后夹取物料瓶到称重系统称重。称重完毕后，机器人夹取物料瓶到4#机器人站占位处。机器人放置夹具工具，更换吸盘工具。物料瓶经

RFID读取托盘内电子标签的产品信息，识别是白色瓶还是蓝色瓶后，瓶盖输送系统输送相应颜色的瓶盖，至传送带最前端的槽型检测开关处。机器人吸取处于传送带前端的瓶盖，盖到物料瓶上。4#机器人站工艺结束，阻挡气缸收回，物料瓶被运送到下一个工作站。图6-29所示为4#机器人站的机器人封盖实物图和工艺流程图。4#机器人站封盖动作可扫描二维码查看。

演示视频
4#机器人站
封盖动作

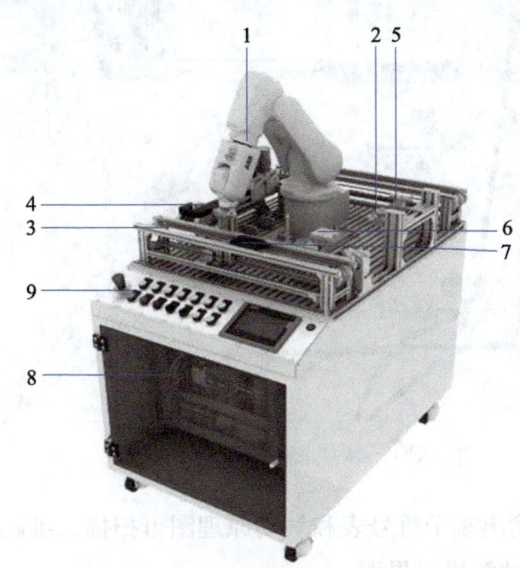

1—ABB 机器人；2—机器人夹具；3—传送带；4—瓶盖输送系统；
5—机器人吸盘；6—称重系统；7—4#机器人站占位；
8—电气控制柜；9—操作面板

图6-28　4#机器人站结构

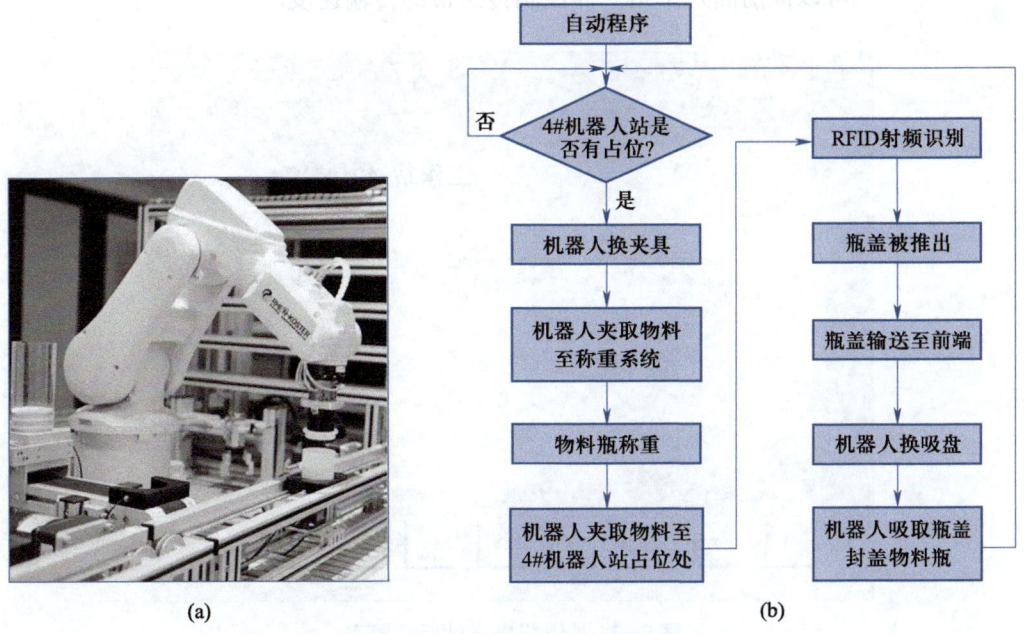

(a)　　　　　　　　　　　　　　　　(b)

图6-29　4#机器人站机器人封盖实物图和工艺流程图

（2）电气控制柜图及 I/O 表

4#机器人站电气控制柜如图6-30所示，机器人控制器与PLC通过交换机相连。

图6-30　4#机器人站电气控制柜

4#机器人站PLC输入/输出端子符号表和气动原理图可扫描二维码查看。

（3）手动触摸屏界面

4#机器人站手动界面如图6-31所示，组态了判断料盒颜色的相应气缸动作的手动操作，可以在设备的手动状态下对相应气缸进行伸出、缩进等操作。除此以外，还可以通过触摸屏控制传输料盖的传送带的启停操作，也可以像前面几个站一样控制传送带的传输速度。

项目资料
4#机器人站相
关资料

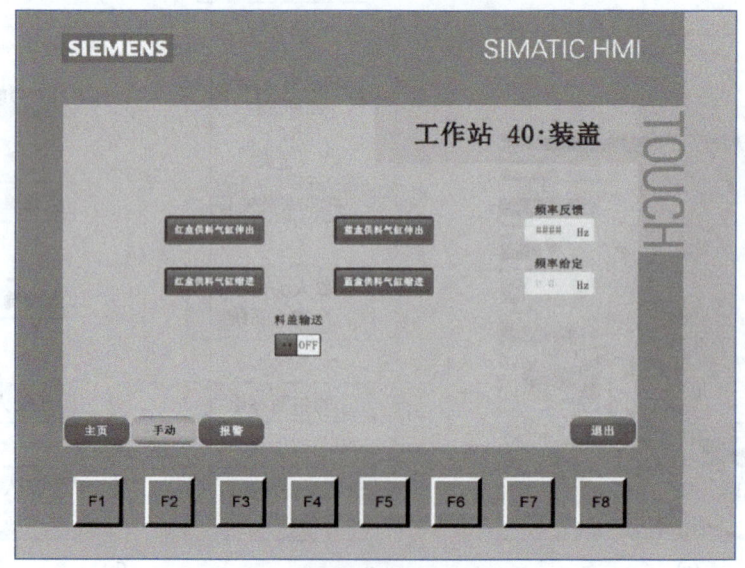

图6-31　4#机器人站手动界面

（4）PLC手动程序参考

① 机器人抓取单元的控制与调试。机器人相关程序需要在任务二中进行网络配置以后才可以编写，在这里不进行赘述，只进行PLC端控制机器人使能、启动、复位、停止及急停，以及互锁等，后期这些信号将通过PROFINET通信与机器人系统I/O进行对接，使得PLC可以控制机器人运转。

项目资料
4#机器人站
抓取程序概览

② 称重系统程序。4#机器人站称重传感器外观如图6-32所示。称重系统程序可扫描二维码查看。

5. 5#立体库站编程与调试

5#立体库站结构如图6-33所示。

项目资料
4#机器人站
称重程序概览

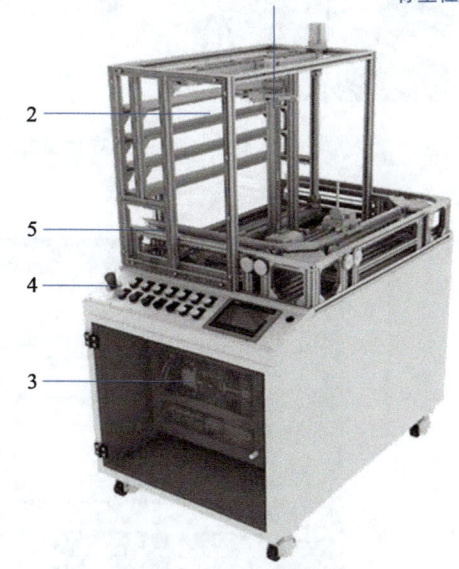

1—两轴机械手；2—立体库物品摆放架；
3—电气控制柜；4—操作面板；
5—5#立体库站占位

图6-32　称重传感器外观　　　　图6-33　5#立体库站结构

（1）工艺说明及工艺流程图

在本书提供的设备程序中，5#立体库站共设计了9个仓储位置，编号为1~9。当物料瓶被输送到5#立体库站占位处后，先经过处于5#立体库站占位正上方的西门子视觉传感器对物料瓶瓶盖上的二维码进行识别，同时RFID读卡器对物料瓶信息进行读取，这些信息全部读取到PLC中，经PLC通信网络上传到上位机监控系统WinCC数据库。信息识别完成后，两轴（X轴和Z轴）机械手移动到5#立体库站占位处，抓取物料瓶后从立体库的1号位开始依次放置存储。图6-34所示为5#立体库站入库系统实物图与工艺流程图。

源代码
4#机器人站
示例程序

（2）电气控制柜图及I/O表

5#立体库站电气控制系统采用 S7-1500系列的CPU作为控制器，通过西门子工业交换机连接其他站点或通信设备，利用西门子V20变频器作为传送带调速驱动器，由步进电机驱动器驱动立体库两轴（*X*轴和*Z*轴）机械手臂电机。5#立体库站电气控制柜如图6-35所示。

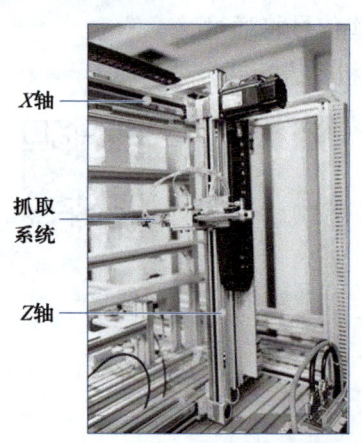
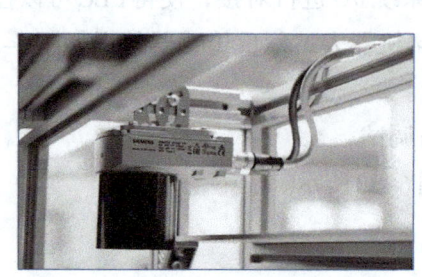
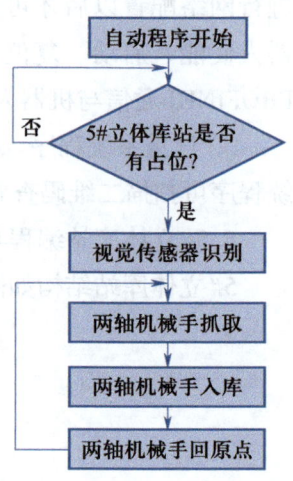

图6-34　5#立体库站入库系统实物图与工艺流程图

图6-35　5#立体库站电气控制柜

项目资料
5#立体库站
相关资料

演示视频
各站手动触摸屏
界面

5#立体库站PLC输入/输出端子符号表和气动原理图可扫描二维码查看。

（3）手动触摸屏界面

5#立体库站手动界面如图6-36所示，组态了取料气缸、夹爪气缸、阻挡气缸的手动操作。可以在设备的手动状态下对相应气缸进行伸出、缩进、上升、下降、旋转、夹紧、松开等操作。除此以外，还可以通过触摸屏写入1~9的序号，来表示想存放的立体库坐标位置，也可以像前面几个站一样控制传送带传输速度。本任务前述各站的手动触摸屏界面可扫描二维码查看。

（4）步进驱动器的应用调试

5#立体库站中，抓取物料的机械手臂电机（*X*轴、*Z*轴）为步进驱动，可由S7-1500 PLC的脉冲发生器产生脉冲和方向信号传输给控制步进驱动器驱动伺服电机运动。立体库外观如图6-37所示。

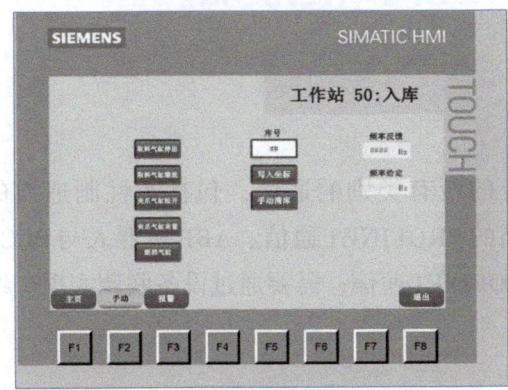

图6-36 5#立体库站手动界面

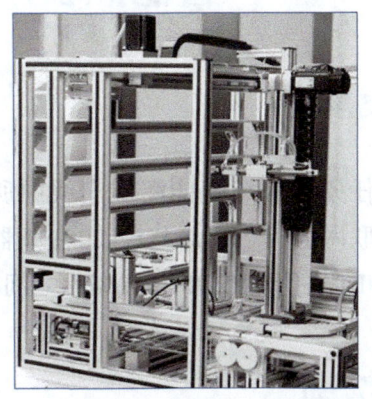

图6-37 立体库外观

X轴和Z轴需要组态步进电机驱动器，配置X轴和Z轴作为工艺对象。

任务评价（表6-2）

项目资料
步进驱动应用
调试步骤

表6-2 任务评价表

评分表 ____学年		工作形式：□个人 □小组分工 □小组	评分		工作时间
任务	训练内容与分值	训练要求	学生自评	教师评分	
智能灌装产线分站编程与调试	1.工艺流程（10分）	理解单站流程并绘制流程图（10分）			
	2.I/O分配表（20分）	正确找到硬件的I/O点位（10分） 正确根据I/O点位建立变量表（10分）			
	3.手动程序编写与调试（20分）	手动程序编写正确（10分） 手动程序调试成功（10分）			
	4.手动触摸屏设计（20分）	组态布局合理，色彩搭配合理，内容正确；正确完成5站相应触摸屏界面（10分） 可以通过触摸屏手动控制站点工作（10分）			
	5.软硬件联调（20分）	正确完成单站的手动功能（10分） 正确完成单站的自动功能（10分）			
	6.职业素养与安全意识（10分）	现场安全保护；工具、器材、导线等处理操作符合职业要求（5分） 分工合作，配合紧密；遵守纪律，保持工位整洁（5分）			
	总分：100分	学生：　　　　　教师：　　　　　　日期：			

注：任务评价对单站任务完成情况进行考察，评分为百分制，该评价表以1#供料站为例，其余单站可参考该评价表进行修改。

项目 智能灌装产线的工业控制网络

257

任务二
智能灌装产线工业网络通信联调

🖥 任务描述

本任务将介绍智能灌装产线中所涉及的所有类别的通信，包括柔性制造线的RFID射频物联网通信、PLC与G120变频器之间的PROFINET通信、ABB机器人与PLC之间的PROFINET通信、PROFINET站站之间的PROFINET通信，需要通过设备联调实现产线功能。

🖥 任务分析

智能灌装产线分为5个站点，站点与站点之间都通过以太网连接，进行智能I/O的PROFINET通信；在整条产线的物料运输过程中，5个站点都配备了RFID读写装置，可以实现无线物联网传输，实现产线的柔性灌装。在整条产线中，第三站会涉及PLC与G120变频器之间的PROFINET通信，以实现水泵的调速；第四站会涉及ABB机器人与PLC之间的通信；最后一站会涉及视觉传感器与PLC之间的通信。图6-38所示为设备通信示意图。

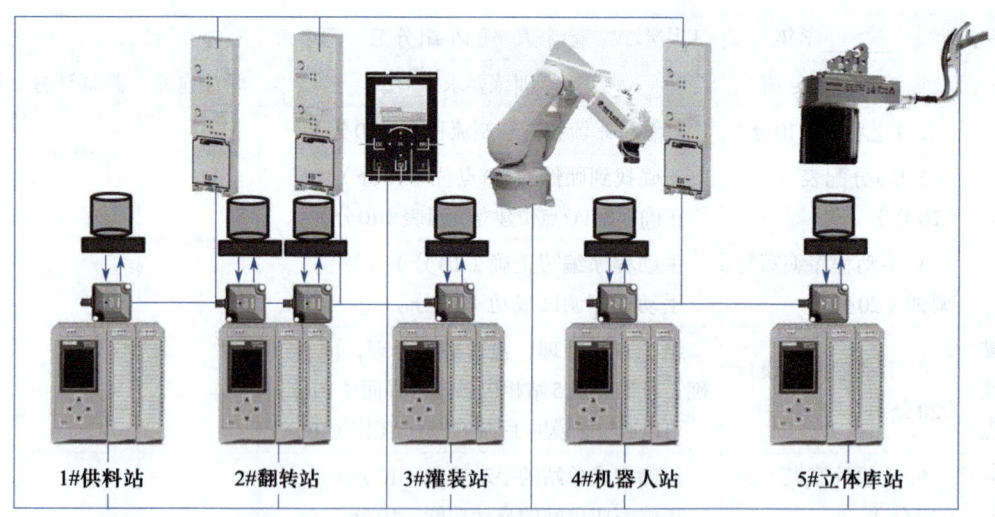

图6-38 设备通信示意图

🖥 任务实施

1. RFID无线通信技术在智能灌装产线中的应用

在智能灌装产线中有一组数据不是通过网线传输的，而是通过无线物联网通信的方式进行传输的。在产线中与产品相关的数据将跟随产品进行传输，例如瓶子的颜色或者冷热水的配比等，它不局限于网线和通信链路，而跟随产品的生产进行流转，属于柔性生产线所依托的一种基于生产流程的无线通信方式。以前三站为例，随着产品从第一站到第三站，产品到达某一站时均会和该站进行数据读写，将产品所携带的信息留在该站，再给产品写上新的数据。图6-39所示为在该条产线上所使用的相关RFID模块，可以看出，产品信息是通过托盘上的芯片跟随产品流转的。在各个工作站的工作位中都设置了西门子RFID通信单元（RF180C）及读写单元（RF240R），对安装在托盘上的数据存储设备进行读写操作，完成整条产线的数据信息等的传输。

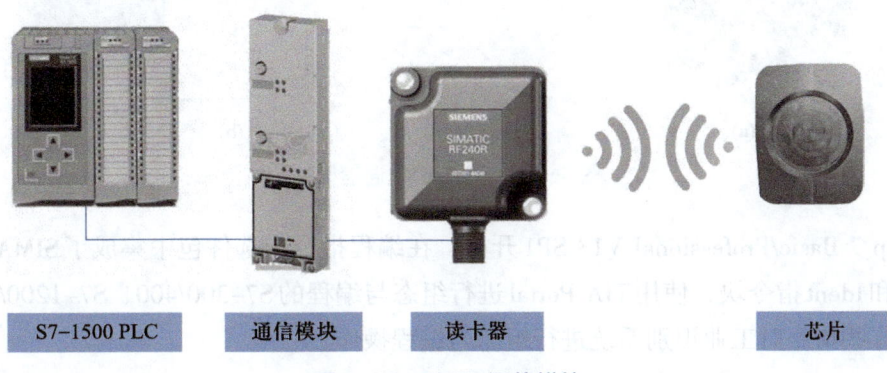

| S7-1500 PLC | 通信模块 | 读卡器 | 芯片 |

图6-39　RFID通信模块

如图6-40所示，可以看到读卡器安放在传送带轮的下方，芯片安装在托盘的下方。通过芯片读取到的信号会通过通信模块以PROFINET I/O的方式传输给PLC。本智能产线中应用的为带插拔式连接块的RF180C通信模块，用于通过PROFINET I/O操作RFID组件。每个读写器通信模块包含两个通道，可以组态连接两个RFID阅读器，如图6-41所示。

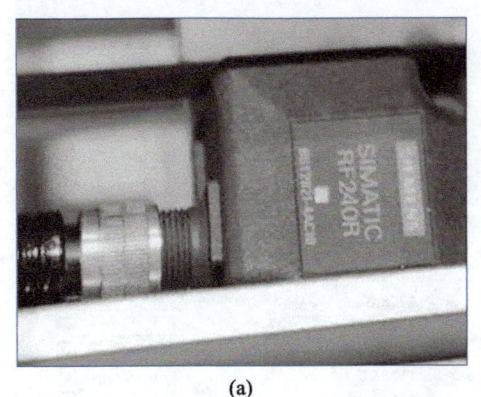
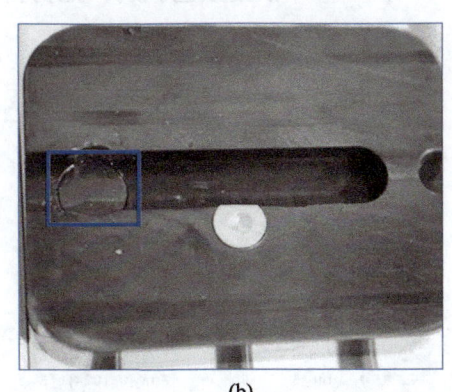

(a)　　　　　　　　　　　　　　(b)

图6-40　RFID模块实物

以1#供料站中的RFID为例，进行物料信息读写单元的程序编写：在1#供料站中颜色识别传感器可识别出物料是蓝色、红色或白色，并且事先定义好每种颜色的物料代码，1#供料站的物料信息读写单元可以把物料的颜色信息写入物料车的数据存储单元内，以便下一工作站读取数据信息，此时就需要PLC给芯片写入信息。

项目资料
RFID组态、
编程与调试

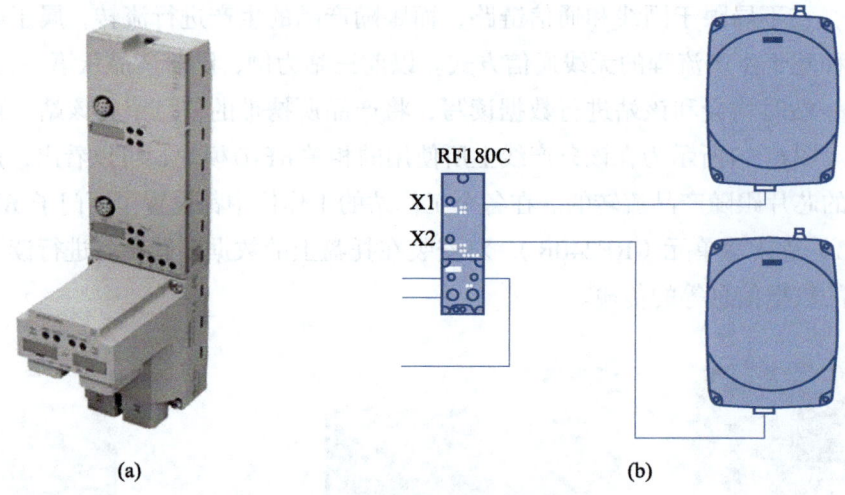

图6-41　RF180C 通信模块

　　从Step 7 Basic/Professional V13 SP1开始，在编程指令卡选件包中集成了SIMATIC Ident配置文件和Ident指令块，使用TIA Portal进行组态与编程的S7–300/400、S7–1200/1500 PLC可以使用这些指令对工业识别系统进行组态与编程操作。

演示视频
RFID 的配置和
编程

　　（1）组态

　　具体组态步骤可扫描二维码查看。

　　（2）编程与调试

　　建立一个数据块，存储RFID的数据以及读写等指令的状态信息，如图6–42所示。

　　根据颜色识别，把物料信息写入存储单元，程序如图6–43所示。

名称		数据类型	偏移量	起始值	保持	从 HMI/OPC
▼ Static						
■ ▶	Read_0	Array[0..1024] of Byte	0.0		☐	☑
■ ▶	Write_0	Array[0..1024] of Byte	1026.0		☐	☑
■ ▶	Read_1	Array[0..1024] of Byte	2052.0		☐	☑
■ ▶	Write_1	Array[0..1024] of Byte	3078.0		☐	☑
■ ▶	Read_2	Array[0..1024] of Byte	4104.0		☐	☑
■ ▶	Write_2	Array[0..1024] of Byte	5130.0		☐	☑
■ ▶	Read_3	Array[0..1024] of Byte	6156.0		☐	☑
■ ▶	Write_3	Array[0..1024] of Byte	7182.0		☐	☑
■ ▶	Read_4	Array[0..1024] of Byte	8208.0		☐	☑
■ ▶	Write_4	Array[0..1024] of Byte	9234.0		☐	☑
■ ▶	Read_5	Array[0..1024] of Byte	10260.0		☐	☑
■ ▶	Write_5	Array[0..1024] of Byte	11286.0		☐	☑
■	启用RFID	Bool	12312.0	false	☐	☑
■ ▶	复位	Array[0..5] of Bool	12314.0		☐	☑
■ ▶	复位完成	Array[0..5] of Bool	12316.0		☐	☑
■ ▶	复位故障	Array[0..5] of Bool	12318.0		☐	☑
■ ▶	读取	Array[0..5] of Bool	12320.0		☐	☑
■ ▶	读取完成	Array[0..5] of Bool	12322.0		☐	☑
■ ▶	读取故障	Array[0..5] of Bool	12324.0		☐	☑
■ ▶	写入	Array[0..5] of Bool	12326.0		☐	☑
■ ▶	写入完成	Array[0..5] of Bool	12328.0		☐	☑
■ ▶	写入故障	Array[0..5] of Bool	12330.0		☐	☑

图6-42　RFID读写变量

```
1 ⊟IF "自动" AND "料盘红盒识别" AND NOT "料盘蓝盒识别"
2   THEN
3       "RFID数据".Write_0[0] := 1;
4   END_IF;
5 ⊟IF "自动" AND NOT "料盘红盒识别" AND "料盘蓝盒识别"
6   THEN
7       "RFID数据".Write_0[0] := 2;
8   END_IF;
9 ⊟IF "自动" AND NOT "料盘红盒识别" AND NOT "料盘蓝盒识别"
10  THEN
11      "RFID数据".Write_0[0] := 3;
12  END_IF;
```

图6-43　RFID读写程序

对物料读取单元进行复位或读取操作，由于第一站不涉及写操作，但在其余的站点里需要有该操作，因此在此一起展示，具体指令如图6-44所示，可根据项目实际情况及想增加读写的其他物料信息自行添加。

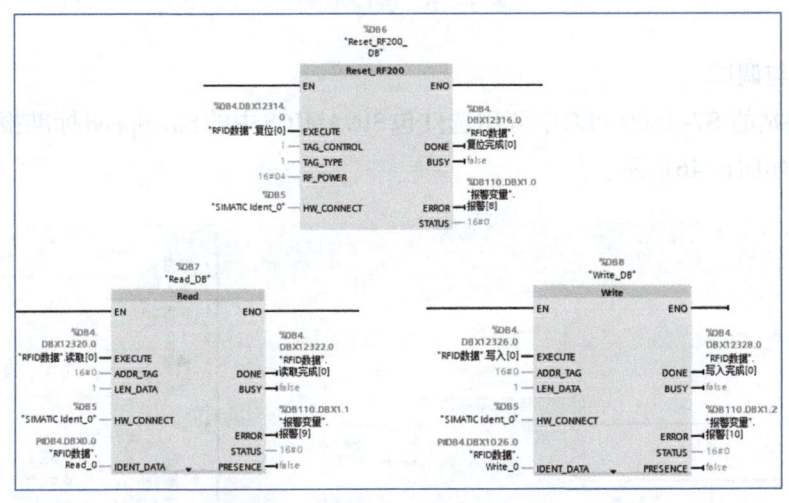

图6-44　RFID读写复位块

2. 3#灌装站G120变频器与PLC的通信

3#罐装站的两个冷、热水箱通过循环水泵补水，水泵由G120变频器驱动，可以控制进水速度。G120通过PROFINET通信网络采用标准报文1与S7-1500 PLC进行通信。G120变频器与传统变频器的端子连接不同，它采用网线连接，可以节省大量的接线工作，通信连接更加可靠、方便，减少故障率。

（1）组态

具体组态步骤可扫描二维码查看，此处仅给出关键设置步骤。对报文配置进行组态，在"发送（实际值）"和"接收（设定值）"中，都选择"标准报文1"，进行与PLC的组态，如图6-45所示。可以看到PLC与G120通信的接收字节为IB256和IB257，发送字节为QB256和QB257。

演示视频
G120变频器
的配置与编程

项目资料
G120变频器
操作

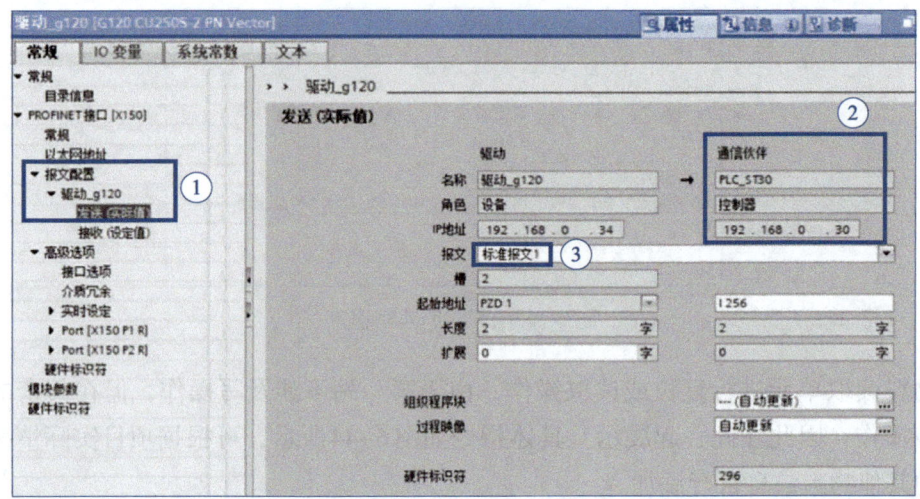

图6-45　G120组态

（2）编程与调试

在3#灌装站的 S7-1500 PLC 中调用选件包SINAMICS中的SinaSpeed标准报文1中转速控制轴的指令，如图6-46所示。

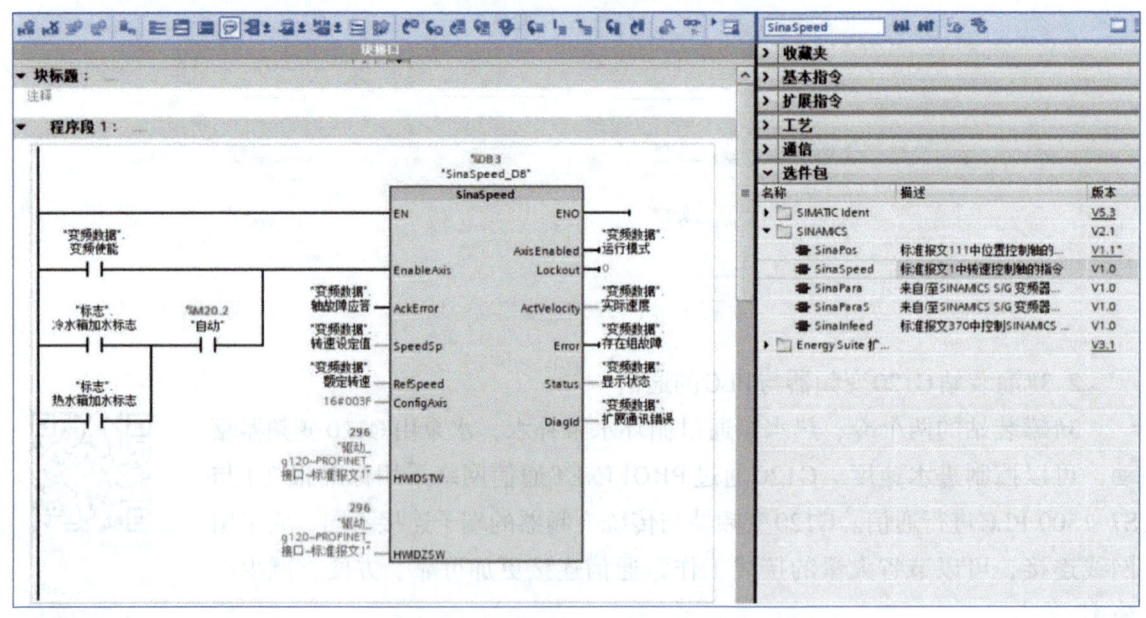

图6-46　控制水泵加水的通信指令

3. 4#机器人站通信设计与调试

4#机器人站通过 PLC 控制系统与机器人工作站PROFINET总线通信，进行远程给机器人上使能、调取机器人主作业、远程启动或停止机器人等信号交互，控制机器人抓取及搬运工件。

（1）PLC侧通信组态

PLC的组态需要加载ABB机器人的GSD文件，加载步骤可扫描二维码查看，这里仅给出PLC与机器人的地址交互设置。配置64字节的输入信号和64字节的输出信号时，可以在图6-47所示窗口右侧的模块中，分别拖曳"DI 64 bytes"模块和"DO 64 bytes"模块到"设备概览"中的第1和第2插槽中，I和Q的起始地址可以更改，只要不与PLC模块的实际物理地址相冲突即可。

演示视频
ABB机器人的
配置与编程

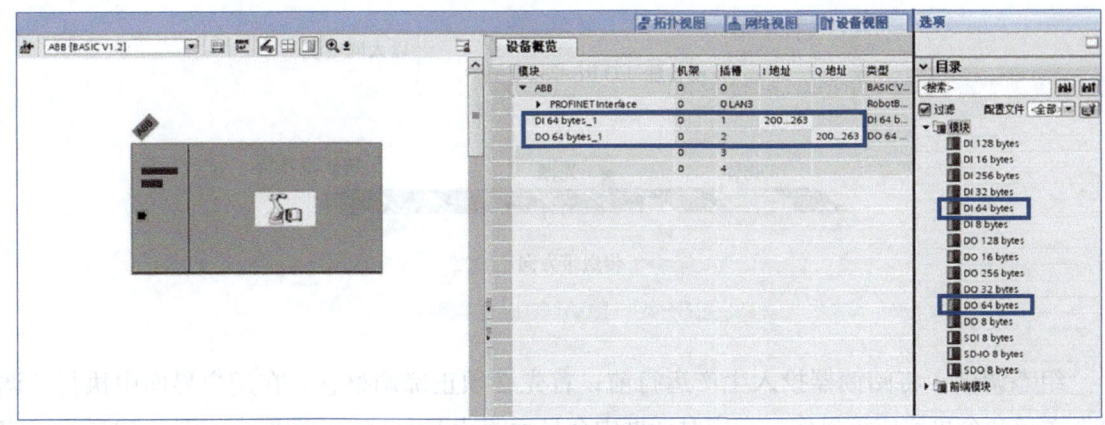

图6-47　配置机器人地址

配置完毕后，编译及下载PLC硬件组态及程序，此时PLC侧通信配置完成。

（2）机器人侧组态应用

机器人侧的组态要通过机器人示教器进行配置。在机器人示教器上，点击"控制面板"图标，选择"配置"选项，如图6-48所示。在打开的界面上进行机器人IP地址设定、网络选择与机器人命名，具体操作可扫描二维码查看。

项目资料
ABB机器人
通信操作

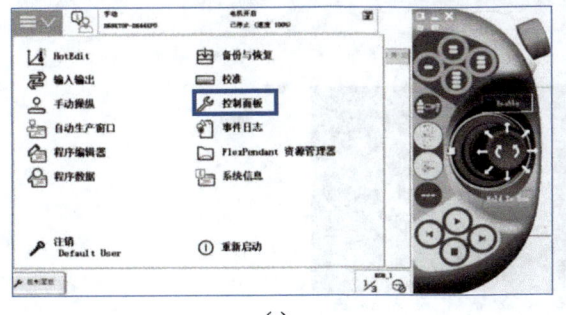
(a)

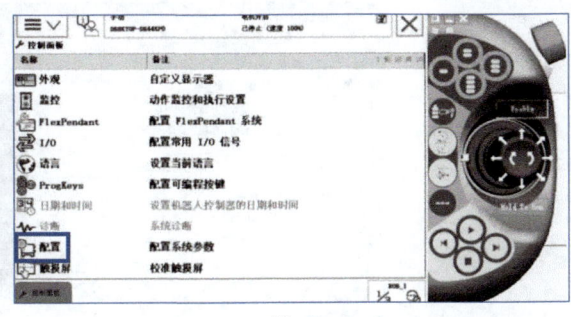
(b)

图6-48　配置机器人

4. 西门子视觉传感器在智能产线中的应用

在5#立体库站中，通过西门子MV440视觉相机读取物料的二维码，用于检测产品是否合格。MV440以太网系统如图6-49所示。

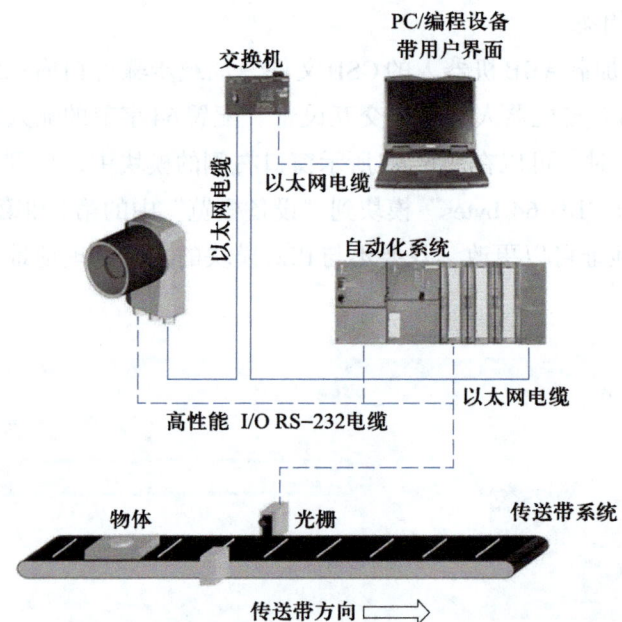

图6-49 MV440以太网系统

组态调试：将阅读器投入生产运行前，首先必须正确调整它。在用户界面中执行"调整"菜单命令可完成该操作，相应对话框中会显示阅读器中看到的图像，如图6-50所示。定位阅读器，将需要读取的代码显示在图像中央且清晰聚焦。让阅读器自动尝试识别代码并对其解码，代码周围有绿色框可以认为读取成功。绿色框触发越精确，代码对比度越高，读取结果就会越好。必要时，可纠正设置或使用自动曝光模式。可以设置曝光设置、触发设置等参数，如果要进行修改，应单击"应用"按钮保存新设置。具体操作步骤可扫描二维码查看。

项目资料
视觉系统操作

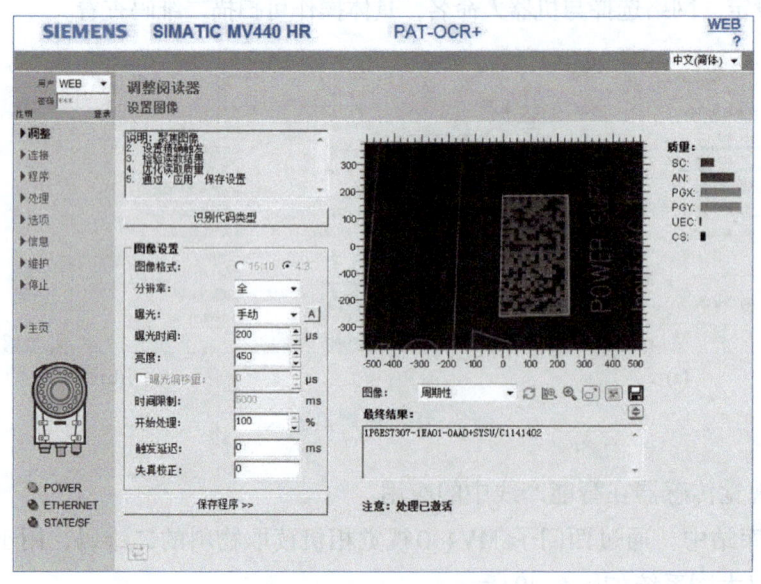

图6-50 阅读器读取效果

5. 智能灌装产线的站站联调

在智能产线中，每个PLC都不是单独运行的，整套系统需要各个PLC相互关联及进行数据传送，这就需要应用PLC之间的通信，形成一个控制整体，从而提高设备的控制能力、可靠性，实现"设备的集约化功能"。

本项目的PLC控制器间采用智能I/O方式进行通信，1#供料站的S7-1500 PLC作为PROFINET I/O网络的智能 I/O 控制器，其他4个站的S7-1500 PLC皆作为智能I/O设备，与智能I/O控制器通信，进行数据交换。

传输的目的主要是把每一个站点是否忙碌的信息以及RFID读取到的产品信息利用通信的方式进行传递，在本次项目中主要采用的是将2#、3#、4#、5#四个站点的数据结果传输到1#站点，再由1#站点发还给其他站的通信方式进行，传递的目的是检测相邻站点是否在忙碌，如果忙碌，本站点不放行，以免造成物料的拥堵。下面以2#站点和1#站点之间的通信为例进行详解。

项目资料
站站联调

演示视频
站站PROFINET
通信配置

（1）硬件组态

硬件组态以本智能产线项目1#供料站及2#翻转站PLC控制系统间的通信为例，添加两台1512C-1 PN型号的PLC控制系统，最终如图6-51所示，操作步骤可扫描二维码查看。

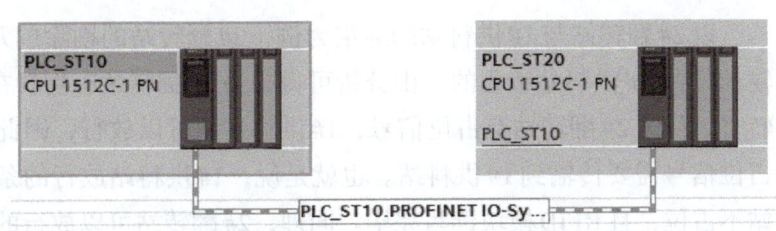

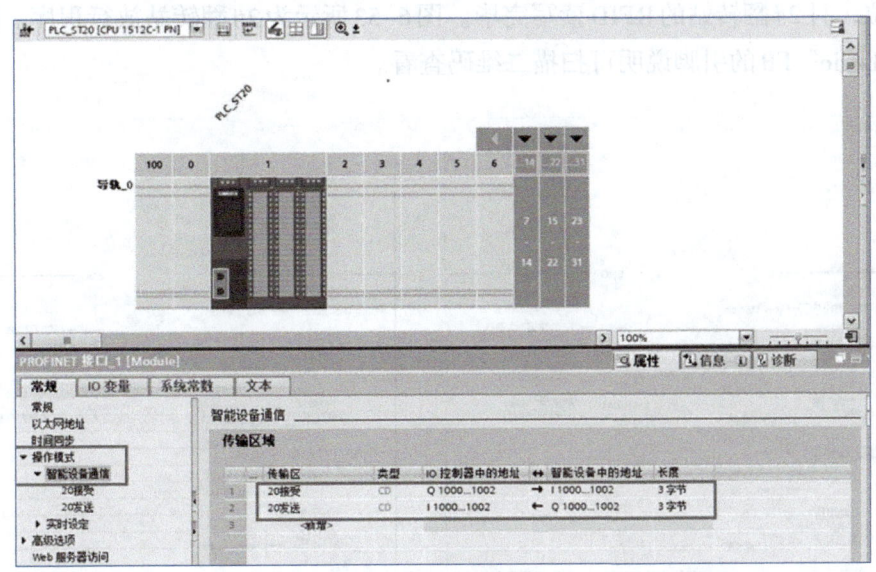

图6-51　通信概况

（2）通信程序编写与调试

智能产线 5 个站点 6 个占位阻挡气缸的放行，都是在 1#供料站中控制的，图 6-52 所示为放行示意图。由于 6 个占位阻挡气缸放行动作的控制逻辑相同，于是可封装一个名为"Conveyor logic"的子程序，用于控制占位阻挡气缸的释放逻辑控制，只需要调用"Conveyor logic"FB（功能块），填写定义好的引脚即可。除了 1#供料站的占位外，其余 4 个站点都通过通信的方式把相应的站点状态传输到 1#供料站，执行完调用的子程序后，1#供料站把逻辑判断的结果通过通信的方式再传输到相应的站点。

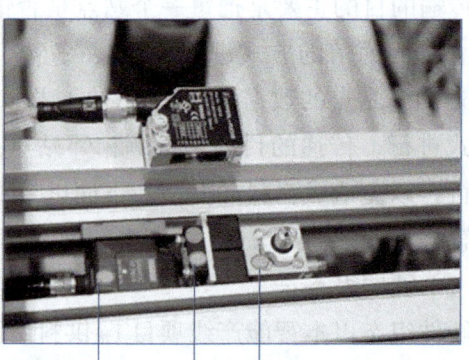

物料瓶和托盘　　　　　　　　　　RFID读写器　占位　占位阻挡气缸

图6-52　放行示意图

项目资料
"Conveyor logic"
FB 的引脚说明

以 2#翻转站与 1#供料站的通信为例，2#翻转站的剔除单元以及传送带输送是在 1#供料站编程的。由分析可得，当 2#翻转站有物料在剔除或者翻转时，认为 2#翻转站有占位信号，1#供料站不可以放行，因此 2#翻转站的占位信号需要传输到 1#供料站。也就是说，1#供料站放行的条件是 2#翻转站不占位，且 RFID 模块读写完毕。同理，2#翻转站可以放行的条件是 3#灌装站不占位，且 2#翻转站的 RFID 读写完毕。图 6-53 所示为 2#翻转站放行程序。图 6-53 中"Conveyor Logic"FB 的引脚说明可扫描二维码查看。

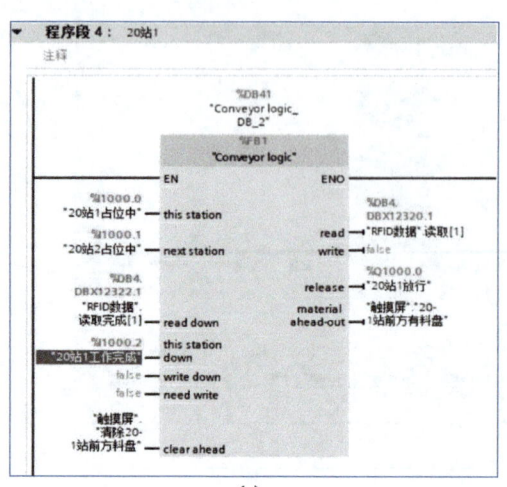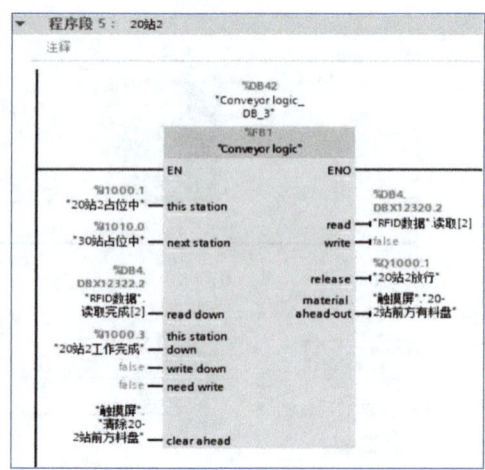

(a)　　　　　　　　　　　　　　　(b)

图6-53　2#翻转站放行程序

（3）智能灌装产线通信联调

智能灌装产线网络拓扑如图6-54所示，PLC_ST10~50分别表示了5个站点。

智能灌装产线综合调试时需要依靠WinCC界面进行在线监控，WinCC监控界面共有4页，具体WinCC界面可扫描二维码查看。

欢迎界面中包括产线图片、日期时间，以及翻页按钮等。

传送带界面右侧可以看到5个站点的占位。当物料到达某一站时，该站的占位显示忙碌，会有绿灯显示在对应站点，也可以通过WinCC手动清除托盘物料所在的占位，方便本站物料流向下一站。在该界面还可以看到RFID读写区域值的实时显示。

设备状态界面可以监控每一站的实时状态，如手动、自动、报警等。界面中用不同的颜色显示状态信息，可以比较清晰地监控每个站的状态。

报警界面用于显示遇到的故障。

立体库界面有交互功能，可以通过触摸屏界面设置物料需要存放的立体库的位置，也可以对步进电机的速度和位置进行手动控制。同时视觉相机扫描到的二维码信息也会显示在该界面中。当前步进电机的状态会以文字形式实时出现在界面上，提醒用户此时的运行状态。

本任务的源代码可扫描二维码获取。

演示视频
WinCC界面展示

源代码
智能灌装产线工业网络控制系统

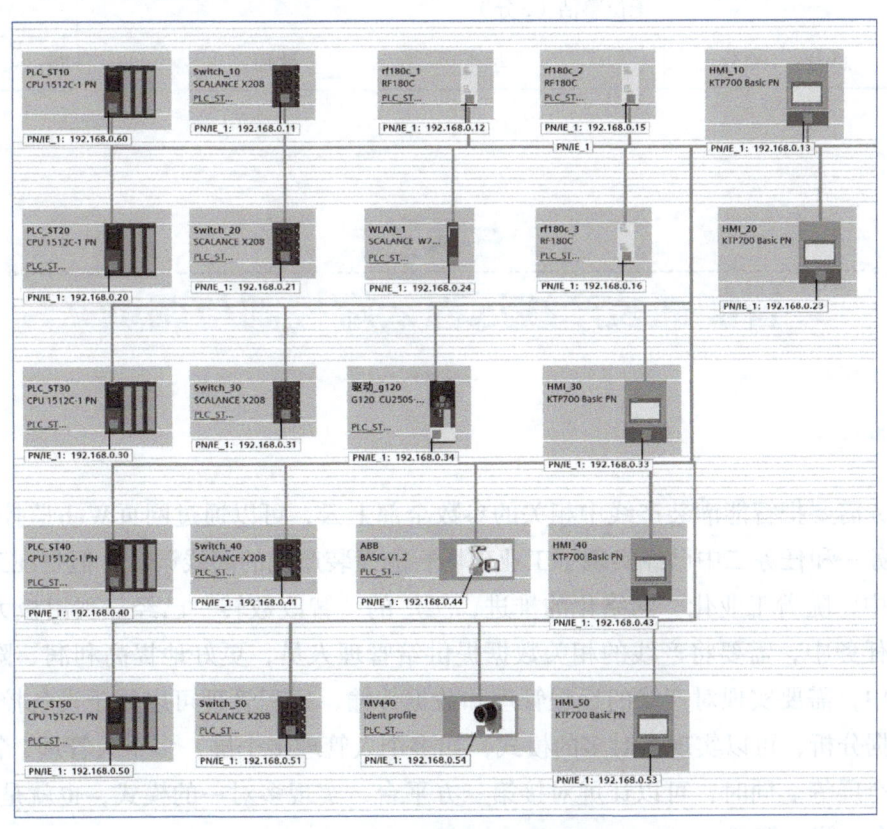

图6-54　智能灌装产线网络拓扑

表6-3　任务评价表

评分表	_____学年	工作形式：□个人　□小组分工　□小组	评分		工作时间
任务	训练内容与分值	训练要求	学生自评	教师评分	
智能灌装产线工业网络通信联调	1. RFID通信（20分）	正确完成RFID通信（20分）			
	2. 变频器通信（10分）	正确完成G120与PLC的通信（10分）			
	3. 机器人通信（20分）	正确完成ABB机器人与PLC的通信（20分）			
	4. 西门子视觉通信（20分）	正确完成视觉传感器与PLC的通信（10分）			
	5. 软硬件联调（20分）	正确完成单站的手动功能（10分）正确完成单站的自动功能（10分）			
	6. 职业素养与安全意识（10分）	现场安全保护；工具、器材、导线等处理操作符合职业要求（5分）分工合作，配合紧密；遵守纪律，保持工位整洁（5分）			
	总分：100分	学生：　　　　　教师：　　　　　日期：			

任务三

智能灌装产线远程云端控制与调试

任务描述

本任务需要把智能灌装产线中相关的参数全部上云，可以通过网页Web监控、远程管理。在任务一和任务二中已经实现了工业现场智能灌装产线的离线调试，但是在工业4.0的发展过程中，随着工业化、网络化的推进，工厂的"智改数转"已经显现出极大的优势，因此在本任务中，需要将产线的相关数据提供给管理人员，更好地提高利润、降低损耗。在本任务中，需要实现对产线的远程管理和数据传输，远程管理可以用于设备控制、状态查看、数据分析，可以实现多对多的模式，如多个人管理多个屏，多个人管理1个屏，1个人管理多个屏等。同时，可以让屏对接第三方平台，实现多对一的模式，也就是多个屏连接一个平台，统一管理。

在McgsWeb上开发可视化界面,通过配套组态软件组态工程的mlink驱动,将触摸屏数据上报至服务器。用户可以通过手机/计算机监控触摸屏上的数据、历史记录、报警信息等。功能实现分为以下3个步骤。

① 物联网平台服务器部署/本地虚拟机服务器部署。

② 组态MCGS触摸屏工程,使用mlink驱动与服务器进行数据交互。运行工程,使数据上报到服务器。

③ 在McgsWeb上开发可视化界面,连接数据,在Web端监控、调试。

本任务主要涉及②和③的操作。

任务实施

① 添加mlink驱动。打开配套组态软件McgsPro 3.3.2.5166_mlink,新建工程或打开原工程。在工作台中激活设备窗口,双击 按钮进入设备组态画面。单击工具条中的 按钮打开"设备工具箱"对话框。在"设备工具箱"对话框中,单击"设备管理"按钮,在弹出的"设备管理"对话框中双击"mlink"将其添加至选定设备中,单击"确认"按钮,如图6-55所示。

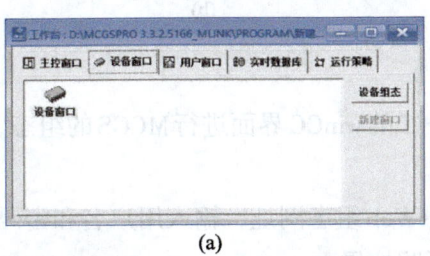

(a)

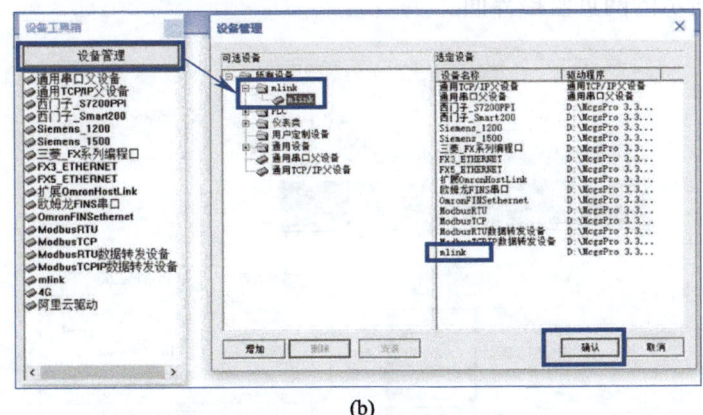

(b)

图6-55 添加mlink驱动

② 在"设备工具箱"对话框中,双击"mlink"将其添加至设备组态画面,双击 mlink 驱动,连接变量,如图6-56所示。

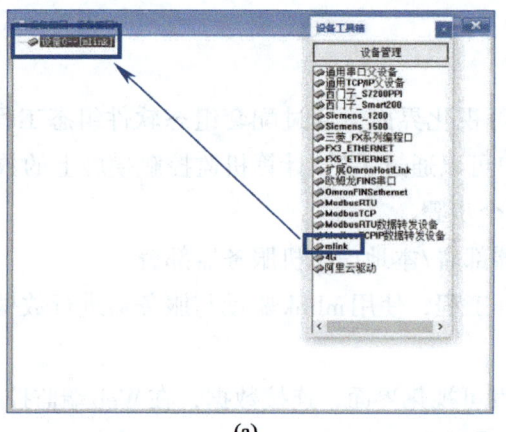

(a)

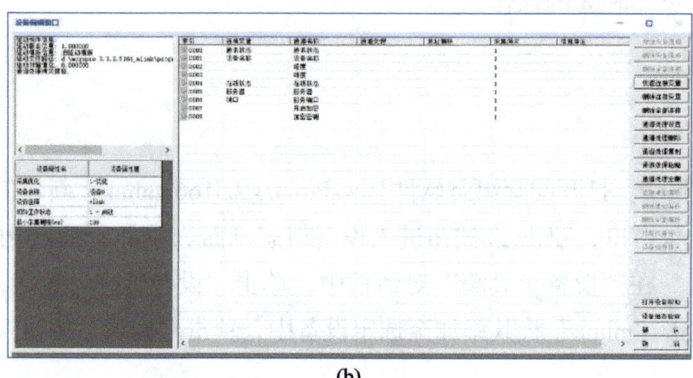

(b)

图6-56　连接变量

③ 窗口组态。根据任务二的winCC界面进行MCGS的组态，并设置设备名、服务器地址和端口（35000），建立连接。

④ 网页组态。打开McgsWeb组态网址，输入用户名和密码，进行窗口组态及数据关联，最终实现图6-57所示的网页监控界面。

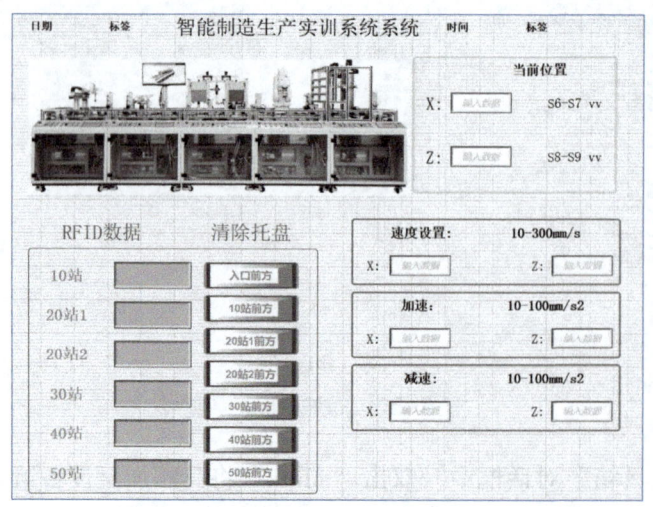

图6-57　网页监控界面

表6-4　任务评价表

评分表 ＿＿＿＿＿学年		工作形式：☐个人　☐小组分工　☐小组	评分		工作时间
任务	训练内容与分值	训练要求	学生自评	教师评分	
智能灌装产线远程云端控制与调试	1. 触摸屏配置（20分）	触摸屏系统配置正确（10分） 软件设备窗口数据配置正确（10分）			
	2. 云平台配置（20分）	云平台IP配置正确（10分） 云平台助手注册登录正确（10分）			
	3. 云平台软件使用（20分）	云平台监控和操作正确（10分） 云平台助手软件各菜单功能使用正确（10分）			
	4. 云平台界面设置（30分）	云平台数据导入/导出设置正确（10分） 云平台界面数据关联正确（10分） 能下载、分享和调试云平台界面（10分）			
	5. 职业素养与操作规范（10分）	现场安全保护；工具、器材、导线等处理操作符合职业要求（5分） 分工合作，配合紧密；遵守纪律，保持工位整洁（5分）			
总分：100分		学生：　　　　　教师：　　　　　日期：			

📝 **项目小结**

通过本项目的学习，读者可以掌握智能灌装产线5个站点的编程与调试，重点关注5个站点中的工业网络通信实现方式，同时掌握智能灌装产线的软硬件联调，最终通过McgsWeb实现云平台解决方案，实现对自动灌装生产流程的"智改数转"和"数据上云"。

💭 **思考与练习**

1. 思考题

（1）思考云平台是如何帮助企业提高产线效能的。

（2）思考该条产线是否还有其他的通信方案。

（3）思考该条产线是如何实现个性化灌装的。

2. 操作题

（1）本项目参考界面上还可以增加哪些功能？

（2）在云平台上增加通信显示模块。

参考文献

[1] 郭琼，姚晓宁，钱晓忠，等．基于PLC的远程监控系统研究及实践[J]．实验技术与管理，2019，36（5）:94–97.

[2] 赵文兵，夏怡．工业控制组态及现场总线技术[M]．北京：北京理工大学出版社，2011.

[3] 刘华波，马艳，何文雪，等．西门子S7–1200 PLC编程与应用[M]．2版．北京：机械工业出版社，2020.

[4] 詹俊钢，谭娜．MCGS触摸屏与西门子变频器的USS协议通讯设计与实践[J]．自动化技术与应用，2017，36（2）：79–82.

[5] 张文明，华祖银．嵌入式组态控制技术[M]．3版．北京：中国铁道出版社，2019.

[6] 郑泳洋．S7–1200控制系统在TIA博途软件S7通讯实现[J]．数码世界，2019（05）：62.

[7] 陈镇．S7–1200控制系统在TIA博途软件Profinet IO通讯实现[J]．数字化用户，2019(11):20.

[8] 徐玉华，高相兰，王鹏．TIA博途软件与西门子S7–1500 PLC编程从零基础到项目实战[M]．北京：化学工业出版社，2022.

[9] 党媚，刘爱云．基于MCGS触摸屏与S7–200的以太网小型自动化系统[J]．自动化技术与应用，2018，37（3）：76–79.

[10] 陈慧敏，于福华．MCGS触摸屏与西门子S7系列PLC以太网通信[J]．机电工程技术．2019，48（10）：142–144.

[11] 王鹏，池建钢，徐尧，等．基于工业互联网技术的数据采集与监控网络架构[J]．信息与电脑，2023，35（3）：207–209.

[12] 于会群，黄贻海，彭道刚，等．工业以太网网络互联技术与发展[J]．电子技术应用，2022，48（04）：1–5，11.

[13] 张宇．工业自动化控制网络综述[J]．仪器仪表用户，2022，29（1）：100–104，43.

[14] 罗泽鹏．工业以太网中网络通信技术的研究[J]．信息与电脑，2021，33（6）：219–221.

[15] 李成浩．不同类型现场总线互联控制网络系统设计[J]．海峡科技与产业，2018（9）：57–58.

读者意见反馈

为收集对教材的意见建议，进一步完善教材编写并做好服务工作，读者可将对本教材的意见建议通过如下渠道反馈至我社。

咨询电话 400-810-0598

反馈邮箱 gjdzfwb@pub.hep.cn

通信地址 北京市朝阳区惠新东街4号富盛大厦1座
　　　　　　高等教育出版社总编辑办公室

邮政编码 100029